石油高等院校研究生规划教材

现代钻井液技术与应用

曹晓春　赵景原　钱续军　编著
孙金声　刘雨晴　主审

石油工业出版社

内 容 提 要

本书结合黏土矿物学、胶体与界面化学、表面活性剂化学、高分子化学、流体力学及其他相关专业和学科的基础知识，侧重介绍现代钻井液技术在钻井工程领域的应用，以培养学生应用现代钻井液技术的能力。全书包括绪论、水基钻井液、油基合成基钻井液、气体型钻井流体、功能钻井液和钻井液设计等六章。

本书不仅可以作为石油高校石油工程、资源与环境工程等专业的研究生教材，还可以作为石油工程等专业的本科生教材和现场技术人员的参考书。

图书在版编目（CIP）数据

现代钻井液技术与应用／曹晓春，赵景原，钱续军编著. -- 北京：石油工业出版社，2025.6.--（石油高等院校研究生规划教材）.--ISBN 978-7-5183-7590-5

Ⅰ.TE254

中国国家版本馆 CIP 数据核字第 2025BT4382 号

出版发行：石油工业出版社
（北京市朝阳区安华里二区 1 号楼　100011）
网　　址：www.petropub.com
编辑部：（010）64251610
图书营销中心：（010）64523633　　（010）64523731
经　　销：全国新华书店
排　　版：三河市聚拓图文制作有限公司
印　　刷：北京中石油彩色印刷有限责任公司

2025 年 6 月第 1 版　2025 年 6 月第 1 次印刷
787 毫米×1092 毫米　开本：1/16　印张：12.75
字数：301 千字

定价：35.00 元
（如发现印装质量问题，我社图书营销中心负责调换）
版权所有，翻印必究

前言

根据我国的"十四五"规划和2035年远景目标纲要，石油与矿业能源是经济社会发展和人民生活水平提高的重要物质基础。必须在依靠基础理论原始创新及补齐发展短板的基础上，以"双碳"目标促进石油、矿业与安全行业的加速转型。

近代以来的科学技术发展史表明，科学上的重大发现、技术上的重大发明，都建立在基础理论变革的基础上。基础理论的创新是一个由量变到质变的积累过程，一旦突破必将有重大的理念创新，并转化产生巨大的经济效益。钻井液技术的应用和发展证明，只有在基础理论的研究上取得重大突破，才能创立新理念、新技术和新方法，产生标志性成果；只有坚持基础理论的原始创新，加大科技攻关的力度，才能开创石油、矿业与安全行业绿色发展的新格局。

本书以新工科建设为背景，以相关基础理论知识在钻井液领域的应用原理为主线，着重介绍现代钻井液领域的常用技术、新技术及新方法，突出理论与实践的有效融合与创新。

本书是"东北石油大学研究生教材建设项目"资助教材，由东北石油大学和新疆石油管理局钻井公司的教师和专家共同编写。全书包括六章，第一章、第二章和第三章由东北石油大学曹晓春编写，第四章和第五章由东北石油大学赵景原编写，第六章由新疆石油管理局钻井公司高工钱续军编写。本书参考了国内外大量的相关文献资料以及其他石油高校编写的相关教材，特别参考了孙金声院士的水基钻井液研究资料和刘雨晴老师的钻井液设计资料，在此表示衷心的感谢。

由于水平有限，书中难免存在疏漏及不妥之处，敬请读者批评指正。

编著者
2025.2

目录

第一章 绪论 ... 001
- 第一节 钻井液的类型和组成 ... 002
- 第二节 钻井液胶体化学 ... 005
- 第三节 表面化学 ... 013
- 第四节 钻井液处理剂与材料 ... 027
- 第五节 钻井液流变学 ... 045
- 第六节 钻井液的滤失与造壁性能 ... 053
- 第七节 钻井液技术的发展 ... 055

第二章 水基钻井液 ... 059
- 第一节 分散钻井液 ... 059
- 第二节 粗分散钻井液 ... 062
- 第三节 聚合物钻井液 ... 066
- 第四节 高温水基钻井液 ... 074

第三章 油基合成基钻井液 ... 085
- 第一节 油基钻井液的组成及性能 ... 086
- 第二节 油包水乳化钻井液 ... 093
- 第三节 低毒油包水钻井液 ... 099
- 第四节 合成基钻井液 ... 103

第四章 气体型钻井流体 ... 111
- 第一节 气体型钻井流体的分类 ... 111
- 第二节 纯气体 ... 112
- 第三节 雾化液与充气钻井液 ... 115
- 第四节 泡沫钻井流体 ... 116

第五章 功能钻井液 ... 128
- 第一节 储层钻井液 ... 128
- 第二节 水平井钻井液 ... 143
- 第三节 高性能水基钻井液 ... 155
- 第四节 环保钻井液 ... 157
- 第五节 地热井钻井液 ... 160

    第六节　页岩油与智能钻井液 161
第六章　钻井液设计 168
　　第一节　钻井液设计内容 168
　　第二节　一口井的钻井液设计 173
参考文献 195

第一章
绪论

钻井液（drilling fluid）一般是指在油气钻探过程中使用的流体。美国石油学会（American Petroleum Institute，API）将钻井液定义为，用于钻井的具有各种各样功用以满足钻井工作需要的循环流体。早期钻井用清水来冲洗井底，后来发现钻井过程中所钻遇的黏土能够自然造浆，可以更好地清洁井底。所以最初以及现代最常用的钻井液为水基钻井液（water-based drilling fluid），即以水作为分散介质，其他物质或溶解或分散于水中。最常用的分散相为膨润土，是一种在水中高度分散的黏土。膨润土以小颗粒状态（<2μm）分散在水中，形成黏土和水的溶胶—悬浮体分散体系。

钻井液被认为是钻井工程的"血液"，钻井泵则类似于人类的心脏。钻井泵将储存于钻井液罐中的钻井液泵入地面高压管汇，钻井液由立管、水龙带和水龙头向下，经方钻杆、钻杆和钻铤，直至最下部的钻头，再从钻头水眼处喷射出来，通过钻柱和井壁的环形空间（即环空）上返，将钻头破碎的岩屑携带至地面，通过固相含量控制设备（即固控设备）处理以及配方维护后，再进入下一步循环，如图1-1所示。

钻井液在油气钻井工程中的最基本功能是洗井和压井。首先是洗井，钻井液必须将井底清洗干净，将钻头破碎的岩屑携带至地面，避免在井底发生钻屑滞留；其次，在油气钻井过程中，应尽量预防和避免井塌或井喷事故的发生。随着井深的增加，钻井液的作用主要包括以下几点：

(1) 清洗井底和携带岩屑；
(2) 稳定井壁和平衡地层压力；
(3) 冷却和润滑钻具；
(4) 提供地层信息；
(5) 提供水动力。

钻井液的成本虽然只约占钻井总成本的10%，但先进的钻井液技术可以保证高效快速钻进，显著降低钻井总成本。总之，钻井过程中要求钻井液必须具有一定的流变性能和滤失造壁性能，保障钻井工作的顺利进行；钻进油气储层时，钻井液必须具有保护储层的作用，尽可能降低对油气储层的伤害，或者后期试采时能够恢复储层渗透率；在钻井过程中以及完成钻井后，要尽量做到零排放，满足健康安全和环境管理（HSE）的要求，避免对钻井工作人员以及外界生态环境造成伤害和污染。

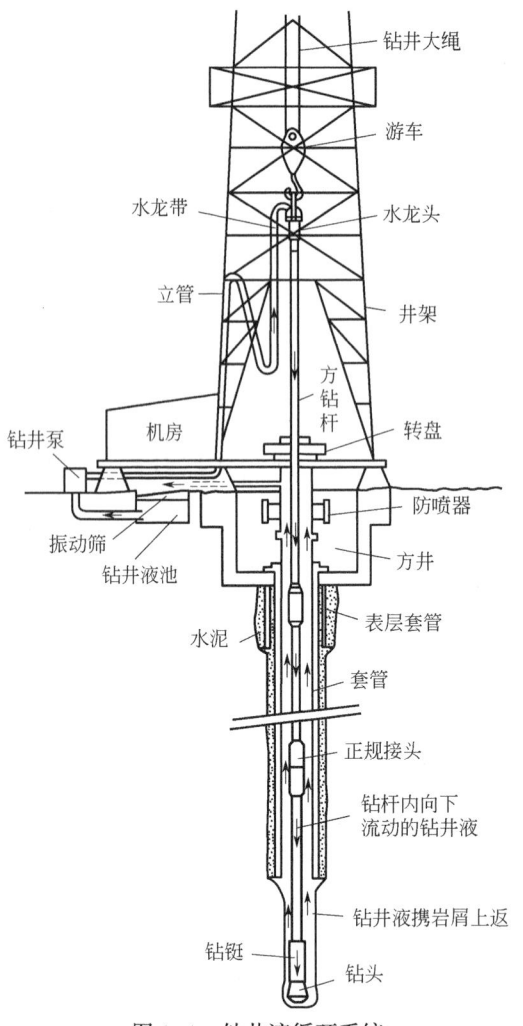

图 1-1 钻井液循环系统

第一节 钻井液的类型和组成

一、钻井液的分类

钻井液分类方法有多种，可以根据钻井液的密度、对泥页岩的抑制性、是否含有固相以及钻井液分散介质的不同等来进行分类。

1. 加重和非加重钻井液

根据钻井液密度不同，钻井液可以分为加重钻井液和非加重钻井液。前者是指钻井液中含有重晶石等加重材料，钻井液的密度较大，可用于深井和超深井的钻探。

2. 抑制和非抑制性钻井液

根据钻井液对井壁泥页岩的抑制性不同，钻井液可以分为抑制性钻井液和非抑制性钻井液。前者是指钻井液中含有泥页岩抑制剂，例如，氯化钾等无机盐可以抑制泥页岩中黏土矿物的水化膨胀和分散，保证井壁的稳定及钻屑的完整性。

3. 低固相和无固相钻井液

钻井液中通常含有一定量的固相，例如，黏土可以提供钻井液所需的黏度和切力，保证钻井液的流变性能。但是黏土在钻井液中的含量不宜过大，否则钻井液会失去必要的流变性能。例如，常用的不分散低固相钻井液体系中，要求黏土含量不大于4%。无固相钻井液可以通过添加高分子来提供钻井液所需的黏度。

4. 水基、油基钻井液和气体型钻井流体

根据钻井液分散介质的不同，钻井液可以分为水基钻井液（water-based drilling fluid）、油基钻井液（oil-based drilling fluid）及气体型钻井流体（gas-typed drilling fluid）等。钻井液的分类一般据此可以再细分，具体分类如图1-2所示。

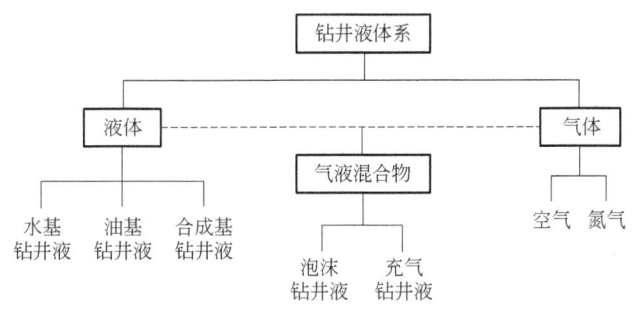

图1-2 钻井液的类型（依分散介质划分）

二、钻井液的组成

钻井液的组成包括分散介质、分散相及溶解质等。分散介质可以是水、油及合成基液；分散相可以是黏土、加重材料及其他不溶解于分散介质的物质；溶解质可以是溶解于水的无机盐、碱、表面活性剂和高分子等处理剂。钻井液中用量较大的如水、油和黏土等为配浆材料，可以配制钻井液基浆，提供钻井液所需的基础流变性能，可用于一开开钻；用量相对较少的为处理剂，用于提供满足钻井工程需要的多种钻井液性能。

1. 水

水在水基钻井液中作为分散介质，可以是淡水、咸水、盐水或饱和盐水。总盐度小于10000mg/L的为淡水；咸水中含钙、镁离子较多，如海水或硬水；盐水或饱和盐水含钠盐较多。水也可以在油包水型乳状液中作为分散相存在，多要求有一定的矿化度。

2. 油

在油基钻井液中油作为分散介质，沥青或有机膨润土作为分散相。以前常用柴油甚至原油配浆。现在，为了满足HSE的要求，多用低毒矿物油、植物油甚至合成基液来配制油基钻井液和合成基钻井液。油还可以在水包油型乳状液中作为分散相存在，可以提高水基钻井液的润滑性能。

3. 黏土（clay）

钻井液原材料中的配浆土是黏土。黏土主要由极细的黏土矿物（含水的铝硅酸盐）

颗粒组成，颗粒直径大多小于 2μm。黏土矿物的形状是微小的片状晶体或小片状体，且在表面和边缘上荷电，因而在水中有分散性、带电性和离子交换性，使得钻井液具有流变性能和滤失特性，并在静置时形成可逆的弱凝胶结构，具有触变性。

黏土按照用途主要分为以下三种不同的类型。

1) 膨润土

膨润土（bentonite）是配制水基钻井液的基础原材料。一般要求 1t 干黏土可配制黏度为 15mPa·s 的钻井液体积不低于 16m³。钠膨润土的造浆率较高，钙膨润土需经纯碱等分散剂处理后才能提供足够的黏度和切力。我国把水基钻井液用土分为三个等级：一级为符合 API 标准的钠膨润土；二级为改性土，经改性符合 OCMA（Oil Company Materials Association）标准要求；三级为较次的配浆土，仅用于配制要求不高的钻井液，如堵漏用的钻井液等。

膨润土在钻井液中主要有以下作用：

(1) 增加钻井液的黏度和切力，提高井眼净化能力；
(2) 在井壁形成低渗透率的致密滤饼，降低钻井液的滤失量；
(3) 稳定井壁，平衡地层压力；
(4) 防止井漏。

2) 抗盐黏土

抗盐黏土矿物包括海泡石、凹凸棒石等，化学成分是含水的铝镁硅酸盐。其晶体构造为纤维状或棒状，有极大的内表面，水分子可以进入其内部孔隙，因此吸附水的能力较强，能抗盐和耐温，在盐水中能提供较大的黏度和切力，满足海洋钻井或在大块盐岩层中的钻井。海泡石钻井液的热稳定性好，常用来打地热井或超深井；缺点是滤失量大，必须配合使用大量的降滤失剂。

3) 有机膨润土

有机膨润土是以阳离子表面活性剂覆盖钠膨润土或抗盐黏土表面，改变黏土颗粒表面的润湿性能的特种土类。它将黏土颗粒的亲水表面改变为亲油表面，经过处理后得到的有机土可以在油中充分分散。有机膨润土可以用来配制油基钻井液（或解卡液），用于钻进复杂地层，例如钻盐膏层、钻超深井及完井等各种作业。

4. 钻井液处理剂（drilling fluid agents）

钻井液处理剂是能调节钻井液性能的物质。它是钻井液的核心组分，很少的加量就能对钻井液的性能产生很大的影响。

处理剂根据其化学组成的不同，可以分为无机物类和有机物类。无机物类一般为无机碱和盐，例如 NaOH、Na_2CO_3、NaCl 等。有机物类包括表面活性剂类（如起泡剂和乳化剂等）以及高分子化合物类（如用作钻井液絮凝剂和降滤失剂的部分水解聚丙烯酰胺等）。根据来源的不同，处理剂又可以分为天然产品、天然改性产品和有机合成化合物。国内将钻井液配浆材料及处理剂分为 16 大类，主要的配浆材料除了水、油和黏土，还有加重材料及堵漏材料等。常用的化学处理剂除了无机盐和碱，重要的有降滤失剂、页岩抑制剂、絮凝剂、降黏剂、增黏剂及一些表面活性剂。国外钻井液公司的分类较为细致，国内外分类对比见表 1-1。

表 1-1 国内外钻井液配浆材料及处理剂分类对比

中国	降滤失剂，增黏剂，乳化剂，页岩抑制剂，堵漏材料，降黏剂，缓蚀剂，黏土类，润滑剂，加重材料，杀菌剂，消泡剂，起泡剂，絮凝剂，解卡剂，其他
国外	碱度控制剂，杀菌剂，破乳剂，除钙剂，缓蚀剂，消泡剂，乳化剂，降滤失剂，絮凝剂，起泡剂，堵漏材料，润滑剂，解卡剂，提速剂，阻垢剂，除氧剂，页岩抑制剂，表面活性剂，温度稳定剂，降黏剂，分散剂，示踪剂，增黏剂，润湿剂，加重剂，井壁稳定材料，其他

第二节 钻井液胶体化学

油气钻探过程中常用水基钻井液体系。黏土特别是以蒙脱石黏土矿物为主的膨润土遇水发生水化作用，黏土颗粒之间产生静电排斥，可以在水中保持一定的动力稳定性和聚结稳定性，使钻井液的各项性能保持相对稳定，从而保证钻井工程的顺利进行。

黏土是水基钻井液的基本组分，钻遇的泥页岩地层和砂岩地层里存在大量黏土矿物。钻井液性能和钻井过程中出现的问题（如井眼坍塌），以及油层保护等都与黏土矿物有密切关系。

一、黏土矿物

1. 黏土矿物的物理化学性质

1）常见黏土矿物的晶体构造特点

早在 20 世纪 20 年代，X 射线衍射技术就已确定大部分黏土为结晶质。黏土矿物的主要化学成分是层状结构的硅酸盐，由硅氧四面体和铝氧八面体两种基本结构单元组成。不同晶体构造形成不同的黏土矿物，如高岭石、蒙脱石、伊利石、绿泥石及海泡石等，常见的是前三种，其晶体构造特点如图 1-3 所示。

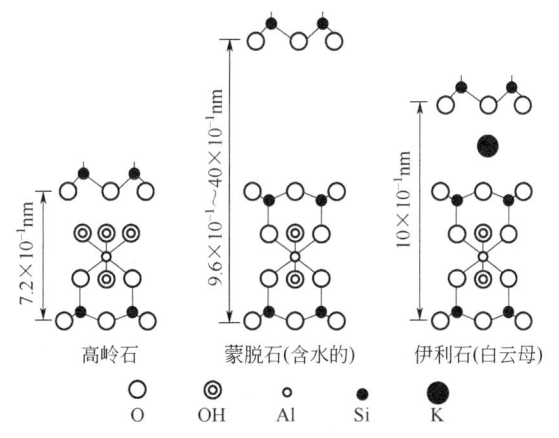

图 1-3 高岭石、蒙脱石、伊利石的晶体构造特点

高岭石是 1∶1 型黏土矿物，由一层硅氧四面体晶片与一层铝氧八面体晶片构成，晶片间通过共用氧原子形成很强的共价键。黏土晶层间通过氢键叠加起来形成紧密的高岭土晶体结构。水分不易进入晶层中间，水化性能差，造浆率不高。作为非膨胀类型黏土矿

物，高岭土不能用作钻井液的配浆材料。

蒙脱石和伊利石均是2∶1型黏土矿物，晶体构造均由两个硅氧四面体晶片通过与中间的一层铝氧八面体晶片的氧原子形成共价键，晶胞之间通过分子间作用力叠加而成黏土颗粒。两种黏土矿物的不同点在于晶格取代位置不同。所谓晶格取代，是指在晶体结构中某些原子被其他化合价不同的原子取代而晶体骨架保持不变的作用。蒙脱石的铝氧八面体中有部分铝被二价的铁或镁取代，只有小部分硅氧四面体晶片中的硅被铝取代。因此，蒙脱石黏土颗粒在水中分散后由于晶格取代带负电，吸引大量正离子在其周围，黏土的阳离子交换容量（cationic exchanging capacity，CEC）大。伊利石的晶格取代多发生在硅氧四面体中，因晶格取代所吸附的离子为K^+，而K^+落在晶层间相对应的两个六角氧环中，在水中不易解离，很难被其他阳离子交换下来，只起到补偿电性的作用，故带电量比蒙脱石少。所以，伊利石的晶格取代虽多于蒙脱石，但阳离子交换容量却偏低。

绿泥石为2∶2（或2∶1∶1）型黏土矿物，结构单元由一层类似伊利石2∶1层型的结构晶片与一层水镁石八面体晶片组成，水镁石晶片中部分Mg^{2+}被Al^{3+}取代而带正电荷，与2∶1层型晶片中的负电荷平衡，晶层网格总的电荷很低。层间有吸引力较强的氢键和静电引力作用，层间距较小，约1.42nm，水不易进入其中，是非膨胀型黏土矿物。

海泡石、凹凸棒石等的结构为层链状，是含水铝镁硅酸盐的黏土矿物。黏土矿物的晶格取代极少，阳离子交换容量小。但是，内表面较大，晶体纤细，常聚集成束，在水中分散，有很好的增黏作用，物化性能与蒙脱石类似。这种黏土矿物配制的钻井液对盐类和温度不敏感，抗盐和抗高温的能力强，可用于配制海水钻井液、饱和盐水钻井液以及抗高温钻井液。

总之，黏土矿物不同，其晶体构造和物理化学性质等也都不同（见表1-2）。

表1-2 黏土矿物的晶体构造和物理化学性质

矿物名称	晶型	晶层间距，nm	层间引力	CEC，mmol/100g
高岭石	1∶1	0.72	氢键力，强	3~15
蒙脱石	2∶1	0.96~4.0	分子间力，弱	70~130
伊利石	2∶1	1.0	静电引力，强	20~40
绿泥石	2∶2	1.42	氢键/静电引力	10~40

2）离子交换吸附和阳离子交换容量

所谓阳离子交换容量（CEC），是指在分散介质的pH值为7的条件下，黏土所能吸附或被交换下来的阳离子总量，其数值以发生交换的阳离子的量（以mmol/100g土为单位）表示。

（1）黏土的离子交换吸附。离子交换吸附是指一种离子被吸附的同时从吸附剂表面顶替出等当量的带相同电荷的另一种离子的过程。例如，用纯碱处理钻井液来改善钻井液性能，可以将吸附钙离子为主的钙膨润土改变为吸附钠离子为主的钠膨润土：

$$Ca^{2+}(土) + Na_2CO_3 \longrightarrow 2Na^+(土) + CaCO_3 \downarrow$$

黏土颗粒表面带负电，通常会发生阳离子的交换吸附。一般离子交换吸附的规律是，阳离子价数越高，吸附能力越强（氢离子除外）；同价正离子的吸附强弱取决于离子的大小和水化程度，离子半径越小，吸引水分子的能力越强，水化层越厚，离子交换吸附的能力越弱。常见正离子的吸附强弱顺序如下：

$$Li^+ < Na^+ < NH_4^+ < Mg^{2+} < Ca^{2+} < Ba^{2+} < Al^{3+} < Fe^{3+} < H^+$$

（2）黏土的阳离子交换容量。黏土的阳离子交换容量是指 pH 值为 7 的条件下黏土所能交换下来的阳离子总量，其数值是每 100g 干黏土所吸附阳离子发生的交换容量。

影响黏土 CEC 大小的因素包括黏土的性质、黏土颗粒的分散程度以及分散介质（水）的酸碱度。黏土颗粒的分散程度越大，分散介质的碱性越强，则黏土颗粒的阳离子交换能力越强。不同黏土的阳离子交换容量差别很大，如表 1-3 所示。

表 1-3　各种黏土矿物的阳离子交换容量　　　　单位：mmol/100g

矿物名称	蒙脱石	蛭石	伊利石	高岭石	绿泥石	凹凸棒石，海泡石	钠膨润土（夏子街）	钙膨润土（高阳）	钙膨润土（潍坊小李家）	钙膨润土（四川渠县李渡）
CEC	70~150	100~200	20~40	3~15	10~40	10~35	82.3	103.7	74.03	100

2. 黏土矿物的水化作用

黏土矿物遇水后，在其颗粒表面吸附水分子形成水化膜，这一过程称为黏土矿物的水化。水化膜是水分子在黏土表面吸附而形成定向排列的水化层，又称为溶剂化层。

1）直接水化

黏土矿物可以直接吸引水分子，发生水化作用，由黏土晶体表面（包括外表面和内表面）吸附水分子以及交换性阳离子的水化引起。交换性阳离子的水化可以是阳离子本身水化，也可以是阳离子与水分子竞争吸附到黏土表面，破坏水化膜中水的结构（Na^+和Li^+例外）。

2）间接水化

黏土矿物还可以间接吸引水分子，发生水化作用，由吸附的阳离子经水化后给黏土颗粒带来水化膜，主要是渗透水化作用，如图 1-4 所示。由于晶层间的阳离子浓度大于溶液内部的浓度，水发生浓差扩散，进入层间，增加晶层间距。

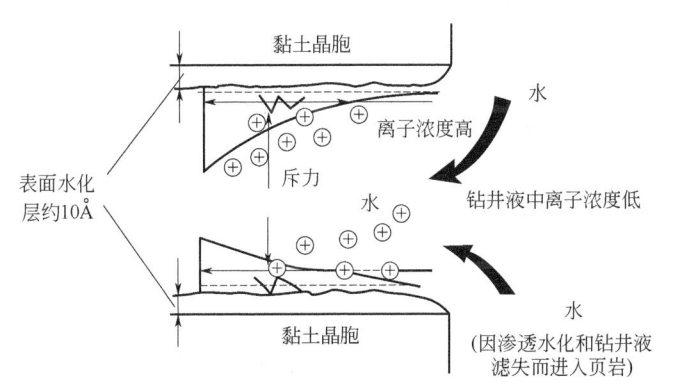

图 1-4　黏土的渗透水化示意图

蒙脱石黏土矿物的层间作用力较弱，水分子不仅在黏土颗粒表面形成较厚的水化层，还可以进入黏土颗粒内部。以钠蒙脱石为例，黏土颗粒发生的水化过程如图 1-5 所示。

黏土片的晶层间阳离子较多，与渗透进来的水分子发生水合形成水合阳离子，黏土颗粒发生膨胀。A→B 水化过程中，层间距增大至 1nm 以上；进一步水化由 B→C，层间阳离子水化产生的膨胀力与带负电荷的晶层之间产生静电排斥作用，使单元晶层之间的距离进一步增大至 4nm。因交换性阳离子为钠离子，而钠离子的水化能力很强，甚至可以使黏土矿物整个晶胞发生水化，以微小的黏土片分散在水中。正是由于钠蒙脱石为主的黏土在水中高度分散，造浆率高，才可用于配制分散钻井液。钙蒙脱石为主的黏土在水中的分散度相对较低，因为钙离子在水中的水化和扩散作用不及钠离子。

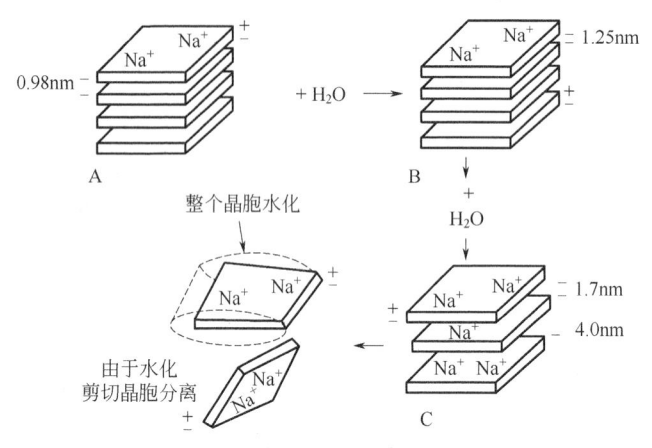

图 1-5 蒙脱石黏土矿物的水化示意图

3. 黏土矿物的电学性质

1809 年，俄国物理学家列依斯（Рейсе）首次发现电泳现象。黏土颗粒在外电场的作用下向正极移动，即发生电泳现象。同时，水在外加电场的作用下发生电渗析现象，通过黏土颗粒间的毛细通道向负极移动。

黏土矿物在水中带负电，主要原因是它们特有的晶格取代现象。蒙脱石每个晶胞有 0.25~0.6 个永久负电荷，伊利石每个晶胞中有 0.6~1 个永久负电荷，而高岭石的晶格取代则极少。当黏土在 pH 值低于 9 的介质中时，黏土晶体的端面上氢氧原子团可能会因发生解离而带正电。但是黏土的负电荷一般多于正电荷，故一般在水中呈现负电性。

钠蒙脱石在钻井液中主要用于提供钻井液的流变性能，在水中高度分散形成类似胶团的结构形式，其结构表达式为：

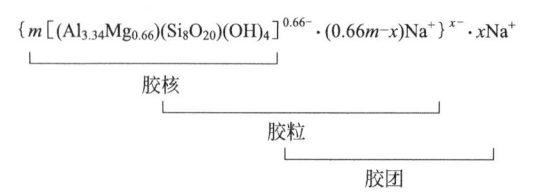

$$\{m[(Al_{3.34}Mg_{0.66})(Si_8O_{20})(OH)_4]^{0.66-}\cdot(0.66m-x)Na^+\}^{x-}\cdot xNa^+$$

其中，$m[(Al_{3.34}Mg_{0.66})(Si_8O_{20})(OH)_4]^{0.66-}$ 为胶核，加上 $(0.66m-x)Na^+$ 为胶粒，整体为胶团。

蒙脱石黏土矿物的吸附阳离子在水中有扩散趋势，而黏土矿物表面所带负电荷又对阳离子有静电吸引作用，在表面上紧密吸附部分水分子和阳离子形成吸附溶剂化层，其余阳离子在液相中形成扩散层，如图 1-6 所示。

Gouy-Chapman 扩散双电层模型认为，胶体粒子表面紧密吸附部分反离子及其水合分子，形成紧密吸附层，液相中的反离子由于布朗运动而扩散并分布在胶体粒子周围。距离表面越远，反离子浓度越小，距离质点表面很远处（约 1~10nm）过剩反离子浓度为零。胶体粒子运动时，表面的紧密吸附层与扩散层错开，固液之间发生相对移动，形成切动面，又称滑动面。在该位面产生的电位差即从滑动面到均匀液相内部的电势，称为电动电势（或电动电位、ζ电位），如图 1-7 所示。

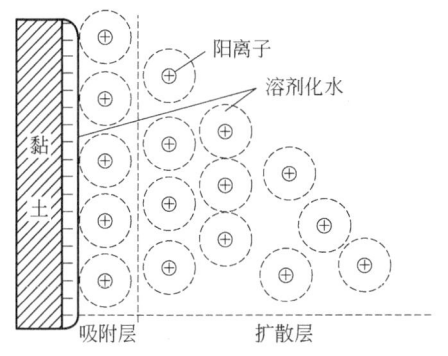

图 1-6　黏土颗粒表面的扩散双电层

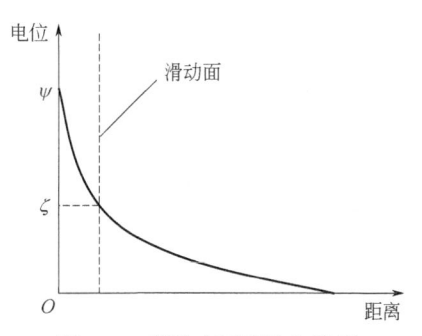

图 1-7　颗粒表面到均匀液相内部的电位曲线图

利用电泳仪可以测得颗粒在水中的电泳速度，通过公式可以计算出电动电位。一般胶体粒子是球形，可以用球形粒子的计算公式；黏土颗粒在水中分散成片状，一般采用棒状粒子的计算公式，可以计算出钻井液的电动电位：

$$\zeta = \frac{6\pi\eta v}{\varepsilon E}(\text{球形粒子})\quad;\quad \zeta = \frac{4\pi\eta v}{\varepsilon E}(\text{棒状粒子}) \tag{1-1}$$

式中　η——液相黏度；

E——电场强度；

v——电泳速度；

ε——介电常数。

影响黏土颗粒 ζ 电位的因素包括黏土类型、钻井液的 pH 值、吸附的处理剂、无机盐电解质浓度以及阳离子价数等。其中，电解质浓度对黏土胶粒表面电势的影响很大。在水中加入电解质后，进入吸附层的反离子增多，扩散层变薄，即压缩双电层，ζ 电位下降；加入高价的反离子后，吸附层的反离子量激增，ζ 电位下降，甚至为零；若加入阳离子聚合物，甚至可能使黏土颗粒表面的电势发生反转，ζ 电位由负值变为正值，可以用 Stern 扩散双电层模型进行解释。

二、黏土—水的胶体—悬浮体分散体系

1. 黏土颗粒在水中的状态

黏土颗粒的表面一般带负电性，黏土颗粒端面的电性随体系环境的变化而变化，若分散介质的 pH 值较低，端面带正电；当吸附水中的负离子时，则端面带负电。黏土颗粒在水溶液中有三种不同的连接方式：面—面、端—端和端—面，如图 1-8 所示。

在发生面—面连接时，黏土颗粒发生面—面的叠加方式，容易因重力作用而发生下沉，即沉降作用显著，钻井液稳定性变差，发生水土分层现象，钻井液的黏度和切力显著

(a) 聚结(面—面)　　(b) 絮凝(端—面/端—端)　　(c) 分散　　(d) 解絮凝

图 1-8　黏土颗粒在水中的状态

降低，滤失量也显著增大，从而使钻井液的整体性能受到破坏，钻井液失效。

聚结的逆过程则是分散，即黏土的水化分散。固相含量很低，即水基钻井液中的黏土颗粒很少时，黏土颗粒之间距离较远，多为分散状态，黏土颗粒之间不发生接触。当钻井液中的黏土颗粒增多时，黏土颗粒相互碰撞概率增加，颗粒间易形成端—端和端—面的连接方式，进而形成布满整个空间的网络结构，即钻井液中的黏土颗粒之间发生絮凝作用，钻井液总的黏度增大，可能会使钻井液流动性变差，甚至失去流动性。为防止絮凝过度，可向其中加入解絮凝剂或分散剂，即可解絮凝，拆散部分空间网架结构，以维持钻井液的流动和变形特性。

总之，这三种连接方式可以同时存在，也可以以其中一种连接方式为主。

2. 黏土颗粒的动力稳定性

水基钻井液是溶胶—悬浮体分散体系，其中黏土粒子的粒径和密度较大，在分散介质即水中易于下沉，若没有一定的分散剂作为稳定剂，则黏土粒子很快就会絮凝甚至聚沉而沉降下来，发生水土分层现象。在重力作用下，分散体系中的胶体粒子所受的重力为

$$F_1 = V(\rho - \rho_0)g$$

式中　V——粒子体积；

ρ，ρ_0——溶胶粒子和分散介质的密度。

假设溶胶粒子为球形，则对于半径为 r 的球形粒子有

$$F_1 = \frac{4}{3}\pi r^3(\rho - \rho_0)g$$

按照 Stokes 定律，粒子沉降时受到的阻力为

$$F_2 = 6\pi \eta r v$$

式中　η——介质的黏度。

当重力与阻力相当时，溶胶粒子匀速下沉，其沉降速度（sedimentation velocity）为

$$v = \frac{2r^2(\rho - \rho_0)g}{9\eta} \tag{1-2}$$

式中　v——粒子的沉降速度，cm/s；

ρ——粒子的密度，g/cm³；

ρ_0——介质的密度，g/cm³；

η——溶胶的黏度，mPa·s。

由沉降速度可知，当其他条件相同时，粒子越大，沉降越快，见表 1-4。由于胶体粒子很小，所以胶体体系在相当长的时间内可以保持一定的动力学稳定性，即溶胶粒子具有在重力作用下不容易自动下沉的性质，而不发生明显的沉降现象。另外，粒子的浓度、介质的黏度、温度以及其他一些外界条件也会妨碍胶体粒子的沉降。

表 1-4　球形金属粒子在水中的沉降

粒子半径	沉降速度, cm/s	沉降 1cm 所需时间
10^{-3}cm	1.7×10^{-1}	5.9s
10^{-4}cm	1.7×10^{-3}	9.8min
100nm	1.7×10^{-5}	16h
10nm	1.7×10^{-7}	68d
1nm	1.7×10^{-9}	19a

注：粒子和介质的密度分别为 $10g/cm^3$ 和 $1g/cm^3$，介质黏度为 $1.15mPa \cdot s$。

由沉降速度公式可知，其中的各个物理量均可测，而且由测出的数据，还可以反求粒径很小的粒子半径。通过沉降分析，适当调整分散介质的黏度，可以提高胶体粒子在其中的稳定性。水基钻井液的稳定性提高，可以利用高分子化合物来提高水相的黏度，使粒径大到微米级的黏土颗粒（配浆材料）和重晶石（加重材料）在水相中处于分散状态，保持钻井液中大颗粒的沉降平衡，进而使得钻井液的流变参数在相当长的一段时间内满足钻井工作的要求。

3. 黏土颗粒的聚结稳定性

1) 聚结稳定性理论

聚结稳定性是指分散相颗粒不容易自动聚结变大的性质，即溶胶在放置过程中不发生分散相粒子的相互聚结，从而保持系统一定分散度的性质。

根据胶体化学的扩散双电层理论，电动电位是控制胶粒表面特性的主要物理量，溶胶体系中加入电解质时，会压缩扩散双电层，降低电动电位，而且反离子价数越高，电动电位下降越快，溶胶粒子易发生聚结变大而失去稳定性。

2) 影响钻井液聚结稳定性的因素

根据静电稳定理论（DLVO 理论），水中的黏土颗粒在一定条件下是稳定存在还是聚沉，取决于颗粒间的相互吸引力和静电排斥力。若排斥力大于吸引力则溶胶稳定，反之则不稳定。黏土颗粒之间存在由扩散双电层引起的静电排斥力，其大小与电动电位的平方成正比。当分散介质中的电解质浓度与反离子价态等因素发生改变时，黏土颗粒之间的排斥力发生显著变化。此外，黏土颗粒表面存在一定厚度的水化膜，黏土颗粒相互靠近时存在溶剂化膜（即水化膜）排斥力，水化膜厚度与扩散层厚度相当，有一定的弹性和黏性，阻止黏土颗粒的聚结。

(1) 电解质浓度的影响。钻井液中的电解质浓度不同，黏土颗粒之间的相互作用力也发生变化，如图 1-9 所示。在电解质浓度较低（C_1）和中等（C_2）的分散介质中，相邻黏土颗粒的总位能即排斥能存在能峰，且随电解质浓度的增加而下降，ζ 电位由 ζ 降至 ζ_1；电解质浓度高时（C_3），则会很快压缩黏土颗粒表面的扩散双电层，ζ 电位降为零，黏土颗粒之间的静电排斥力消失，表面的水化膜变薄，黏土颗粒快速聚结变大以至下沉，钻井液发生水土分

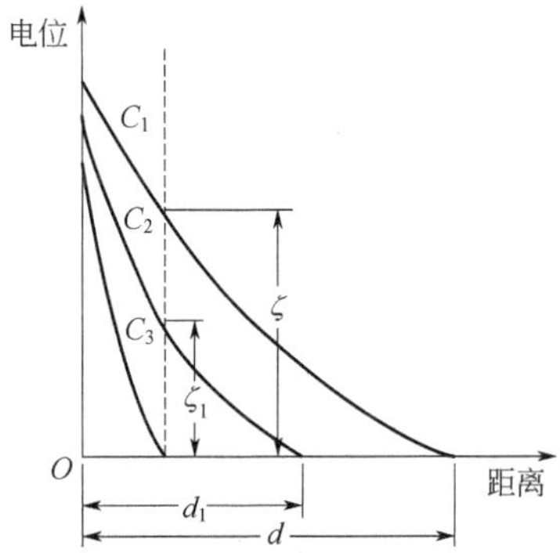

图 1-9　电解质浓度对电动电位的影响

层,释放出大量自由水,钻井液的整体性能受到破坏而失效。例如,分散钻井液发生盐侵时,黏土颗粒表面的扩散双电层受到压缩,水化膜变薄,自由水增多,钻井液滤失量增大;黏土颗粒之间发生絮凝,黏度和切力也增加;随着外来 NaCl 浓度的增加(例如,超过3%的质量浓度),黏土颗粒之间发生面—面聚结,受重力作用而沉降,释放出大量自由水,滤失量增加,钻井液黏度和切力开始变小,钻井液因性能受到破坏而失效,如图 1-10 所示。

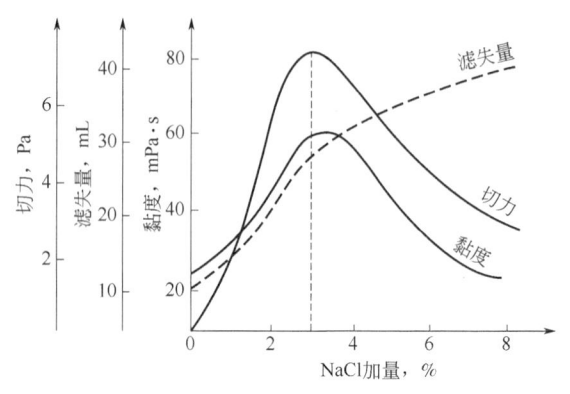

图 1-10 加入 NaCl 后分散钻井液性能的变化

(2)反离子价数的影响。黏土颗粒在水中带负电,其排斥力会受到反离子(即正离子)的影响。根据舒采—哈迪(Schulze-Hardy)规则,电解质的聚沉值与反离子价数的6次方成反比,正离子的价数越高,其聚沉值越小,黏土颗粒越容易发生聚沉。例如,Al^{3+} 对黏土颗粒的絮凝和聚沉作用大于 Ca^{2+},而 Ca^{2+} 的作用又强于 Na^+。

(3)反离子大小的影响。同价反离子的水化半径越小,聚沉能力越强。对于水基钻井液中黏土颗粒的聚沉作用,一价阳离子的聚沉感胶离子序($Cs^+>K^+>Na^+>Li^+$)与水化离子半径从小到大的次序相同。例如,对于负电体系的水基钻井液,一价正离子的盐类对于黏土颗粒的聚沉作用基本相似。在普遍使用的大钾(聚丙烯酸钾)钻井液体系中,钾离子比较特殊,对黏土矿物有很强的抑制水化膨胀和分散的作用,可用作钻井液的页岩抑制剂。对于某些特性离子,例如聚阳离子,若加量足够大,吸附到黏土颗粒表面的离子数量够多,则可能引起黏土颗粒表面的电性改变,阴离子钻井液体系变成阳离子钻井液体系。Stern 扩散双电层理论认为,阳离子大量进入紧密吸附层,数量多于黏土颗粒表面的负电荷,黏土颗粒表面电势 ψ_0 至滑动面的电势不再成直线下降趋势,而是经由 Stern 面处的 ψ_s 变为 ζ 值,同为正值,如图 1-11(a) 所示。

(4)同号离子的影响。黏土颗粒在水中带正电,同号离子即负离子对黏土颗粒有一定的聚结稳定作用,即这些同号离子有一定的护胶作用,降低反离子对黏土颗粒的聚沉作用。例如,分散钻井液体系中,通常需要加入一定浓度的分散剂,这些分散剂除了无机碱外,一般为阴离子聚合物。阴离子型高分子吸附在黏土颗粒上,增加黏土颗粒的负电性,同时还增加黏土颗粒表面的水化膜厚度,水化膜排斥力也随之增加,所以黏土颗粒不容易聚结。Stern 扩散双电层理论认为,大量阴离子进入紧密吸附层,增大层间的负电性,故 ψ_s 与 ζ 值均高于黏土颗粒的表面电势,如图 1-11(b) 所示。

(5)相互聚沉作用。由胶体化学可知,将带两种相反电荷的溶胶混合,会发生相互

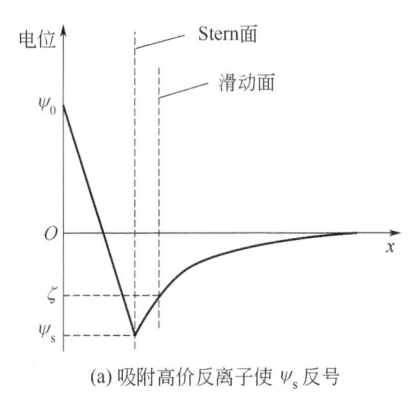

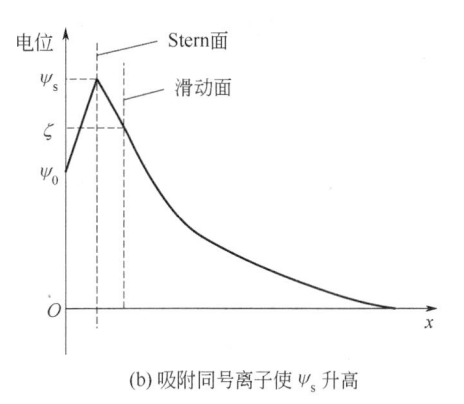

(a) 吸附高价反离子使 ψ_s 反号

(b) 吸附同号离子使 ψ_s 升高

图 1-11 Stern 电位的变化

聚沉的现象。水基钻井液中的黏土颗粒通常带一定的负电性，即钻井液体系为负电性的溶胶—悬浮体分散体系。若向其中加入正电溶胶（如正电胶），两者浓度相当时，钻井液会发生聚沉，以至变成清水。利用这一现象，适当控制正电胶的加量，可以改善钻井液内的空间网络结构，提高钻井液的切力，进而提高钻井液的悬浮钻屑及加重材料的能力，保证钻井液在环空静置时的动力稳定性。

钻井液主要是依靠类似于溶胶体系的分散钻井液发展起来的，很容易受到无机电解质的影响。在油气井钻井过程中，若使用分散钻井液体系，在遇到外来的盐侵和钙侵时，容易发生黏土颗粒过度絮凝的现象，若不及时调控，会导致钻井液失效。因此，溶胶的聚结稳定性理论对钻井液的优化设计和现场应用具有重要的指导意义。

第三节 表面化学

表面化学是研究表面现象的化学分支，又称为界面化学，因为任何表面（surface）都是界面（interface）。界面是指不相混溶的两相间的边界区域，有一定的厚度；表面特指凝聚相与气相间的边界区域。界面现象除讨论界面的物理化学现象及界面分子或原子与内部的区别外，还分析高度分散的胶体体系稳定性的影响因素。

一、表面现象与吸附

1. 表面张力的定义

物质分子在体相内部与界面上所处的环境不同，所受作用力也不同，如图 1-12 所示。液体表面上的某个分子 M 受到各方向相邻分子的吸引力，如 a、b、c、d 和 e。其中，a、b 可抵消，c、d 的合力 f 与 e 都向下，故分子 M 受到一个垂直于液体表面且指向液体内部的净吸力（net attractive force），使液体表面的分子有被拉入液体内部的倾向。所以任何液体表面都有自发缩小的倾向，此即液体表面存在表面张力的原因。

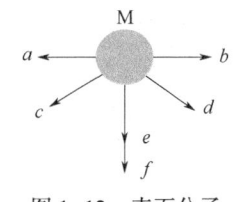

图 1-12 表面分子受到的作用

所谓表面张力（surface tension），是指作用于单位相表面的张力，由表面分子与体相分子之间的吸引力产生。一般表面张力专指液相或固相与气相之间单位长度界面上的力；界面张力是液—液或液—固两相间界面上的张力，单位为 N/m。液体的表面张力一般较小（液体金属除外），固体的表面张力较大，常用单位为 mN/m。

表面张力可以从力、功和能等三个不同的角度进行定义。

（1）力（force）的概念。表面张力是作用在单位长度上的力。假设现有一肥皂溶液，将浸入其中的金属丝框取出，可发现框内有一层薄液膜。拉动其中可移动的一边（长度为 l），将薄液膜进行水平拉伸，如图 1-13 所示。液膜有收缩趋势，为了固定可移动边的位置，必须在水平方向施加一个向外与边垂直的力 F，大小为 $2\sigma l$，系数 2 表示薄膜有上下两个气—液表面，σ 为表面张力：

图 1-13 表面张力的力概念

$$\sigma = \frac{F}{2l} \tag{1-3}$$

金属丝伸缩时，液膜随之伸缩，力的方向总是与液面平行，且与金属丝边框垂直。故表面张力可认为是作用在单位长度上的力，方向与液体表面相切，与净吸力垂直。

（2）功（work）的概念。表面功是增加单位表面积所消耗的功。在拉伸液膜时，若金属丝边框位移为 dx，液膜表面积增加，说明液相内部的某些分子被施加的拉力 F "拉升" 到表面。分子升到表面，克服内部分子的吸引力而做功。该表面功即是在等温、等压和可逆条件下，增加液体表面的面积 dA 所需的（微分）表面功 dW，相当于使分子从液体内部转移到表面所增加面积 dA 与表面张力 σ 的乘积。可得

$$\sigma = -\frac{\mathrm{d}W}{\mathrm{d}A} \tag{1-4}$$

式中，负号表示对体系做功；σ 为单位面积表面功，$\mathrm{J/m}^2$。

（3）能（energy）的概念。表面能是使分子从体相内部转移到表面所需的吉布斯（Gibbs）自由能。根据热力学第一定律（即能量守恒定律）可知，物体内能的增加等于物体吸收的热量和对物体所做的功的总和。分子从体相内部升到表面，增加单位表面积，需要对体系做功。功储存于表面，成为表面分子的额外势能，即吉布斯自由能，又称比表面自由焓：

$$\sigma = \left(\frac{\mathrm{d}G}{\mathrm{d}A}\right)_{T,p} \tag{1-5}$$

2. 影响表面张力的因素

表面张力 σ 是液体或固体表面的强度性质，受到自身特性、相界面性质、温度和压力等的影响。

1）自身特性

表面张力的大小取决于净吸力，而净吸力取决于分子间的吸引力，因此表面张力与物质本性（如物质的化学组成、分子量及分子结构特征等）有关。

在室温下，无机盐水溶液的表面张力比水大，有机物水溶液的表面张力比水小。不同性质的物质有不同的表面张力，极性物质（如水）的表面张力较大，非极性物质（如油）的表面张力较小；固体物质的表面张力较大，液体物质的表面张力相对较小。因此，一般

有机液体的表面张力小于水，但含 N、O 等元素时，表面张力则较大；含 F、Si 时，表面张力最小，属于特种类型的表面活性剂。例如，20℃时，水的表面张力为 72.88mN/m，非极性的正己烷只有 18.43mN/m，金属汞为 470mN/m，是室温下所有液体中表面张力最高的。一些常见有机物和无机物的表面张力数据分别见表 1-5 和表 1-6。

表 1-5　一些有机物的表面张力（20℃）　　　　　单位：mN/m

液体	表面张力	液体	表面张力	液体	表面张力
全氟戊烷	9.89	甲醇	22.60	二甲基亚砜	43.54
全氟庚烷	13.19	乙醇	22.27	苯	28.90
正戊烷	16.20	正丙醇	25.26	甲苯	28.52
正己烷	18.43	正丁醇	27.18	乙苯	31.48
正庚烷	20.30	甲酸	39.87	硝基苯	43.35
正辛烷	21.80	乙酸	29.58	苯乙酮	39.80
环己烷	24.95	丙酸	28.68	苯胺	44.83
二硫化碳	33.56	正丁酸	28.35	苯酚	43.54
氯仿	29.91	异戊酸	25.36	乙腈	29.58
四氯化碳	26.86	乙醚	16.92	乙醛	23.90
乙酸乙酯	26.29	丙酮	23.32	吡啶	39.82

表 1-6　一些无机物在液态时的表面张力　　　　　单位：mN/m

无机物	温度,℃	表面张力	无机物	温度,℃	表面张力
Cl_2	-30	25.56	FeO	1427	582
H_2O	20	72.88	Al_2O_3	2080	700
NaCl	803	113.8	Fe	1538	1880
LiCl	614	137.8	Ag	1100	878.5
$NaNO_3$	308	116.6	Cu	1083	1300
Na_2SiO_3	1000	250	Pt	1773.5	1800
Hg	20	470			

2）相界面性质

液体的表面张力是指该液体与含有本身蒸气的空气相接触时的测定值，当与液体相接触的另一相物质改变为不同物质或不同相时，则测定值为界面张力。界面张力一般小于表面张力，互溶度极小的两液体间的界面张力一般介于两者的表面张力之间。

3）温度

物质的表面张力一般随温度的升高而降低，见表 1-7。例如，水的表面张力从 20℃的 72.88mN/m 减小到 80℃的 62.61mN/m。乙醇与苯的沸点分别是 78℃和 80.1℃，故在这两个温度之上无表面张力值。

表1-7　常见液体在不同温度下的表面张力　　　　　　　　　　　单位：mN/m

液体	0℃	20℃	40℃	60℃	80℃	100℃
水	75.64	72.88	69.56	66.18	62.61	58.85
苯	31.60	28.90	26.30	23.70	21.30	—
甲苯	30.74	28.52	26.13	23.81	21.53	19.39
乙醇	24.05	22.27	20.60	19.01	—	—

4）压力

一定温度下，液体物质的蒸气压不变，改变气相（空气或惰性气体）的压力可以研究压力对物质表面张力的影响。

根据表面张力的影响因素可知，测定表面张力的方法有多种，例如毛细上升法、吊环法及气泡最大压力法等，在表面张力较低时，可用滴外形法（躺滴法、悬滴法），表面张力超低时可用旋滴法。

3. 弯曲界面现象

常见水面（如河面）是平面的，但是，在滴定管或毛细管中的水面则是弯曲的；日常生活中，毛巾吸水、气候干燥时土壤开裂；实验中有过冷和暴沸等现象。这些都与液面或界面的弯曲有关。水平界面上下两侧的压力相等，但是弯曲界面内外两侧的压力则不等，存在压力差。在石油工程中，重要的界面弯曲现象是储层渗流通道中存在油—水曲界面，严重影响原油采收率。

1）弯曲界面两侧压力差

液滴弯曲界面上的分子因受净吸力的作用而产生一个指向液滴内部的压力，通常称为收缩压或附加压力 Δp，代表弯曲界面两侧的压力差。球形液滴表面层处液体分子所受到的压力必大于外部压力；而凹液面的附加压力则产生指向液体外部（即指向大气），即收缩压指向凹面内部，但表面层处液体分子受到的压力小于外部压力。

总之，由于表面张力的作用，在弯曲表面下的液体与平面不同，在弯曲界面两侧有压力差，即在表面层处的液体分子总是受到附加的指向凹面内部（球心）的收缩压力，且含曲率中心的体相一侧的压力总是大于曲面另一侧体相的压力。

2）弯曲界面两侧的压力差与曲率半径的关系

假设一毛细管内充满液体（图1-14），管端有一半径为 R 的球状液滴与之平衡。对活塞稍稍施加压力使液滴的体积增加 dV，相应地其表面积增加 dA，此时为了克服表面张力，环境所消耗的体积功应为 $\Delta p dV$。当体系达到平衡时，此功的数值和表面能 σdA 相等，即

$$\Delta p dV = \sigma dA$$

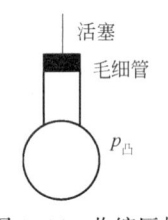

图1-14　收缩压与曲率半径的关系

球面积：$A = 4\pi R^2$；$dA = 8\pi R dR$

球体积：$V = \dfrac{4}{3}\pi R^3$；$dV = 4\pi R^2 dR$

$$\Delta p = \frac{2\sigma}{R} \tag{1-6}$$

对于气泡（如肥皂泡）而言，存在两个气液界面，且两个球形界面的半径近似相等，

此时气泡内外的压力差为 $4\sigma/R$。

由此可知：

(1) 液滴越小，液滴内外压差越大，即凸液面下方液相的压力大于液面上方气相的压力；

(2) 若是凹液面（即 R 为负），凹液面下方液相的压力小于液面上方气相的压力；

(3) 若是平液面（即 R 为 0），压差为零。

若液面不是球形，而是任意曲面，且有两个主曲率半径 R_1 和 R_2，则弯曲界面两侧压力差为

$$\Delta p = \sigma\left(\frac{1}{R_1}+\frac{1}{R_2}\right) \tag{1-7}$$

式(1-7) 为拉普拉斯（Laplace）一般公式。若液面是球面，即曲率半径到处相等，则式(1-7) 变为式(1-6)。

3) 毛细管上升和下降公式

若液体润湿毛细管壁，则毛细管内的液面呈凹面（图 1-15），润湿角小于 90°。因为凹液面下液相的压力比相同平面的液相压力低，所以液体被压入毛细管内，液柱上升，直至液柱静压力 $\rho g h$ 与弯曲界面两侧压差 Δp 相等，达到平衡，则有

$$\Delta p = \frac{2\sigma}{R} = \rho g h$$

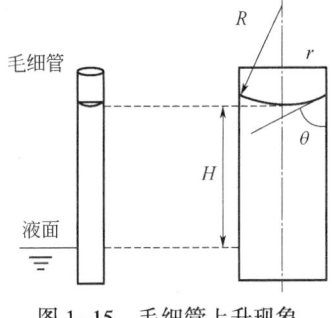

图 1-15 毛细管上升现象

可得毛细管上升公式

$$h = \frac{2\sigma}{\rho g R} \tag{1-8}$$

若毛细管半径为 r，润湿角为 θ，则有

$$h = \frac{2\sigma\cos\theta}{\rho g r} \tag{1-9}$$

若液体不能润湿毛细管壁，则毛细管内的液面呈凸面，润湿角大于 90°，所得 h 值为负，表示液体在毛细管中下降。因为凸液面下方液相受到的压力比相同高度的平面液相的压力大，即凸液面上方气相压力大。所以，毛细管下降的计算也用式(1-9)，只是润湿角不同。

地层岩石表面一般是亲水的，但储层岩石表面由于吸附了原油中的表面活性物质而呈现亲油性质。理论上，过平衡压力下一般水基钻井液发生滤失，在井壁形成滤饼，在储层形成污染带。若钻井液中使用了表面活性剂，有两亲性质的表面活性剂会在岩石表面发生吸附，储层岩石表面发生润湿反转，在近井地带形成压降漏斗，对储层造成严重伤害，影响油井产能。

4. 润湿和润湿角

若液体在固体表面形成液滴，达到平衡时，在气（g）、液（l）、固（s）三相接触的交界点 O 处，沿气—液界面（g-l）的切线与液—固界面（l-s）之间的夹角（包含液体在内）为润湿角 θ（又称接触角，contact angle），如图 1-16 所示。

(a) 润湿角 θ<90°（润湿）　　(b) 润湿角 θ>90°（不润湿）　　(c) 润湿平衡

图 1-16　润湿和润湿角

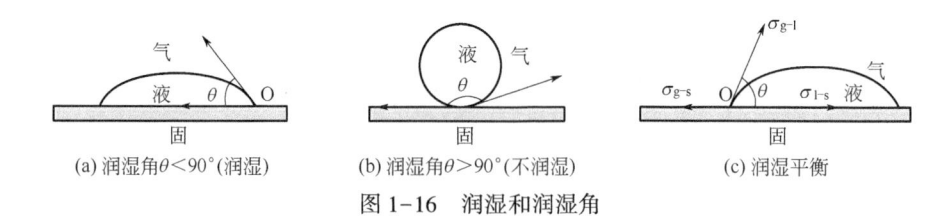

根据表面张力的力的概念，在平衡时，3 个表/界面张力在交点处的合力为零，此时液滴保持一定的形状，表/界面张力与润湿角之间的关系如图 1-16(c) 所示，有关系式：

$$\sigma_{g-s} = \sigma_{l-s} + \sigma_{g-l}\cos\theta \tag{1-10}$$

式（1-10）即杨氏（T. Young）方程或润湿方程。

润湿角 θ 越小，表示液体润湿固体表面的程度越好。以润湿角为判据，θ=90° 作为分界线，则有：

θ<90°，能润湿，例如水能润湿普通玻璃表面；

θ>90°，不能润湿，例如汞不能润湿普通玻璃表面；

θ=0°，完全润湿，液体在固体表面完全铺展，形成一薄层液膜；

θ=180°，完全不润湿，若液滴很小，则在固体表面收缩成球形。

润湿角的测量方法有多种，对于大块的固体，常用液滴法和气泡法来测量；对于固体粉末，可以用动态法来测量粉末—液体体系的润湿角。

二、表面活性剂

表面活性剂是精细化工行业的代表性产品，石油与天然气工程的各个领域都要用到表面活性剂。在油气钻井作业中，表面活性剂可用作钻井液的杀菌剂、缓蚀剂、起泡剂、消泡剂、解卡剂和乳化剂等。

1. 表面活性剂的结构与性质

表面活性剂（surfactant 或 surface active agent，SA）是指少量存在即能显著降低溶剂表面张力的化合物。表面活性剂具有表面活性，一般溶于液体特别是水中，可以显著降低水的表面张力。表面活性是指改变表面或界面的物理性质（力学、电学、光学等）并降低其表面张力或界面张力的作用。

1）表面活性剂的亲水基和亲油基

表面活性剂分子是既亲水又亲油的两亲分子。例如，十二烷基羧酸钠是肥皂的主要成分，其分子由亲油的十二烷基 $C_{12}H_{25}$—和亲水的羧酸钠基团—COONa 组成。亲油基团通常是具有一定长度的碳氢链，即烃基，用 R 表示，如图 1-17 所示。

一般表面活性剂的分子结构中至少含有两个不同性质的基团，一个是对水具有亲和性的极性基团（以保证其在多数情况下的水溶性），另一个是对水几乎没有亲和性的非气态非极性基团。对水具有亲和性的分子基团称为亲水基（hydrophilic group），通常为羟基、羧基、氨基等。表面活性剂分子的亲油基是非极性基团（non-polar group），即分子中的电子分布不产生显著电偶极矩的有机部分（通

图 1-17　表面活性剂分子的结构组成
$C_{12}H_{25}$｜COONa
十二烷基｜羧酸钠
亲油基｜亲水基

常为碳链),对低极性有机溶剂呈现亲和性,并决定了分子的疏水亲油特征。

2) 表面活性剂的性质

一般无机酸、碱和盐的水溶液在质量分数很小时,对水的表面张力几乎不起作用,有的甚至会使水的表面张力增大。各种物质水溶液(质量分数不大)的表面张力与质量分数之间的关系有三种类型,如图1-18所示。

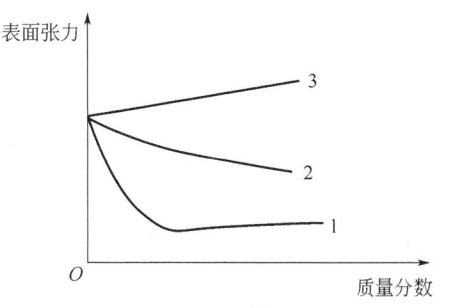

图1-18 表面张力等温线的类型

第一类(曲线1)是表面张力在溶液质量分数很小时随质量分数的增加而急剧下降,但降至一定程度后会下降很小或基本不变。第二类(曲线2)是表面张力随质量分数的增加而缓慢下降。第三类(曲线3)是表面张力随质量分数的增加而不变或稍有上升。肥皂、洗衣粉和洗涤剂等表面活性剂溶液具有曲线1的性质;有机的低级醇、低级胺等具有曲线2的性质;无机的酸、碱和盐则有曲线3的性质。

表面活性剂有两个重要性质:(1) 在界面上的定向吸附,可用作乳化剂、起泡剂和润湿剂;(2) 在溶液内部形成胶束(micelle),具有增溶作用。利用表面活性剂的重要性质,可使其在石油工程各领域充分发挥作用,也可以根据实际需要,研发或复配表面活性剂。

2. 表面活性剂的分类

根据极性基团的带电性质,表面活性剂可分为阴离子、阳离子、非离子和两性离子等四类。

1) 阴离子表面活性剂(anionic surfactant)

阴离子型表面活性剂的分子在水中解离后由阴离子部分起活性作用,分子结构通常由一个 $C_8 \sim C_{18}$ 的长链烃基(非极性基团)和一个亲水基团(极性基团)组成(表1-8)。分子的极性基团在水中可解离成带负电性质的阴离子基团,包括羧酸盐、硫酸(酯)盐、磺酸盐和磷酸(酯)盐等,并以硫酸酯盐型和磺酸盐型为主。羧酸盐型表面活性剂在硬水中易生成不溶物而失效,其他三种类型在硬水中的性质则比较稳定。

表1-8 常用阴离子表面活性剂的通式

分类	通式	应用
羧酸盐型	RCOOMe	肥皂 $C_nH_{2n+1}COONa$,$n=16\sim18$,洗涤剂
		硬脂酸钙 $(C_{17}H_{35}COO)_2Ca$,油包水乳化剂
硫酸(酯)盐型	$ROSO_3Me$	十二烷基硫酸钠 $C_{12}H_{25}OSO_3Na$,起泡剂
磺酸盐型	RSO_3Me	十二烷基苯磺酸钠 $C_{12}H_{25}(C_4H_6)SO_3Na$,洗涤剂
磷酸(酯)盐型	单酯盐 $ROPO_3Me$	高级醇磷酸酯二钠盐和高级醇磷酸双酯钠盐,烃基的碳原子数 $n=12\sim16$,防静电剂
	双酯盐 $(RO)_2PO_2Me$	

注:R 通常为 $C_8 \sim C_{18}$ 的长链烃基,Me 为金属离子。

阴离子型表面活性剂是日常生活中应用最多的表面活性剂,具有良好的乳化性、起泡性、水溶性、可生物降解性和耐碱性,且易于合成又价格低廉,广泛用于化妆品、洗涤剂、纺织、造纸、润滑以及制药、建材、化工和采油等领域,还可应用于正负离子表面活性剂复配体系的性质、胶团催化和分子有序组合体等基础研究方面。例如，十二烷基硫酸钠（sodium dodecyl sulfate, SDS）起泡作用较强，可用于制作牙膏；在钻井液中，SDS主要用作泡沫及微泡沫钻井液的起泡剂和油包水型的乳化剂。

2）阳离子表面活性剂（cationic surfactant）

阳离子表面活性剂分子在水中解离后由阳离子部分起活性作用，这类表面活性剂都是含氮的有机化合物，即有机胺的衍生物，包括胺盐型、季铵盐型、吡啶盐型及咪唑啉盐型等，以烷基和酯基的季铵盐为主（表1-9）。因为胺盐在碱性溶液中易析出胺，而季铵盐型则不会析出，所以常用的阳离子表面活性剂是季铵盐型和吡啶盐型。

表1-9 常用阳离子表面活性剂的通式

分类	通式	应用
胺盐型（amine salts）： 伯胺盐 仲胺盐 叔胺盐	$C_nH_{2n+1}NH_3^+X^-$ $C_nH_{2n+1}NHR^+X^-$ $C_nH_{2n+1}NHR_2^+X^-$	十六烷基二甲基氯化铵
季铵盐型（quaternary ammoniums）	$C_nH_{2n+1}NR_3^+X^-$	十六烷基三甲基氯化铵 十二烷基二甲基苄基溴化铵
吡啶盐型（pyridine salts）	C_nH_{2n+1}—C₅H₅N⁺X⁻	十六烷基溴化吡啶
咪唑啉盐型（imidazoline salts）	（结构式：R₁C、N—CH₂、N⁺—CH₂、R₄ R₅） （R₁代表$C_{11}\sim C_{17}$的烷基或烷基苯基等，R₄和R₅为羟基、氨基或硫脲基等基团）	二羟乙基咪唑啉阳离子表面活性剂

注：$n=8\sim18$，R为$C_1\sim C_3$的短链烃基，X为卤离子（如Cl^-、Br^-）。

一般阳离子表面活性剂的洗涤性能较差，但杀菌力强，可用于外科手术器械的消毒，也可用于农药；主要用于织物调理，也用于护发素、焗油膏和个人护理品中，对化纤有良好的抗静电性，是良好的染色助剂及沥青和硅油等的乳化剂；在钻井液中多用作杀菌剂、润湿剂、缓蚀剂和页岩抑制剂等。

3）非离子表面活性剂

非离子表面活性剂的活性作用部分在溶液中不能解离，这类分子在溶液中不易受酸、碱和强电解质无机盐类的影响，在水及有机溶剂中皆有较好的溶解性能，与其他表面活性剂的相容性好，在一般固体表面上不发生强烈吸附，物理化学性质较稳定。其亲水性主要是由多元醇和聚乙二醇基（即聚氧乙烯基EO）提供。脂肪胺聚氧乙烯醚主要用作农药乳化剂，脂肪二胺等主要用于沥青乳剂。氧乙烯基的聚合度越大，表面活性剂的亲水性越强，起泡性能及稳定性均有所提高，而矿化度、压力和温度的升高均会使起泡性能下降。

4）两性表面活性剂

两性表面活性剂的活性作用部分带两种电学性质，溶解于水后显示出极为重要的特性：当水溶液偏碱性时，呈阴离子活性剂的特性；当水溶液偏酸性时，呈阳离子表面活性剂的特性。它在硬水中甚至高矿化度下均能很好地溶解，并稳定存在，有一定的杀菌作用，且对人体的毒性和刺激性均很小。该类表面活性剂通常以甜菜碱型和氨基酸型为主，甜菜碱型和氨基酸型的两性表面活性剂分子中既有阴离子又有阳离子，在水中因 pH 值的不同而表现出两种类型的电性，主要用于个人护理品领域，如洗发液、沐浴液、洗涤灵等。甜菜碱型表面活性剂在油田中用作低矿化度驱油剂，也可用作两性离子型聚合物钻井液体系。

其他特殊类型表面活性剂主要有含硅或氟的特种表面活性剂，以及双子型、Bola 型和高分子表面活性剂等。

含氟表面活性剂的碳氢链中氢原子被氟原子部分或全部取代，分子结构与一般碳氢表面活性剂相似，也是由亲水基与亲油基构成。亲水基与碳氢表面活性剂一样，也有阴离子型、阳离子型和非离子型等各种基团。该类表面活性剂有较高的化学稳定性和表面活性，能耐强酸、强碱、强氧化剂和高温，可作为油类及汽油火灾的高效灭火剂、氟高分子单体乳胶的乳化剂、既防水又防油的纺织品、纸张及皮革的表面涂敷剂，还可以在冻胶压裂液中作为热稳定性较好的助排剂，在钻井液中提高钻井液处理剂的抗温能力。

有机硅表面活性剂的分子结构同含氟型一样，与一般碳氢表面活性剂相似，不同之处也在于亲油基部分，一般的碳氢链被含硅烷、硅亚甲基系或含硅氧烷链取代，成为有机硅表面活性剂的憎水基。这类表面活性剂的憎水性较强，不长的硅氧烷链就能使化合物具有表面活性。既有二氧化硅的耐高温、耐气候老化、无毒、无腐蚀、生理惰性等特点，又有一般表面活性剂的较高活性，有乳化、分散、润湿、抗静电、消泡、稳泡及起泡等性能。在钻井液中，有机硅可用作抗高温钻井液的降黏剂。

双子（Gemini）型表面活性剂是一种双亲水基双亲油基的两亲物质，有较高的界面活性和很低的临界胶束浓度，有较强的增溶、润湿、起泡和钙皂分散作用。在低浓度时增黏效果显著，有较好的黏弹性和胶凝作用，可用于三次采油及清洁压裂液。

具有表面活性的高分子表面活性剂并无严格定义，其分子量一般大于 1×10^3，小于 1×10^4。因为水溶性的高分子大多不具有很高的表面活性，最早使用的是天然海藻酸钠和各种淀粉。该类表面活性剂适合用作增黏剂和凝胶剂，还可用作乳化剂、保湿剂、抗静电剂、消泡剂和润滑剂等。

天然或再生资源加工的绿色表面活性剂对人体刺激性小，且易于生物降解，具有天然性、温和性、刺激性小等优良特点。在实际应用时，绿色表面活性剂具有高效强力去污性、乳化性、洗涤性、增溶性、润湿性、溶解性和稳定性，而且配伍性和环境相容性均很好。

3. 表面活性剂溶液

表面活性剂分子结构中非极性的亲油基团部分通常相同，多是 $C_8 \sim C_{18}$ 的碳氢链，主要区别是极性的亲水基团部分。

1) 离子型表面活性剂的溶解性与"克拉夫特点"

一般表面活性剂的亲水性越强，在水中的溶解度就越大。反之，亲油性越强，则越易溶解于油。

在低温时，离子型表面活性剂的溶解度较低，随着温度的升高其溶解度缓慢增加，达到某一温度后，其溶解度迅速增加。离子型表面活性剂的溶解度陡增时的温度（实际上是在一个窄的温度范围内）称为克拉夫特点（Krafft point）。在此温度时，其溶解度等于临界胶束浓度（CMC）。在肥皂工业中，克拉夫特点以某一温度表示，低于该温度时透明的肥皂溶液变得混浊。一般同系物的碳氢链越长，克拉夫特点的温度越高。

2) 非离子型表面活性剂的溶解性与浊点

非离子型表面活性剂的亲水基主要是聚氧乙烯基，其水溶液随温度的升高会逐渐分离成两相而变成非均相，即非离子型表面活性剂的溶解度下降甚至析出。混浊温度值取决于溶液的浓度。反之，将已呈现混浊的某些非离子表面活性剂水溶液冷却，该水溶液则会在某一温度变成澄清的均相。使非离子表面活性剂水溶液呈现浑浊时的最低温度称为"浊点"（cloud point）。

4. 表面活性剂的亲水亲油平衡值（HLB）

表面活性剂分子对水和油的亲和能力大小可以用亲水亲油比（hydrophilic-lipophilic ratio）表示，也称作亲水亲油平衡值（HLB）。该数值的估算一般仅与乳化剂有关，通常用于乳化剂的选择。

表面活性剂的 HLB 值标准如下：石蜡 HLB=0，油酸 HLB=1，油酸钾 HLB=20，十二烷基硫酸钠 HLB=40。其他表面活性剂的 HLB 值可用乳化实验对比其乳化效果来决定，也可用有关公式计算。非离子型表面活性剂的 HLB 为 1~20，阴离子型和阳离子型表面活性剂的 HLB 为 1~40。

计算 HLB 值的方法有以下四种：

（1）HLB 值的估计法。由表面活性剂在水中的溶解度估计 HLB 值，浊度法测定 HLB 值对照见表 1-10，HLB 值范围及应用见表 1-11。

表 1-10 浊度法测定 HLB 值对照表

表面活性剂在水中的性状	不分散	分散不好	强烈搅拌后可得乳状分散体	稳定的乳状分散体	半透明至透明分散体	透明溶液
HLB 值范围	1~4	3~6	6~8	8~10	10~13	>13

表 1-11 HLB 值范围及应用

HLB 值范围	1~3	3~6	7~18	12~15	13~15	15~18
应用	消泡作用	油包水型乳化作用	水包油型乳化作用	润湿作用	去污作用	增溶作用

（2）计算 HLB 值的基团数法。将 HLB 看成是整个表面活性剂分子中各单元结构（即亲水基和亲油基）的作用总和，这些基团各自对 HLB 有不同的贡献（即对不同的基团指定不同的基数），将各基团的基数加起来，就是表面活性剂分子的 HLB 值，见表 1-12。

$$HLB = 7 + \sum(亲水基的基数) - \sum(亲油基的基数) \quad (1-11)$$

表 1-12 一些基团的 HLB 基数

亲水基	基数	亲油基	基数
—SO$_4$Na	38.7	CH	0.475
—COOK	21.1	CH$_2$	0.475
—COONa	19.1	CH$_3$	0.475
—SO$_3$Na	11.0	=CH	0.475
N（叔胺）	9.4	—C$_3$H$_6$O—	0.150
酯（失水山梨醇环）	6.8	—CF$_2$—	0.870
酯（自由）	2.4	—CF$_3$	0.870
—COOH	2.1	苯环	1.662

续表

亲水基	基数	亲油基	基数
—OH	1.9		
—O—	1.3		
—OH（失水山梨醇环）	0.5		
—C₂H₄O—	0.33		

（3）质量分数法。适用于有聚氧乙烯基的非离子型表面活性剂的 HLB 值计算：

$$\text{HLB} = \frac{\text{亲水基质量}}{\text{表面活性剂分子量}} \times 20 \tag{1-12}$$

（4）混合表面活性剂的 HLB 值。混合表面活性剂的 HLB 值具有加和性，按其组成的质量分数加以计算：

$$\text{HLB}_{A,B} = \text{HLB}_A \cdot A\% + \text{HLB}_B \cdot B\% \tag{1-13}$$

5. 临界胶束浓度

一般表面活性剂稀溶液的性质与正常强电解质溶液相似，但高浓度时却有显著不同（图1-19）。例如，浓溶液的电导率与强电解质溶液相比有明显偏差，渗透压等依数性也都远比用理想溶液理论计算出的结果低。这一反常现象，是由于表面活性剂分子或离子自动缔合成胶体大小的质点引起的，这种胶体质点和离子之间处于平衡状态。从热力学观点看，这种具有表面活性的缔合胶体溶液是稳定体系。

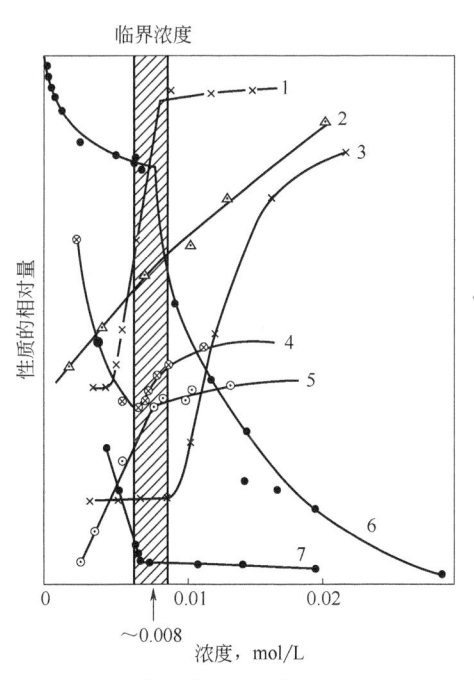

图 1-19 十二烷基硫酸钠溶液性质与浓度的关系
1—去污作用；2—密度；3—电导率；4—表面张力；5—渗透压；6—当量电导；7—界面张力

1）胶束与临界胶束浓度

胶束是指在高于一定临界浓度的表面活性剂溶液中，由分子或离子组成的聚集体。表面活性剂在溶液中存在某一特定浓度（实际上是一个窄的浓度范围内），在高于此浓度时，胶束的出现和增大会引起浓度和溶液的某些物理化学性质之间关系发生突然变化。胶束开始明显形成时的溶液浓度称为临界胶束浓度（critical micellization concentration, CMC）。胶束大小的量度是胶束聚集数，即缔合成胶束的表面活性剂分子（或离子）数，常用光散射法测量。

在离子型表面活性剂溶液中，单个表面活性剂离子与胶束之间可以建立平衡。此种平衡受溶液浓度的影响，当浓度较小（低于CMC）时，溶液中主要是单个的表面活性剂离子；当浓度较大或接近CMC时，溶液中将有少量小型胶束，如二聚体或三聚体等；在浓度10倍于CMC或更高的浓溶液中，或在稀的表面活性剂溶液中外加盐时，则胶束的不对称性增加，通常为棒状，使大量表面活性剂分子的碳氢链与水接触面积缩小，有更高的热力学稳定性。亲水基团构成棒状胶束的表面，内核由亲油基团构成。某些棒状胶束还有一定的柔顺性，可以蠕动。溶液浓度更大时，则形成较大的层状胶束。若在活性剂浓溶液中加入适量的非极性油和醇，则可能形成微乳液等。

2) 临界胶束浓度的影响因素

(1) 同系物中，若亲水基相同，亲油基中的碳氢链越长则CMC越小，离子型表面活性剂和非离子型表面活性剂皆如此。

(2) 亲油基中的烷烃基相同时，非离子型表面活性剂的CMC比离子型表面活性剂的小得多（约为1/100）。

(3) 亲油基中烷烃基相同时，无论是离子型表面活性剂还是非离子型表面活性剂，不同的亲水基对CMC影响较小。一般亲水基的亲水性较强时，表面活性剂溶液的CMC较大。

(4) 表面活性剂的分子式相同时，亲水基的支化程度越高，CMC越大。

(5) 含氟表面活性剂（特别是全氟时）的CMC远小于同类型及同碳原子数的不含氟表面活性剂。

(6) 与表面活性剂带电性相反的离子价数越高，作用越强烈。在低浓度时，无机盐对非离子型表面活性剂不敏感。

(7) 长链极性有机物（如醇）的碳氢链越长，降低CMC的能力越强。对非离子型表面活性剂溶液CMC的影响则不同，溶液浓度增大时，CMC增加。

(8) 表面活性剂混合物对CMC有影响，因为表面活性剂工业品往往是表面活性剂的混合物，非离子型表面活性剂还存在聚氧乙烯基聚合度不同的问题。

6. 表面活性剂的作用

1) 吸附作用（absorption）

在一定温度和压力下，吸附量与溶液浓度和表面张力之间的关系，可用Gibbs吸附公式来表示。

表面吸附量 Γ 的定义为：单位面积的表面层所含溶质的物质的量比同量溶剂在本体溶液中所含溶质的物质的量的超出值。公式表示为：

$$\Gamma = -\frac{c}{RT}\left(\frac{\mathrm{d}\sigma}{\mathrm{d}c}\right)_T \tag{1-14}$$

Gibbs 吸附公式中，当 dσ/dc<0，即增加浓度使表面张力下降时，Γ>0，表示溶质在表面层发生正吸附；当 dσ/dc>0，即增加浓度使表面张力上升时，Γ<0，表示溶质在表面层发生负吸附。

饱和吸附时，本体浓度与表面浓度相比很小，可以忽略不计。因此可以将饱和吸附量 Γ_∞ 近似看作是单位表面上溶质的物质的量，可以由 Γ_∞ 值计算每个吸附分子所占的面积，即分子横截面积为

$$S_\infty = \frac{1}{\Gamma_\infty N_A}$$

式中，N_A 为阿伏伽德罗常数（Avogadro constant），精确值为 $6.02214076 \times 10^{23} \mathrm{mol}^{-1}$，近似值为 $6.02 \times 10^{23} \mathrm{mol}^{-1}$。

吸附层厚度为：

$$\delta = \frac{\Gamma_\infty M}{\rho}$$

式中，M 为吸附层的分子量；ρ 为密度。

膨润土吸附足够量的阳离子表面活性剂后，可以在固体颗粒表面形成一层亲油液膜，将亲水表面改性为亲油的有机土，用于油基钻井液体系。

2）润湿作用（wetting）

（1）润湿过程。

润湿过程伴随着能量的变化，包括黏附、浸润和铺展三种过程。

液体与固体表面接触，发生黏附，对外做黏附功 $W_a \geq 0$（判据：$\theta \leq 180°$），其值为单位面积的气—固界面和气—液界面相接触时，体系界面自由焓的变化。当体系自由焓降低时，向外的黏附功为：

$$W_a = \sigma_{g-l} + \sigma_{g-s} - \sigma_{l-s} = \sigma_{g-l}(1+\cos\theta) \tag{1-15}$$

黏附功越大，体系越稳定，表示液—固界面结合越牢固，液体极易在固体上黏附。

当液体浸润（immersion）固体时，固—液分子间相互作用释放出的热量称为润湿热（或浸润热，heat of wetting），来源于表面自由焓的减少。可看作是气—固界面转变为液—固界面的过程，液体表面并无变化。恒温恒压下，若浸润面积为一个单位面积，则浸润过程中体系表面自由焓 ΔG 的变化为：

$$\Delta G = \sigma_{l-s} - \sigma_{g-s}$$
$$W_i = \sigma_{g-s} - \sigma_{l-s} = \sigma_{g-l}\cos\theta \tag{1-16}$$

式中，W_i 称为浸润功，其大小可以作为液体在固体表面上取代气体能力的量度。$W_i > 0$（判据：$\theta < 90°$）是液体浸润固体的条件。

润湿热能反映固—液分子间相互作用的强弱，因此极性固体（如硅胶、二氧化钛等）在极性液体中的润湿热较大，在非极性液体中的润湿热较小。而非极性固体（如石墨、高温热处理的炭或聚四氟乙烯等）的润湿热一般总是很小的。

铺展（spreading）表示在液—固界面取代气—固界面的同时，气—液界面也扩大了同样的面积。恒温恒压下，当铺展面积为一个单位面积时，体系表面自由焓的降低或对外做的功 S 为：

$$S=\sigma_{g-s}-(\sigma_{l-s}+\sigma_{g-l})==\sigma_{g-l}(\cos\theta-1) \tag{1-17}$$

式中，S 称为铺展系数（实为铺展功）。当 $S>0$（判据：$\theta=0°$）时，液体可以在固体表面上自动铺展。可见，铺展是润湿的最高标准，凡能铺展，必能浸润，更能黏附。

(2) 润湿剂。

能有效改善液体在固体表面润湿性质的表面活性剂，称为润湿剂。润湿剂在固体表面上必须有很强的吸附作用，表面活性剂分子要求有特殊的结构。在水介质中，高支链结构的表面活性剂小分子是优良的润湿剂。

润湿转化过程中多使用阴离子型表面活性剂和非离子型表面活性剂，常用渗透剂 OT。还用到十二烷基苯磺酸钠、十二烷基硫酸钠、烷基萘磺酸钠及油酸丁酯硫酸钠等，但是前三种起泡多。反润湿转化（即润湿反转）中常使用氯化十二烷基吡啶等阳离子表面活性剂。

3）增溶作用（solubilization）

增溶作用又称加溶作用，苯、己烷、异辛烷等一些非极性的碳氢化合物在水中的溶解度非常小，但是，当浓度达到或超过 CMC 时，表面活性剂溶液却能"溶解"相当量的碳氢化合物，形成完全透明、外观与真溶液非常相似的体系。

增溶与溶解有本质的不同，增溶时溶质并未拆散成单个分子或离子，而很可能是"整团"地溶解在表面活性剂溶液中。增溶作用是一个可逆的平衡过程，也不同于乳化作用，因为乳状液体系具有较大的界面能，是热力学不稳定体系。表面活性剂的结构、被增溶物的结构、电解质及温度等均会影响增溶作用的效果。

4）起泡作用（barbotage）

泡沫是气体分散在液体中所形成的体系。通常，气体在液体中能分散得很细，但由于存在表面能，且气体的密度总是低于液体，进入液体的气体要自动地逸出，所以泡沫也是热力学不稳定体系。只有借助于表面活性剂（起泡剂）降低表面张力的作用，才能生成较稳定的泡沫。起泡机理包括以下几方面：

(1) 表面活性剂能降低表面张力，使泡沫体系相对稳定；

(2) 在气泡的液膜上形成双层吸附，亲水基在液膜内形成水化层，增加液相黏度并稳定液膜；

(3) 表面活性剂的亲油基相互吸引、拉紧，使吸附层的强度提高；

(4) 离子型表面活性剂的电离使泡沫荷电，静电排斥力阻碍泡沫的靠近和聚集。

起泡性能好的起泡剂主要是十二酸钠、十四烷基硫酸钠和十四烷基苯磺酸钠等表面活性剂，也可以是固体粉末和明胶等蛋白质，它们在气泡界面上形成坚固的保护膜，使泡沫稳定。

泡沫体系中还应有稳泡剂，主要作用是提高液相黏度，增加泡沫的厚度与强度。如泡沫钻井液中所加的起泡剂为 $C_{12}\sim C_{14}$ 的烷基苯磺酸钠或烷基硫酸盐，稳泡剂是 $C_{12}\sim C_{16}$ 的脂肪醇及聚丙烯酰胺等高聚物。

钻井液中存在不必要的小气泡时，钻井液的密度受到影响，需要进行消泡。一些表面张力低、溶解度较小的物质（如 $C_5\sim C_6$ 的醇类或醚类、磷酸三丁酯、有机硅等）可以用作消泡剂。消泡剂的表面张力低于气泡液膜的表面张力，容易在气泡液膜表面顶走原有的起泡剂，由于链短又不能形成坚固的吸附膜，易产生裂口，泡内气体外泄，导致泡沫破裂，起到消泡作用。

5）乳化作用（emulsification）

乳化作用是指乳化剂（emulsifier）使乳状液易于产生并在产生后有一定稳定性的作用。乳化剂吸附于油水界面，使油水界面张力变小，生成的乳状液有一定的稳定性。乳状液在油田化学中应用较广，例如，钻复杂地层或水平井时，可以用油包水乳化钻井液，而废弃时，则需考虑破乳（demulsion），即乳化的逆过程。

乳状液一般有两种类型，即油包水（W/O）型和水包油（O/W）型，所用的乳化剂也分别称为油包水型乳化剂和水包油型乳化剂。可以根据乳化剂的 HLB 值来进行选择：HLB 值低，则亲油性强，适宜作 W/O 型乳化剂；HLB 值大，则亲水性较强，适宜作 O/W 型乳化剂。一般地，O/W 型乳化剂的 HLB 为 8~18，W/O 型乳化剂的 HLB 为 3~6。根据相似相溶原理，乳化剂与分散相（如油）的结构越相似越好，这样分散效果较好，所用的乳化剂也较少。分散相与乳化剂的结构相差较大时，通常应用混合乳化剂，可以通过表面活性剂的 HLB 值来进行计算和选择。表 1-13 列出了乳化一些油所需乳化剂的 HLB 值。

表 1-13 乳化一些油所需乳化剂的 HLB 值

油	乳化剂的 HLB 值 W/O	乳化剂的 HLB 值 O/W	油	乳化剂的 HLB 值 W/O	乳化剂的 HLB 值 O/W
石蜡	4	9.0	芳烃矿物油	4	12
蜂蜡	5	9.0	重矿物油	4	10.5
微晶蜡	—	9.5	煤油	4~5	10~12
液状石蜡	4	7~8	石油	—	12~14
烷烃矿物油	4	10.0			

6）洗涤（cleaning）和去污（decontamination）作用

水的表面张力大，而且对油质污垢的润湿性差，只依靠水并不能去污。表面活性剂的去污作用是一个复杂过程，它与渗透、乳化、分散、增溶以及起泡等各种因素有关。这些作用的效果受到污垢的组成、被污染物的种类和污垢附着面的性状等的影响。

7）分散（dispersion）和絮凝（flocculation）作用

（1）分散作用。固体粉末均匀分散于某一液体中，若易发生聚结，则会发生沉降，加入某些表面活性剂后，颗粒能稳定地悬浮在液相中，这就是分散作用。例如，润湿剂能使黏土分散在油相中，为油基钻井液提供足够的黏度和切力；聚丙烯酸钠等分散剂可以使重晶石等加重材料分散在水中，为钻井液提供足够的密度。

（2）絮凝作用与分散作用相反。例如，黏土颗粒表面荷负电，阳离子型表面活性剂能中和其表面的负电荷，黏土颗粒因静电排斥力降低而易于絮凝，形成空间网架结构，增加钻井液的触变性。具有吸附基团的表面活性剂高分子，能与黏土颗粒发生桥联作用，使颗粒发生絮凝。

第四节 钻井液处理剂与材料

钻井液处理剂与材料用于配制钻井液并维护其使用性能，按照化学组成可以分为无机类型和有机类型。

一、无机处理剂与材料

钻井液中常用的无机处理剂一般是水溶性的无机碱类和盐类，通过提供无机阳离子和阴离子而发挥相应的作用。非水溶性的无机材料主要是与水形成胶体—悬浮体的黏土，以及分散在水或油中提供钻井液密度的加重材料。黏土类主要用于提供钻井液的黏度和切力，加重材料主要用于平衡地层压力、防止井喷事故的发生。钻井液常用的无机处理剂见表1-14。

表 1-14　常用无机处理剂

无机处理剂	在钻井液中的作用机理
碳酸钠（纯碱）	离子交换吸附作用，沉淀作用
氢氧化钠（烧碱）	调控钻井液的pH值，与有机处理剂生成可溶性盐，沉淀作用
石灰	絮凝作用，调节pH值，堵漏作用
石膏	絮凝作用（避免pH值过高）
氯化钙	絮凝作用（降低pH值）
氯化钠	抑制溶解作用，抑制泥页岩水化膨胀作用，暂堵作用
氯化钾	页岩抑制作用（抑制页岩渗透水化）
硅酸钠	聚沉作用，抑制泥页岩水化膨胀作用，堵漏作用
磷酸盐	稀释作用，络合作用，沉淀作用
正电胶	絮凝作用，页岩抑制作用
碳酸钙（石灰石）	加重作用，屏蔽暂堵作用
重晶石	加重作用

钻井液中的无机处理剂与材料除了有堵漏和加重作用，主要有以下几种作用机理：
(1) 离子交换吸附；
(2) 调控钻井液的pH值；
(3) 沉淀作用；
(4) 絮凝黏土及抑制页岩分散；
(5) 与有机处理剂生成可溶性盐；
(6) 抑制盐岩溶解。

1. 碱

钻井液中主要用碳酸钠（纯碱）、氢氧化钠（烧碱）和碳酸氢钠（小苏打）等来控制钻井液的pH值和碱度。也可以用氢氧化钾和碳酸钾，除了提供碱度外，还可以提高对黏土的抑制作用。在油气井钻井过程中，盐水侵或钙镁侵一般会使钻井液的pH值下降，而受水泥侵时，pH值则会上升。一般要求钻井液pH值为8~11，用以满足油气井钻井过程中的以下要求：减轻对钻具和套管的腐蚀；使黏土颗粒处于适度分散状态；抑制钙、镁盐的溶解；有利于有机处理剂溶解。

1) 纯碱

钻井液配浆时，纯碱除了可以调节pH值，还有离子交换作用和沉淀作用。配浆用的膨润土若含有较多的钙离子，纯碱可以通过离子交换吸附作用，将钙黏土变为钠黏土，提高钻井液的造浆率。但过量的纯碱会导致黏土颗粒发生聚结，使钻井液性能受到破坏。纯碱在钻井液中的合适加量需通过造浆实验来确定：

$$Ca^{2+}(土) + Na_2CO_3 \longrightarrow 2Na^+(土) + CaCO_3 \downarrow$$

在钻水泥塞或钻井液受到钙侵时，为了去除 Ca^{2+} 的影响，往往需要加入一定量的除钙剂，纯碱可以通过与 Ca^{2+} 生成碳酸钙沉淀来去除 Ca^{2+}：

$$Na_2CO_3 + Ca^{2+} \longrightarrow CaCO_3 \downarrow + 2Na^+$$

含羧钠基官能团（—COONa）的有机处理剂在遇到钙侵（或 Ca^{2+} 浓度过高）而降低其溶解性时，可以加入适量纯碱来恢复效能。

2）烧碱

烧碱是强碱，质量浓度为 10% 的 NaOH 溶液的 pH 值可达 12.9。烧碱除了调节 pH 值外，还可用于控制钙处理钻井液中 Ca^{2+} 的浓度；在海洋油气钻井时，烧碱和纯碱用于沉淀除去钙镁离子；烧碱与有机处理剂生成可溶性盐，例如天然产品丹宁、褐煤等酸性处理剂与碱配合使用，分别转化为丹宁酸钠、腐殖酸钠等有效成分。

2. 石灰、石膏和氯化钙

钙处理钻井液体系利用 Ca^{2+} 抑制黏土的水化分散，使之保持在适度絮凝的状态。利用 CaO 在水中形成 $Ca(OH)_2$ 提供的储备碱度，可以调控钙处理钻井液的 pH 值；在油包水乳化钻井液中，调节水相的 pH 值和钙离子浓度，并使烷基苯磺酸钠等一元金属皂乳化剂转化为二元皂的烷基苯磺酸钙。

3. 氯化钠

氯化钠，俗名食盐，白色晶体，含氯化镁、氯化钙等杂质的工业食盐容易吸潮。常温下氯化钠在水中的溶解度较大（20℃时为 36g/100g 水），且溶解度随温度的升高而略有增大。在钻井液中主要起抑制溶解作用和屏蔽暂堵作用。氯化钠主要用于配制盐水与饱和盐水钻井液体系，用来防止岩盐井段的溶解，抑制井壁泥页岩的水化膨胀。在钻开储层时，为了避免伤害油气层，配制无固相清洁盐水聚合物钻井液。油田一般使用屏蔽暂堵技术来保护储层，氯化钠可用作水溶性暂堵剂。

4. 氯化钾

氯化钾是易溶于水的白色立方晶体，常温下密度为 $1.98g/cm^3$。它在钻井液中主要对页岩起抑制作用。钾离子通过镶嵌在黏土晶层的六边形网格中，拉近层间距离，从而对膨胀型黏土矿物有很强的抑制性，在钾基聚合物钻井液体系中起防止井壁坍塌的作用。钾离子可以将膨润土上吸附的部分阳离子交换下来，与晶层间的负电荷之间产生较强的静电引力。由于钾离子的大小刚好可以嵌入相邻晶层间的氧原子六边形网格空穴中，与周围 12 个氧原子配位，连接非常牢固，不能被交换下来，因而起到抑制黏土的水化膨胀作用，如图 1-20 所示。

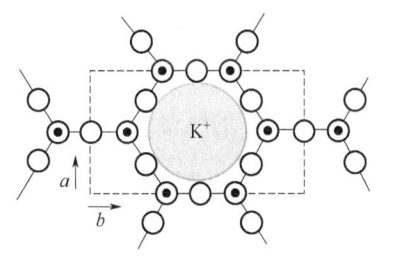

图 1-20 钾离子的抑制作用

5. 硅酸钠

现场多使用偏硅酸钠，俗名水玻璃、泡花碱，分子结构式为 $Na_2O \cdot nSiO_2$，n 为水玻璃的模数（二氧化硅与氧化钠的分子个数之比）。n 值越大，碱性越弱。$n \geqslant 3$，为中性水玻璃；$n<3$，为碱性水玻璃。水玻璃有三种类型：固体水玻璃、水合水玻璃和液体水玻璃。固体水玻璃与少量水或蒸汽发生水合作用而生成水合水玻璃。水合水玻璃易溶解于水变为液体水玻璃。

液体水玻璃一般为黏稠的半透明液体，随所含杂质不同而分别呈无色、棕黄色或青绿色等不同颜色。现场配制的水玻璃密度为 $1.5 \sim 1.6 \text{g/cm}^3$，pH 值为 $11.5 \sim 12$，能溶于水和碱性溶液，与盐水混溶，在钻井液中主要起聚沉、抑制、防塌以及堵漏等作用。配制硅酸盐钻井液的成本较低，而且对环境无污染。

水玻璃可以部分水解生成胶态沉淀，能够聚沉钻井液中的黏土颗粒（或粉砂等）：

$$Na_2O \cdot nSiO_2 + (y+1)H_2O \longrightarrow nSiO_2 \cdot yH_2O \downarrow + 2NaOH$$

黏稠的水玻璃可以愈合裂缝性地层，提高井壁的破裂压力，起到化学固壁防塌的作用。水玻璃与石灰、黏土和烧碱等配合使用，起堵漏作用。pH<9 时，水玻璃的水溶液变成凝胶，水玻璃缩合成较长的带支链的—Si—O—Si—链，形成网状结构，包住自由水，使体系失去流动性。pH 值不同，胶凝速度（即调整 pH 值至形成胶凝所需时间）可以是几秒到几十小时。水玻璃的抗钙能力较差，不宜用于钙处理钻井液，但可用于盐水或饱和盐水钻井液。

6. 加重材料（weighting material）

加重材料能增加钻井液密度而不影响其使用性能，常用方解石、白云石、重晶石、菱铁矿、钛铁矿、赤铁矿、磁铁矿、方铅矿等，见表 1–15。

表 1–15 常用加重材料

材料溶解性质	材料名称	材料密度，g/cm³	钻井液密度，g/cm³
水不溶性	重晶石	4.2	2.30
酸溶性	石灰石	2.7~2.9	1.68
	铁矿粉、钛钒铁矿	4.9~5.3	>2.30
	方铅矿	7.4~7.6	3.00
水溶性	氯化钠、氯化钾、氯化钙、溴化钠、溴化钙、溴化锌		<2.3

我国主要使用重晶石作为加重材料。为减少重晶石对储层的损害，又开发了酸溶性的加重材料，如石灰石、钛钒铁矿、氧化铁、菱铁矿等。但是，含有铁的加重材料硬度较大，对钻具有磨损的副作用。无机盐类可作为水溶性的加重剂，如氯化钠、氯化钾、氯化钙、溴化钙、溴化钠和溴化锌等。

典型的无机处理剂还有正电胶，可用于配制正电胶钻井液体系，在钻井液静止循环时可以提供很好的触变性。其缺点是滤失量大，需要使用配套的降滤失剂。

二、有机处理剂与材料

钻井液中使用的有机处理剂包括表面活性剂和高分子化合物，其中，起主要作用的是高分子化合物。一般按照高分子化合物在钻井液中所起作用进行分类，主要有降黏剂、降滤失剂、絮凝剂及页岩抑制剂等。常用有机高分子处理剂的分类见表 1–16。

表 1-16 常用有机高分子处理剂分类

分类方法	种类	代表性有机处理剂
来源	天然产品	淀粉、瓜尔胶
	天然改性产品	预胶化淀粉、丹宁酸钠（NaT）
	有机合成产品	部分水解聚丙烯酰胺（PHPA）、部分水解聚丙烯腈（HPAN）
化学组分	腐殖酸类	磺甲基褐煤（SMC）、腐殖酸钾（KHm）
	纤维素类	钠羧甲基纤维素（Na—CMC）、羟乙基纤维素（HEC）
	木质素类	铁铬木质素磺酸盐（FCLS）（因有毒性，已禁用）
	丹宁酸类	丹宁酸钠（NaT）、磺化丹宁（SMT）
	沥青类	高改沥青（KAHM）、磺化沥青（SAS）
功能	降黏剂	磺化丹宁（SMT）、磺化栲胶（SMK）
	降滤失剂	钠羧甲基纤维素（Na—CMC）、磺化酚醛树脂（SMP）
	增黏剂	黄原胶（XC）、羟乙基纤维素（HEC）
	页岩抑制剂	磺化沥青（SAS）
	堵漏材料	纤维状、薄片状或颗粒状材料

1. 高分子化合物

高分子化合物（macromolecule compound）指那些由众多原子或原子团主要以共价键结合而成的分子量在1万以上的化合物。若高分子是由一种或几种低分子通过反应生成的，则又称为聚合物（polymer），即分子结构由重复单元组成的高分子化合物。

相对于低分子而言，高分子有以下特点：分子量大，组成简单且结构规整，分子形态多样，具有多分散性，有高的软化点、高强度、高弹性，其溶液和熔体有较高的黏度等。

高分子的分子量一般在1万以上，通常由一些符合特定条件的低分子有机物通过聚合反应，并按照一定规律连接而成。这些能够进行聚合反应，并构成高分子基本结构组成单元的小分子化合物又称为单体（monomer）。绝大多数合成聚合物的大分子是长链线型，又称为分子链。将具有最大尺寸、贯穿整个大分子的分子链称为主链；将连接在大分子主链上除氢原子以外的原子或原子团称为侧基；若侧基足够长（往往也是由某种单体聚合而成）则称为侧链。高分子物理中常将长链线型大分子的形态描述为"无规线团"的形状，因为通常情况下，它们呈现卷曲缠绕状，而非刚硬的棒状。线型高分子可分为直链线型和支链线型（主链是长链，但长链上有侧链）。还有一种形态的高分子是体型高分子，其链间交联呈空间网状结构。线型高分子易溶、易熔，如部分水解的聚丙烯酰胺可以溶于水中，在钻井液中用作降滤失剂、增黏剂以及包被絮凝剂等，一般不用不溶又不熔的体型高分子。

1）高分子的分子量

高分子是由许多分子量不同的同系物分子组成的混合物，此即高分子的多分散性，所以高分子化合物的分子量只是这些同系物分子量的统计平均值，规定用 x 表示其下角标，x 分别为 n、w、η 等时，分别表示数均分子量、质均分子量和黏均分子量。

数均分子量为按分子数的统计平均，定义为

$$\overline{M}_\mathrm{n} = \frac{\sum\limits_{i} N_i M_i}{\sum\limits_{i} N_i} \tag{1-18}$$

式中，Σ 表示所有项累加求和；N_i 表示第 i 份分级试样的物质的量；M_i 表示第 i 份分级试样的数均分子量。

采用端基分析、沸点升高、冰点降低、气相渗透压法测定的平均分子量为数均分子量。通常情况下，采用不同方法测定同一高分子试样时，各种平均分子量的大小并不相同，一般是数均分子量不大于黏均分子量，黏均分子量又不大于质均分子量。本书中若未特别说明，一般平均分子量指的是数均分子量。

2）聚合反应

高分子可以通过聚合反应得到。由低分子生成高分子的反应叫做聚合反应。聚合反应分为加聚反应和缩聚反应两种。

通常将重复组成高分子分子结构的最小的结构单元称为重复单元；构成高分子主链结构的单个原子或原子团称为结构单元；高分子的分子结构中由单个单体分子衍生而来的最大结构单元称为单体单元，这种结构单元又称为链节（chain unit）。单个聚合物分子中所含单体单元的数目，即链节的数目，以符号 n 表示，称为高分子化合物的聚合度（degree of polymerization，DP）。

（1）加聚反应。通过加成聚合的加聚反应是由许多相同或不同的低分子化合为高分子但无任何新的低分子产生的反应。低分子又称单体，通常为不饱和的化合物，如丙烯酸钠单体通过加聚反应得到聚丙烯酸钠，在钻井液中用作降黏剂。油田常用的加聚物是聚丙烯酰胺（PAM），它的单体是丙烯酰胺（AM），AM 单体小分子通过加成聚合得到 PAM。

（2）缩聚反应。通过缩合聚合的缩聚反应是由许多相同或不同的低分子化合为高分子，同时有新的低分子（如水、氨或氯化氢等）产生的反应。如酚醛树脂是苯酚与甲醛的缩合物，反应过程中有水分子析出。控制反应条件可得到两种不同类型的酚醛树脂：若苯酚过量，在酸性条件下可得到热塑性酚醛树脂；若甲醛过量，在碱性条件下可得到热固性酚醛树脂。热塑性酚醛树脂与过量的甲醛可生成体型结构不溶、不熔的酚醛树脂，热固性酚醛树脂在加热条件下也可得到体型酚醛树脂。将酚醛树脂进行磺甲基化处理，即可得抗高温的钻井液降滤失剂。

3）高分子化合物的分类

对于高分子的分类，需了解以下七种分类方法。

（1）按高分子的来源分类。按照来源不同，高分子可分为天然高分子、天然改性高分子和合成高分子三大类。天然高分子来源于自然界，包括天然无机高分子和天然有机高分子，常见的云母、石棉和石墨等是天然无机高分子。天然有机高分子是自然界生命存在、活动和繁衍的基础，如蛋白质、淀粉、纤维素、核糖核酸和脱氧核糖核酸等，都是非常重要的天然有机高分子。油田常用改性的田菁胶、瓜尔胶、腐殖酸、淀粉和纤维素等有机高分子，在钻井液中多用作增黏、降滤失作用。还用到黄原胶等经过细菌发酵得到的生物高分子，在钻井液中可用作增黏剂。钻井液中使用最多的合成高分子是聚丙烯酰胺及其衍生物，以及用于抗高温的酚醛树脂类。

(2) 按高分子材料的用途分类。按照用途的不同，高分子可分为塑料、橡胶、纤维、涂料、胶黏剂和功能高分子等六大类，其中功能高分子是新兴领域最具发展潜力的高分子。

(3) 按高分子主链的元素组成分类。按照主链元素组成的不同，高分子可分为碳链、杂链和元素有机高分子三大类。碳链高分子是由碳原子和氢原子组成碳氢链，由不饱和烃（有双键或三键）单体通过加成聚合反应可得。杂链高分子的主链上除有碳原子外，还有O、N、S或P等杂原子，大多数缩聚物如聚酯、聚酰胺和聚醚等均属于杂链高分子。元素有机高分子的主链上不含碳原子，由Si、B、Al、O、N、S和P等原子组成，但侧基是含C、H和O的有机基团，如硅橡胶的大分子主链由Si原子和O原子交替排列组成。

(4) 按制备高分子的聚合反应类型分类。按照聚合反应类型的不同，高分子可分为加聚反应得到的加聚物和缩聚反应制得的缩聚物两大类。还可根据聚合反应的特殊类型细分为加成缩聚物（如酚醛树脂）、开环聚合物（如聚环氧乙烷）等。

(5) 按高分子的化学结构分类。按照分子化学结构的不同，高分子可分为聚酰胺、聚烯烃、聚酯及聚氨酯等。

(6) 按聚合物受热时的不同行为分类。按照受热时聚合物行为的不同，高分子可分为热塑性和热固性两种。热塑性是指加热后可以流动而冷却后固化的性质，此类高分子受热变软可流动，多为线型高分子；热固性是指物质加热后固化、再加热后不熔化的性质，此类高分子受热后转化成不溶、不熔、强度更高的交联体型聚合物，如热固性酚醛树脂。

(7) 按高分子的分子量分类。按照分子量的不同，高分子可分为高聚物、低聚物和预聚物等。通常情况下分子量小于合格高聚物产品的副产物，或者用于如涂料、胶黏剂等某些特殊用途的聚合物叫低聚物（又称齐聚物）。低聚物的分子量极低，根本不具有高分子特性。在特定条件下发生交联固化反应的低聚物也称预聚物。

4）高分子溶液

高分子溶液最初又被称为亲液溶胶，因为高分子较大，在水溶液中属于胶体的范畴。但是高分子可以自动溶解成热力学稳定体系的溶液，所以有别于热力学不稳定的胶体分散体系。

(1) 高分子的溶解过程。高分子溶解较为缓慢，一般分为两个过程。首先是溶剂进入高分子内部使高分子发生膨胀，这一过程叫做溶胀；然后，随着溶剂分子的大量进入，高分子链逐渐被分离而扩散到溶剂中去。只有线型高分子才能溶解，但有的线型高分子只能溶胀而不溶解，大多数的体型高分子既不溶胀也不溶解。水基钻井液中使用的高分子多是将其溶解成高分子溶液（现场又称胶液）后，才加入钻井液基浆中，起相应的调整钻井液性能的作用。

(2) 高分子的黏度。高分子的分子体积较大，亲液基团的溶剂化作用增加液相黏度，高分子链之间的相互缠结增加液相的结构黏度，所以高分子水溶液的黏度随着高分子浓度的增加而急剧增加。升高温度，高分子的分子间作用力以及溶剂的黏度均会降低，高分子溶液的黏度也降低。

pH值对于高分子电解质溶液的黏度有很大影响。聚电解质的亲水基团不同，受影响的程度也不同。聚电解质的亲水基含有羟基—OH、羧酸根—COO⁻ 和磺酸根—SO₃⁻ 时，黏度受 pH 值的影响一般不大。—COOH 受 pH 值的影响很大，如部分水解聚丙烯酰胺（PHPA）中一部分酰胺基水解成—COOH 和—COONa，在 pH 值较小（pH<7.5）时，亲水基团—COONa 变成—COOH；随着 pH 值的增加，—COOH 电离成 COO⁻，静电排斥力使高分子链在水中伸展开来，溶液黏度急剧增大；当 pH 值再继续增大（pH>10）时，由于水中无机盐电解质增多，盐敏效应使得高分子链在水中变得蜷曲，高分子溶液的黏度渐渐变小。磺酸盐受 pH 值影响较小的原因是磺酸根基团的高分子性能较稳定，在较高矿化度时束缚自由水的能力仍然较强，可用于盐水及饱和盐水钻井液。例如三磺钻井液及聚磺钻井液体系可以用于高温深井的钻探。

2. 常用有机处理剂

1) 杀菌剂

杀菌剂能杀死细菌，是维护钻井液中各种处理剂使用性能的化学剂。杀菌剂主要配合天然高分子或黄原胶等生物高分子一起使用，一般在钻井液中用量较少，以前多用甲醛和多聚甲醛。为了满足 HSE 要求，现在多用作表面活性剂类的杀菌剂。

2) 缓蚀剂

缓蚀剂是能抑制水基钻井液中存在的或外侵的腐蚀源对钢铁腐蚀的化学剂，常用咪唑啉类表面活性剂作为钻井液缓蚀剂。除硫剂碱式碳酸锌可以抑制硫化氢的影响；亚硫酸钠或亚硫酸氢钠可以抑制钻井液中溶解氧的影响；若要抑制二氧化碳对钻具的腐蚀，可使用咪唑啉类表面活性剂的衍生物缓蚀剂。

3) 消泡剂

消泡剂是能消除泡沫的化学剂，使用木质素磺酸盐类作为处理剂的钻井液容易起泡，通常需要配合使用消泡剂。以前一般使用辛醇-2、硬脂酸铝及二乙基己醇等，现在多使用有机硅消泡剂，消泡效果有所提高。

4) 起泡剂

起泡剂是能促使稳定泡沫形成的物质。配制泡沫钻井液的起泡剂可用烷基磺酸钠、烷基苯磺酸钠、烷基硫酸酯钠盐、聚氧乙烯烷基醇醚、聚氧乙烯烷基醇醚硫酸酯钠盐等表面活性剂。我国以前曾使用主功能为乳化剂的烷基磺酸钠或烷基苯磺酸钠作为起泡剂，例如木质素磺酸盐、十二烷基磺酸钠等表面活性剂。

5) 乳化剂

乳化剂是能促使稳定乳状液形成的物质，主要为表面活性剂。乳化剂品种较多，多为通用的工业产品，包括水包油型和油包水型的乳化剂，前者用于配制掺有一定油的水基钻井液，后者用于配制油包水型钻井液。水包油型乳化剂常用的有 OP 系列、Tween-80、烷基苯磺酸钠、平平加、十二烷基苯磺酸三乙醇胺等。制备油包水型乳状液（又称逆乳化钻井液）时，所用油包水型乳化剂包括主乳化剂和辅助乳化剂，例如十二烷基苯磺酸钙、Span-80、脂肪酸的钙皂、油酸、硬脂酸、环烷酸、环烷酸酰胺等。

油包水型乳化剂不仅用于油基钻井液体系，也用于合成基钻井液体系。这两种钻井液在深井及超深井钻进中，可以提供较高的钻井液密度，起到平衡地层压力和稳定井壁的作用，同时避免水基钻井液引起的井下复杂问题。乳化剂选择是难点和关键，通常由于所用的油或合成基液与水的配比不同，所要求的乳化剂类型及加量也不同。一般使用多种乳化剂才能满足要求，甚至还需要与其他多种辅助的表面活性物质复配使用，才能得到动力学相对稳定的乳状液体系。

6) 降滤失剂

降滤失剂是能降低钻井液滤失量的化学剂。钻井液滤失量的大小主要取决于滤液的黏度和滤饼的质量（即滤饼的渗透率大小），滤饼的质量又主要取决于钻井液中固相颗粒的粒度分布，一般要求形成薄、致密、坚韧及润滑性能好的滤饼。

有机高分子化合物中的吸附基团与黏土表面吸附，而水化基团则与水结合，形成吸附溶剂化层（即水化层）。水化层较厚，阻止黏土颗粒的聚结，且在低剪切速率下有较大的结构黏度，提高钻井液的聚结稳定性。另外，细分散的黏土颗粒黏附在高分子链的链节上，也能阻止黏土颗粒的聚结。当高分子溶液的浓度达到一定值后，长链通过与黏土颗粒的桥联作用形成布满整个钻井液体系的网络结构，保护黏土颗粒，防止黏土颗粒的沉降。高分子溶液的黏弹性，对滤饼有一定的堵孔作用，改善滤饼质量，降低滤失量。

一般认为，能改善滤饼质量即降低滤饼渗透率的降滤失剂较好，尽量不通过增加钻井液的液相黏度来降低滤失，否则会影响钻井液的流变性能。常用分子量不是很高的丙烯酸类和树脂类聚合物高分子，以及腐殖酸、沥青、淀粉和低黏的纤维素等天然高分子及其改性产品，见表1-17。

表1-17 常用高分子降滤失剂

类型	降滤失剂	代号
腐殖酸类	磺化褐煤、腐殖酸钾	SMC，KHm
纤维素类	羧甲基纤维素钠盐	Na-CMC
淀粉类	改性淀粉	CMS，HPS
丙烯酸类	部分水解聚丙烯腈	Na-HPAN，Ca-HPAN，NH$_4$-HPAN
	PAC 系列	PAC141，PAC142，PAC143
	SK 系列	SK-1，SK-2，SK-3
	FA 系列	FA-367，FA-368
树脂类	磺化酚醛树脂	SMP-Ⅰ，SMP-Ⅱ
	接枝共聚类	SLSP，SPNH

(1) 腐殖酸类。褐煤类是我国最初使用的降滤失剂，其主要成分为腐殖酸，包括黄腐酸、棕腐酸和黑腐酸，分子量从300到百万不等。腐殖酸的分子结构很复杂，基本骨架是碳链和碳环结构，组成元素有 C（55%~65%）、H（5.5%~6.5%）、O（25%~35%）、N（3%~4%）以及少量的 S 和 P，主要官能团包括羧基、酚羟基、醇羟基、醌基、甲氧基和羰基等。腐殖酸难溶于水，其水溶液呈弱酸性，易溶于碱溶液，遇 Ca^{2+} 生成沉淀，可用于配制褐煤—石膏钻井液和褐煤—氯化钙钻井液。磺化褐煤等腐殖酸类在232℃下可以有效控制淡水钻井液的滤失量，是很好的抗高温降滤失剂。

腐殖酸分子结构中邻位的双酚羟基可以通过配位键吸附到黏土颗粒的端面，并引入羧钠基等水化基团，对钻井液中的黏土颗粒有分散作用，同时拆散其空间网络结构，降低钻井液的黏度和切力。细分散黏土颗粒形成致密的滤饼，可以降低钻井液的滤失量。

（2）纤维素类。纤维素是自然界中分布最广、含量最多的一种多糖，不溶于水及一般有机溶剂，一定条件下可以水解和氧化。纤维素在棉花中的含量接近100%，在木材中占40%~50%。钻井液中一般应用中低黏度的钠羧甲基纤维素，可以通过提高钻井液的液相黏度来降低滤失量。

纤维素和淀粉都是由环式葡萄糖结构单元构成的长链状高分子化合物，但结构有所不同，如图1-21所示。

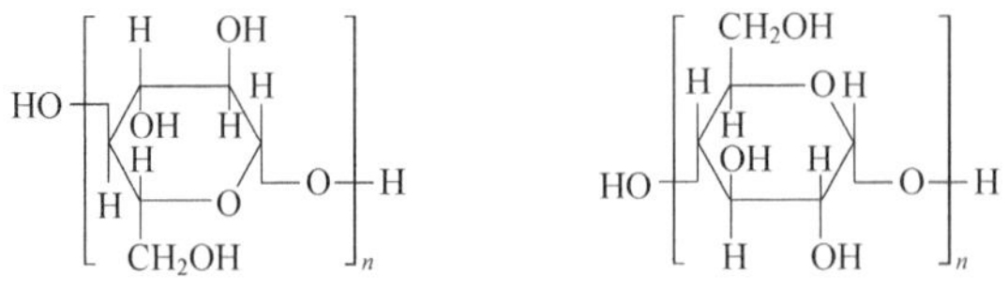

(a) 纤维素的分子结构式　　(b) 淀粉的分子结构式

图1-21　纤维素与淀粉的分子结构区别

纤维素和淀粉分子上六元环的羟甲基比较活泼，可以发生一系列的化学反应。例如，将棉花纤维和淀粉用烧碱处理，分别得到碱纤维和预胶化淀粉；在一定温度下与氯乙酸钠进行醚化反应，—CH_2COONa（钠羧甲基）通过醚键连接到葡萄糖单元上，再经老化、干燥即可分别制得羧甲基化的纤维素和淀粉（Na-CMC 和 Na-CMS）。

聚合度 n 和取代度 d 决定了 Na-CMC 性质和用途。经化学反应后，纤维素的聚合度由 1800~2000 降至原来的 1/10~1/3。取代度（或醚化度）表示纤维素分子每一个葡萄糖单元上3个羟基的氢被取代而生成醚的个数。当 $d<0.3$ 时，不溶解；$0.3<d<0.5$ 时，难溶解；$d>0.5$ 时，水溶性增加。Na-CMC 用于钻井液时，d 为 0.65~0.85，高矿化度下 d 值应偏高。

Na-CMC 水溶液性质与其分子在溶液中的伸展或卷曲形态有关，还受到 pH 值、无机盐及温度等因素的影响。Na-CMC 水溶液在等当点 pH 值为 8.25 时黏度较高，过高或过低时溶液黏度均会降低；溶液黏度会因电解质浓度的增加和温度的升高而降低。

Na-CMC 的降滤失作用机理如下：

① 吸附基团的吸附作用。Na-CMC 分子上的羟基和醚氧基与黏土颗粒表面上的氧形成氢键，或与黏土颗粒断键边缘上的 Al^{3+} 之间形成配位键而吸附在黏土上。

② 水化基团的水化作用。羧钠基通过束缚自由水而使黏土颗粒表面水化膜增厚，并增加黏土颗粒表面的负电性，阻止黏土颗粒之间因碰撞而聚结变大。

③ 形成致密的滤饼。多个黏土颗粒吸附在 CMC 的一条分子链上，形成布满整个体系的混合网状结构，提高黏土颗粒的聚结稳定性，有利于保持钻井液中细颗粒的含量，形成致密滤饼，降低滤失量。

④ 吸附水化层的黏弹性。具有高黏度和高弹性的吸附水化层对滤饼有堵孔作用，溶液的高黏度能降低滤失。

（3）淀粉类。淀粉与纤维素的结构类似，可以发生同样的化学性质：酯化、醚化、羧甲基化、接枝和交联。区别是分子上六元环的氧桥位置有别，如图1-21(b) 所示。由其结构特点可知，降滤失作用机理与 Na-CMC 类似，通过吸附基团的吸附作用和水化基团的水化作用，改善滤饼质量，降滤钻井液的滤失量。但是，淀粉类宜在高矿化度和高

pH 值（>11.5）条件下使用，或加入适量的防腐剂，否则容易发酵变质。高矿化度体系对细菌有抑制作用。在温度较低时，常用于饱和盐水钻井液的降滤失。缺点是温度一旦超过120℃，淀粉将因完全降解而失效。

（4）丙烯酸类聚合物。聚合物降滤失剂在钻井液中用量最大，使用最广泛。该类聚合物通常是丙烯酸（AA）和丙烯酰胺（AM）等小分子有机单体的均聚物，或是与含有特殊官能团的其他小分子有机单体共聚，得到具有特殊性质的降滤失剂，由此可以得到诸多不同的产品。常用的聚合物降滤失剂主要是阴离子型和两性离子型聚合物类，见表1-18。

表 1-18 常用丙烯酸类聚合物降滤失剂

种类	用途
HPAN	腈纶（PAN）废丝经碱水解而得；聚合度 $n=235 \sim 3760$，分子量为 $12.5 \times 10^4 \sim 20 \times 10^4$；常用于 Ca^{2+} 盐和 NH_4^+ 盐
PAC 系列	丙烯酸、丙烯酰胺、丙烯酸钠、丙烯腈、丙烯磺酸钠和丙烯酸钙等的阴离子共聚物。 PAC-141：降滤失、增黏、调节流型；抗180℃，抗饱和盐水。 PAC-142：分子量不大于 10×10^4；降滤失、增黏（比 PAC-141 小）；淡水中加量为 $0.2\% \sim 0.4\%$，海水和饱和盐水中加量为 $1.0\% \sim 1.5\%$。 PAC-143：分子量不小于 30×10^4；降滤失、增黏；淡水中加量为 $0.2\% \sim 0.5\%$，海水和饱和盐水钻井液中加量为 $0.5\% \sim 2\%$
SK 系列	丙烯酰胺、丙烯酸钠、丙烯腈和丙烯磺酸钠的共聚物。 SK-1：分子量不小于 30×10^4；用于无固相清洁盐水完井液和低固相钻井液；降滤失、增黏。 SK-2：分子量不小于 10×10^4；抗盐、抗钙；降滤失、不增黏。 SK-3：分子量不大于 2×10^4；聚合物钻井液受到无机盐污染后的降黏剂
80A 系列	丙烯酸和丙烯酰胺共聚制得的系列化特征黏度不同的高聚物（代表产品 80A44、80A46 和 80A51，降滤失和调节流变性）
FA 系列	丙烯酸钠、丙烯酸钙、丙烯酰胺和有机胺类阳离子的共聚物，如 FA-367、FA-368

丙烯腈（PAN）水解可得到部分水解聚丙烯腈（HPAN），水解反应如下：

$$\mathrm{\underset{CN}{+CH_2CH+}_n} + x\mathrm{NaOH} + \mathrm{H_2O} \xrightarrow{95 \sim 100℃} \mathrm{\underset{COONa}{+CH_2CH+}_x}\mathrm{\underset{CONH_2}{+CH_2CH+}_y}\mathrm{\underset{CN}{+CH_2CH+}_z} + x\mathrm{NH_3}\uparrow$$

部分水解聚丙烯腈的钙盐 Ca-HPAN 有一定的抗盐和抗钙能力，可以用于淡水和海水钻井液中；NH_4-HPAN 不仅有降滤失作用，还有一定的抑制黏土水化分散的作用。

丙烯酸类聚合物中引入磺酸盐类单体如 2-丙烯酰胺基-2-甲基丙磺酸（AMPS），所得降滤失剂可使钻井液抗温能力达到200℃，而且抗盐能力增强，可用于饱和盐水钻井液，主要原因就是向共聚物中引入了在高温和高矿化度下束缚自由水能力仍然较强的含磺化基团的单体单元。若向聚合物中引入季铵盐结构，可得两性离子的高分子（如 FA 系列），可用于两性离子聚合物钻井液体系，不仅与其他类型处理剂配伍性好，还可以提高钻井液的使用密度范围。

丙烯酸类聚合物的降滤失作用机理类似，主要是通过吸附基团（如—CN，—CONH₂）的吸附作用，向黏土颗粒的表面引入水化基团（如—COONa，—SO₃Na），增强黏土颗粒之间的静电排斥力和水化膜排斥力。黏土颗粒之间的网架结构一经拆散，则不易恢复。细小的黏土颗粒形成致密的滤饼，改善滤饼质量，降滤钻井液的滤失量。

（5）树脂类。主要是酚醛树脂类，抗温能力较强，多用于深井和复杂地层的钻井工作液中。例如，磺化酚醛树脂（SMP）及其接枝改性产品（如SPNH和SLSP）的降滤失效果均较好，而且抗盐和抗温能力均较强，可用作抗高温耐盐的降滤失剂。

磺化酚醛树脂的合成可以是分步磺甲基化，也可以是一次投料制得。该类降滤失剂可以抗180~200℃的高温，在钻井液中的加量为3%~5%。SMP-Ⅰ主要用于淡水钻井液，SMP-Ⅱ可用于饱和盐水钻井液。自20世纪70年代钻成我国第一口超7000米深井"关基井"以来，SMP一直是抗高温水基钻井液降滤失剂的首选，主要用于"三磺"钻井液和"聚磺"钻井液体系。SPNH以褐煤与腈纶废丝为主要原料，通过接枝共聚和磺化制得。主要官能团有羟基、羰基、磺酸基、羧基和腈基等，有降滤失和降黏作用。磺化木质素磺甲基酚醛树脂缩合物（SLSP）是磺化木质素与SMP的缩合物，有一定的稀释作用，使用过程中容易起泡，应配合使用消泡剂。

（6）沥青类。主要是磺化沥青和氧化沥青，分别用于水基和油基钻井液的降滤失。国内磺化沥青（SAS）产品有FT-341和FT-342等。主要作用机理是利用其中水不溶物的软化点，有效封堵泥页岩等地层的微裂缝，降低钻井液的滤失，还可以防止井壁坍塌，起页岩抑制作用。

7）絮凝剂

絮凝剂是能使钻井液中黏土颗粒聚结、沉降或适度絮凝的化学剂。控制黏土颗粒的适度絮凝本质上是有效控制黏土颗粒在钻井液中的分散和絮凝，保证钻井液具有良好的聚结稳定性。石灰、石膏、氯化钙和食盐等无机絮凝剂必须在有机分散剂的配合下起絮凝作用，有机絮凝剂也需要有相应的分散剂相配伍。

有机絮凝剂主要是通过桥联吸附作用将钻井液中的细颗粒聚结在一起而形成粒子团的高分子化合物。桥联作用是指一个高分子链同时吸附在几个颗粒上，而一个颗粒又同时吸附几个高分子，形成网络结构。高分子化合物足够长时还可以起包被作用，长链高分子通过吸附基团吸附在黏土颗粒上，并将其覆盖包裹住，如图1-22所示。

(a) 桥联作用　　(b) 包被作用

图1-22　高分子在钻井液中的两种吸附状态

好的絮凝剂在钻井液中有一定的增效作用，即除了絮凝作用，还有其他有利于钻井液正常循环的作用。高分子絮凝剂除了可以包被钻屑、絮凝和抑制黏土分散、维持钻井液低固相外，还可以增效膨润土，稳定优质配浆的膨润土颗粒，并能包被重晶石，减少颗粒间的摩擦。常用有机絮凝剂见表1-19。

表1-19　常用有机絮凝剂

类型	代号及作用
非离子型	聚丙烯酰胺（PAM）：完全絮凝
阴离子型	部分水解聚丙烯酰胺（PHPA）：选择性絮凝； 磺甲基化聚丙烯酰胺（SPAM）：降滤失； HPAN：Na-HPAN、K-HPAN、Ca-HPAN、NH$_4$-HPAN（NPAN），降滤失； 80A系列：80A51，降滤失，增黏； SK系列：SK-1、SK-2、SK-3，降滤失； PAC系列：PAC141、PAC142、PAC143，降滤失，增黏； 醋酸乙烯酯—顺丁烯二酸酐共聚物（VAMA）：稀释降黏
阳离子型	阳离子聚丙烯酰胺（CPAM）：絮凝，抑制

（1）聚丙烯酰胺（PAM）。PAM的絮凝作用过强，加量大时，可以完全絮凝钻井液中的黏土颗粒，甚至使钻井液变成无固相的清水。虽然钻井速度得到大幅提高，但是滤失性、造壁性不易控制，容易发生井塌等复杂事故。

（2）部分水解聚丙烯酰胺（PHPA）。PHPA可以使钻井液中的黏土颗粒保持在适度分散和适度絮凝的状态，优先絮凝钻屑等劣质土。PHPA是由PAM在强碱性条件下加热水解制得，部分酰胺基团转变为羧钠基团，其分子结构式可以表示如下：

$$-[CH_2-CH]_x-[CH_2-CH]_y-$$
$$\quad\quad\quad|\quad\quad\quad\quad\quad|$$
$$\quad\quad\ CONH_2\quad\quad COONa$$

酰胺基团的水解度会影响PHPA的性能，水解度为30%左右时，絮凝能力最强，分子链最伸展；水解度为60%~70%时，主要用于控制滤失量和提黏堵漏。使用PHPA作为絮凝剂的优点是用量较少，提黏与防塌效果较好。但是，形成的絮凝物结构比较疏松，对浓度敏感，浓度过大会使絮凝效果变差，在遇到含蒙脱土较多的水敏性地层时，PHPA的絮凝效果更差。改善措施主要是引入适量无机阳离子，如K^+、NH_4^+和Ca^{2+}等，可以提高钻井液的抑制性能。

选择性絮凝剂的作用机理是：带负电的选择性絮凝剂容易吸附在负电性较弱的钻屑和劣质土颗粒上，通过桥联作用将颗粒物絮凝成团而易于在地面通过固控设备清除；对负电性较强的蒙脱土则吸附较少，且蒙脱土颗粒间的静电排斥作用较大而不能形成密实的絮凝团块，桥联作用形成的空间网架结构还能提高蒙脱土的稳定性。

（3）阳离子絮凝剂。一般特指阳离子聚丙烯酰胺（CPAM），俗称大阳离子，分子量在$100×10^4$左右，通常是季铵盐阳离子聚合物。分子结构可以表示如下：

$$-[CH_2-CH]_x-[CH_2-CH]_y-\quad\quad\quad CH_3$$
$$\quad\quad|\quad\quad\quad\quad\quad|\quad\quad\quad\quad\quad\quad\quad|$$
$$\quad CONH_2\quad\quad CONH-CH_2CH_2CH_2-N^+-CH_3\cdot Cl^-$$
$$\quad\quad\quad\quad\quad\quad\quad\quad\quad\quad\quad\quad\quad\quad\quad\quad\quad|$$
$$\quad\quad\quad\quad\quad\quad\quad\quad\quad\quad\quad\quad\quad\quad\quad\quad\quad CH_3$$

CPAM的分子链很长，一般起包被絮凝作用，其絮凝能力和抑制泥页岩的分散能力强于阴离子聚合物，其主要作用如下：

① 吸附作用。CPAM大分子链通过氢键作用和静电作用而吸附到黏土颗粒上，吸附能力很强。

② 中和电性作用。大阳离子带有阳离子基团，通过较强的静电作用吸附在钻屑上，由于分子量较大，分子链足够长，因而桥联作用较强；大阳离子在吸附的同时可以降低黏土颗粒的负电性，通过中和电性而减小颗粒间的静电排斥作用，易于形成密实的絮凝体，絮凝能力强于阴离子聚合物。

③ 抑制作用。阳离子基团抑制岩屑的水化分散，对于泥页岩井壁有较强的稳定作用，可以防止井壁失稳和井壁坍塌。

8）润滑剂

润滑剂是能降低钻井液的流动阻力及滤饼摩阻系数的物质。目前约有15大类近200种润滑剂，其用量占钻井液处理剂总用量的6%。

（1）惰性固体类。石墨、塑料小球、炭黑、玻璃微珠及坚果圆粒等通过滚动摩擦，大幅度降低钻柱的扭矩和摩阻。

(2) 沥青类。沥青是石油炼制后的残渣,胶质和沥青质等主要成分可以参与形成滤饼,改善滤饼质量;油溶性沥青可以黏附在井壁上,将井壁的岩石表面由亲水改变为亲油,降低摩阻系数。

(3) 液体类。主要是矿物油、植物油及表面活性剂等润滑剂,可以在金属—岩石—黏土表面形成吸附膜,降低摩阻。酯或羧酸等油性剂可以在低负荷下起作用;含硫、磷与硼等活性元素的极压剂可以在高负荷下起作用;油酸钠、蓖麻酸钠和聚氧乙烯蓖麻油等表面活性剂分子不仅其吸附基团的吸附较为牢固,而且有足够长的直链烃基,形成的油膜在极窄的空间仍能保持较好的润滑性能;OP-30、磺化妥尔油及RH系列润滑剂等均能减小钻柱与滤饼之间的摩阻。

表面活性剂的润滑机理是,表面活性剂分子在钻柱表面和井壁表面发生吸附,使表面润湿反转为亲油表面,在钻柱表面和井壁表面形成一层均匀的油膜,强化了油的润滑作用。

国外润滑剂主要是合成脂肪酸、炼油及石化副产物和动植物油脂、妥尔油、改性石墨等。合成脂肪酸是优良的钻井液润滑剂基础材料,但是现在应用较多的是合成脂肪酸釜残物;动物油脂类新产品主要是鱼类油脂为基础的润滑剂;改性石墨是用水解有机氯硅烷处理或者利用表面活性剂处理制得的抗磨润滑剂,或者是加硅酸盐和硅氧烷制得的无毒性多功能润滑剂。

评价润滑性能的技术指标是钻井液和滤饼的摩阻系数,可用极压润滑仪和滤饼摩擦系数测定仪来测量。水基钻井液的摩阻系数为0.2~0.35,油基钻井液的摩阻系数为0.08~0.09。对于复杂井段的钻进通常要求小摩阻,例如,水平井与大位移井的钻井液要求摩阻系数控制在0.08~0.10。

9) 解卡剂

解卡剂是能渗入钻具与井壁之间的黏附部位、降低黏附力以解除卡钻的物质。在调整井、加密井和大斜度定向井的钻井过程中,钻井液性能变化或地层特性等因素经常引发卡钻事故。用震击和套铣等机械方法可以解卡,但是耗时长,费用高。一般用泡油、泡酸及油基解卡剂等化学处理方法进行作业,过程简便、解卡快,而且费用低。油基解卡剂的荧光强度较高,会严重干扰地质录井的准确性,而且会污染钻井液和环境。现有多种液状和粉状解卡剂,例如,以白油为基础油的弱荧光解卡剂、磺化酚醛树脂加快T(快T即快速渗透剂T,简称T-30,是一种具有良好乳化、润湿和分散性能的化学物质,其主要成分是顺丁烯二酸二仲辛酯磺酸钠,属于阴离子表面活性剂)、无荧光润滑剂加快T、表面活性剂和聚合物加快T等水基解卡剂。

水基解卡剂可大致分为两类:一类是由增黏剂(如抗盐聚合物和水溶性树脂)与渗透剂、润滑剂和辅助剂等配成的基液,用低价无机盐作加重剂配制无固相或低固相水基解卡液,密度可达2.0g/cm³;另一类是由不饱和酯、醚及其他原料合成与各种功能助剂复配使用的水溶性有机解卡剂,基本无荧光,具有较强的渗透性和润滑性。

10) 页岩抑制剂

页岩抑制剂是能有效抑制页岩水化膨胀和分散、主要起稳定井壁作用的处理剂。处理剂在钻井液中的作用是维持钻井液性能稳定,并保持井壁稳定(起防塌剂的作用)。常用页岩抑制剂见表1-20。

表 1-20　常用页岩抑制剂

类型		常见页岩抑制剂及其作用机理
无机类	无机盐类	KCl，NH₄Cl，羟基铝（MMH）：页岩抑制
有机类	阴离子类	KHPAM[①]：絮凝、防塌、增黏、降滤失
		KPAN，NPAN[②]：防塌、降滤失
		KHm：防塌、降滤失
	阳离子类	NW-1（小阳离子）：页岩抑制
		CPAM（大阳离子）：絮凝、防塌
	沥青类	氧化沥青：防塌、增黏、降滤失（油基钻井液）
		乳化沥青：防塌、增黏、降滤失（乳化钻井液）
		磺化沥青如 SAS、FT-341、FT-342：防塌、降滤失（水基钻井液）
		高改沥青如 KAHM：防塌、降滤失（水基钻井液）

① KHPAM 一般指，用于钾基聚合物钻井液体系的钾离子与部分水解聚丙烯酰胺 HPAM（HPAM 也简写为 PHPA）。
② KPAN 和 NPAN 指钾离子和铵离子的部分水解聚丙烯腈（HPAN），一般将 KCl 或 NH₄Cl 与 HPAN 一起使用，利用前两者的页岩抑制性能和 HPAN 的降滤失性能。

（1）无机抑制剂。最初使用氯化钠、氯化钾和硫酸铵等无机盐，后来为提高钻井液的电阻率、防止钻具腐蚀及防止井壁坍塌，开发出磷酸钾、醋酸钾、硅酸钾钠和硅酸钾等含有钾离子的无机盐。目前使用较多的无机抑制剂是氯化钾和氯化铵。铵离子的抑制能力与钾离子相当，不仅可以将膨润土的部分阳离子交换下来，而且可以镶嵌入相邻黏土晶层间的氧原子六边形网格中，与晶层间的负电荷之间的静电引力比氢键强，接近层间距离，不能交换下来，从而抑制黏土的水化膨胀。

（2）聚合物类页岩抑制剂。以聚丙烯酸盐聚合物类为主，配合使用钾、铵和钙等无机阳离子，例如，常用于水基的大钾 KPAM，利用 PHPA 的选择性絮凝作用和 K^+ 的抑制作用，配制成不分散低固相聚合物钻井液体系，可以提高钻井速度。

聚合物类页岩抑制剂的作用机理主要是利用聚合物在钻屑表面的包被吸附，包被能力越强，对钻屑分散的抑制作用也越强，还能防止井壁坍塌。抑制和防塌的主要原因是：长链聚合物的吸附基团在井壁的泥页岩表面发生多点吸附，封堵微裂缝，阻止泥页岩剥落；聚合物浓度较高时，在泥页岩井壁上参与形成较为致密的滤饼，吸附水化膜的高黏弹性阻止或减缓水渗入泥页岩，对泥页岩的水化膨胀有一定的抑制作用。

（3）小阳离子。阳离子化学剂对负电性的地层岩石矿物表面有抑制作用，代表性的有机小阳离子是环氧丙基三甲基氯化铵（代号 NW-1）。小阳离子的抑制作用与大阳离子的包被絮凝作用有较好的协同效果，可以配成阳离子聚合物钻井液体系。在钻进过程中，小阳离子首先吸附在新产生的钻屑上抑制其分散，随后大阳离子利用桥联作用吸附在钻屑上，形成较密实的絮凝体，钻井液循环到地面后利用固控设备可有效清除钻屑絮凝体。对于负电性很强的有用固相膨润土颗粒，其吸附的小阳离子比较多，削弱了大阳离子的吸附，故大、小阳离子对膨润土的絮凝作用相对较弱，使钻井液中保持适量的有用固相。小阴离子一般用量不超过 0.5%，以免对钻井液完全絮凝。

小阳离子的作用机理主要是吸附作用和中和电性的作用。阳离子型表面活性剂（如 NW-1）通过静电作用吸附在岩屑表面，还可通过与岩屑层间的交换性阳离子发生离子交换吸附作用进入岩屑层间。表面吸附的小阳离子疏水基在岩屑表面形成疏水层，阻止水分子进入岩屑内部；层间吸附的小阳离子通过静电作用拉紧层片，有效抑制岩屑的水化膨胀和分散。总之，小阳离子的正电荷可中和岩屑带的负电荷，削弱岩屑粒子间的静电排斥作用，降低岩屑的分散趋势。

小阳离子与无机钾离子的抑制作用相比，有以下优点：

① 小阳离子吸附在钻屑表面，形成疏水层，防止泥包钻头或黏附在钻铤和钻杆表面；

② 小阳离子吸附在钻具表面，减弱钻具在井下的电化学腐蚀，有缓蚀作用；

③ 小阳离子可防止某些处理剂如淀粉类的生物降解，有杀菌作用；

④ 小阳离子不明显影响钻井液的矿化度，对测井解释的影响较小。

（4）沥青类。氧化沥青、乳化沥青和磺化沥青（SAS）等沥青类产品可以提高钻井液的封堵和抑制性能，沥青还可与一些有机化合物缩合得到功能性沥青类产品。例如，沥青与防塌性能较好的腐殖酸钾进行缩合，可得 KAHM，再与有机硅类化合物进行缩合或复配，所得有机硅腐殖酸钾可以提高钻井液的抗温能力。

氧化沥青类的作用机理主要是物理封堵，在一定温度和压力下氧化沥青类发生软化变形，封堵地层微裂隙，并在井壁上形成一层致密的保护膜；在软化点（即发生软化变形的温度）以内，降滤失和封堵裂隙能力随温度升高而增加，稳定井壁的能力也得到提升。其重要性能指标是软化点，处理剂的软化点应该与所处理井段的井温相近。

磺化沥青与其他沥青类处理剂相似，吸附发生在页岩晶层的断面上时，可阻止页岩黏土颗粒的水化分散；不溶于水的部分起填充孔喉和裂隙的封堵作用，并可覆盖在页岩表面，改善滤饼质量，提高润滑性能。但随着温度的升高，当温度超过软化点后，磺化沥青的封堵能力下降。此外，磺化沥青中磺酸根基团的水化作用很强，在高温下有较好的降滤失作用。

（5）聚合醇类。聚合醇类包括聚乙二醇（PEG）、聚丙二醇（PPG）以及聚甘油等。聚合醇钻井液有较强的抑制作用，且对井壁有润滑作用，可以防止泥包钻头。我国从1993年开始研究甘油基钻井液，代表产品是聚甘油的化学改性物 GLY-1，防塌效果优于 KCl 或钾基聚合物，而且流变性能好，有较强的抗温、抗盐和抗钙能力。

11）降黏剂

降黏剂是能降低钻井液黏度和切力的化学剂。最早用于钻井液降黏的有机处理剂是丹宁碱液（NaT），也称稀释剂，主要起分散作用。

我国在20世纪80年代初使用降黏剂时，产品种类少，以木质素和丹宁栲胶类改性产品为主。此后开发的产品以木质素类为主，降黏剂消耗量以木质素类占绝大多数，代表产品是抗高温的降黏剂铁铬木质素磺酸盐（FCLS）。丹宁酸类和腐殖酸类降黏剂次之，代表性产品除了丹宁碱液，还有抗高温的磺化丹宁和磺化栲胶。腐殖酸类主要起降滤失和页岩抑制作用，兼有降黏作用。常用降黏剂见表1-21。

表1-21 常用降黏剂

类型	降黏剂	代号	应用及作用机理
分散型	丹宁类	NaT、SMT、SMK	吸附基团通过配位键吸附在黏土颗粒断键边缘的 Al^{3+} 处；水化基团使黏土颗粒端面处的双电层斥力增强，水化膜厚度增加，拆散和削弱黏土颗粒间通过端—面和端—端连接而形成的网架结构，使钻井液的黏度和切力降低
	木质素类	FCLS	

续表

类型	降黏剂	代号	应用及作用机理
聚合物型	X-40	X-A40, X-B40	通过氢键优先吸附在黏土颗粒上，顶替原已吸附在黏土颗粒上的高分子聚合物，拆散由高聚物与黏土颗粒之间形成的桥接网架结构；与高分子主体聚合物发生分子间交联作用，阻碍聚合物与黏土之间网架结构的形成
	XY系列	XY-27, XY-28	（1）降黏作用：阳离子基团能与黏土发生离子型吸附；比高分子更快、更牢固地吸附在黏土颗粒上；易与高聚物交联或络合，比阴离子聚合物降黏剂的降黏效果更好。 （2）页岩抑制作用：中和黏土表面的部分负电荷，抑制泥页岩黏土的水化作用；聚合物链之间更易缔合，能包被黏土颗粒
	抗高温	SSMA	磺化苯乙烯—马来酸酐共聚物，分子量为1000~5000，能抗高温260℃以上；成本较高

钻井液黏度大的主要原因是钻井液中的固相颗粒过多，黏土颗粒之间能形成空间网状结构。降黏剂的主要作用在于优先吸附在黏土颗粒边缘水化较弱的位置，亲水基的水化层削弱或拆散黏土颗粒间的网状结构，释放出自由水，同时减少黏土颗粒对流体的摩擦阻力，从而降低钻井液的黏度和切力。降黏剂也可以吸附于钻屑表面，抑制钻屑的水化膨胀和分散，减小钻井液中固相颗粒物的分散程度，有利于降低钻井液的塑性黏度，增强流动性。

（1）丹宁类。丹宁和栲胶是我国最早使用的降黏剂，后来又研制出能耐高温的磺化栲胶和磺化丹宁，以及抑制能力较强的丹宁酸钾。天然高分子降黏剂的用量逐年下降，例如，含铬的 FCLS 污染环境，对人体有伤害，现已禁止使用。

丹宁类的降黏作用机理如下：

① 吸附基团的吸附作用。丹宁酸钠苯环上相邻的双酚羟基通过配位键吸附在黏土颗粒断键边缘的 Al^{3+} 处：

② 水化基团的水化作用。酚钠基—ONa 和羧钠基—COONa 使黏土颗粒端面处的双电层斥力和水化膜厚度增加，拆散和削弱黏土颗粒间通过端—面和端—端连接而形成的空间网架结构，使钻井液的黏度和切力下降。

可见，丹宁类降黏剂主要起分散和稀释作用，加大其用量，则有一定的降滤失作用。因为随着结构的拆散和黏土颗粒双电层斥力及水化作用的增强，有利于形成更为致密的滤饼，通过改善滤饼质量而降低钻井液的滤失量。

（2）聚合物类。早期的聚丙烯酸钠等聚合物类降黏剂在水中呈负电性，平均分子量较小，只有数千。还有共聚物类，如异丁烯与马来酸酐、富马酸和磺化异丁烯等的共聚物。一般在要求较强的抗盐能力时，通常向聚合物分子结构中引入磺化基团。

1990 年研发成功 XY 系列强抑制性两性离子聚合物降黏剂，在低矿化度聚合物钻井液中有较好的降黏效果，而且黏容量很高。此后，合成聚合物降黏剂成为主流发展方向。XY-27 是具代表性的两性离子聚合物降黏剂，是一种乙烯基单体的多元共聚物，分子质量约 2000，结构特点是分子链中有阴离子、阳离子和非离子三种基团。它不仅有降黏作用，还有一定的抑制作用。与分散型降黏剂相比，它加量更少（通常加量为 0.1%~0.3%），降黏效果更好；有较强的抑制黏土水化膨胀的能力；与其他类型处理剂互相兼容，兼有降滤失作用。

XY-27 的降黏机理主要是通过与黏土颗粒之间的离子交换吸附，比高分子更快、更牢固地吸附到黏土颗粒上，比阴离子聚合物降黏剂有更好的降黏效果。抑制页岩水化的作用机理主要是通过中和黏土颗粒表面的部分负电荷，削弱黏土的水化作用，聚合物链缔合后能包被黏土颗粒，而且分子链中水化基团形成水化膜，阻止自由水与黏土表面的接触，提高黏土颗粒的抗剪切强度。

12) 增黏剂

增黏剂是能够提高钻井液体系的黏度和切力、使其具有适宜流变性的化学剂。常用增黏剂有部分水解聚丙烯酰胺（PHPA，分子量较高）、钠羧甲基纤维素（CMC-HV）、黄原胶（XC）和羟乙基纤维素（HEC）等。

我国最初使用的增黏剂只有狗骨头树叶粉（即钻井粉）。1993 年时，增至 9 种，增黏剂产品主要以高黏纤维素类为主，有高黏的聚阴离子纤维素（PAC）和羟乙基纤维素。目前钻井界公认的聚合物类增黏剂中增黏效果最好的是生物聚合物（如黄原胶），其次是合成聚合物类。新的生物高分子有从发酵介质中分离出来的平均分子量在 50 万以上的非离子型水溶性硬葡聚糖，其增黏、携屑及清洁井筒的效果均较好。

增黏剂一般用于低固相和无固相水基钻井液中，用于提高因缺少黏土等固相而导致的悬浮和携带钻屑能力的降低。水溶性线型高分子（如 Na-CMC、PHPA 等）的分子链较长，分子间作用力较大，分子间可以形成一定的网络结构，提供钻井液所需的切力。另外，水化基团束缚水的能力较强，可以降低钻井液中的自由水，提高钻井液的黏度。

有机高分子或聚合物的增黏作用机理主要是浮离（未被吸附的）聚合物分子能增加水相的黏度，聚合物通过桥联作用形成的网络结构能增强钻井液的结构黏度。

13) 堵漏材料

堵漏材料是能堵塞漏失层的材料。随着调整井、多压力层系地层井的增多，以及页岩油气的开发，井漏次数和严重程度正逐渐增加，近年来堵漏材料发展较为迅速。起桥塞堵漏作用的有果壳类、片状堵剂、颗粒状堵剂和纤维状堵剂等。形状不同，堵漏材料所起的作用也有所不同，见表 1-22。

表 1-22 常用堵漏材料

产品	材料	作用
纤维状	棉纤维、木质纤维、甘蔗渣和锯末等	挤入发生漏失的地层孔洞中，很大的摩擦阻力起到封堵作用
薄片状	塑料碎片、赛璐珞粉、云母片和木片等	若能承受钻井液的静压力，可平铺在地层表面形成致密滤饼，否则被挤入裂缝，与纤维状材料相似
颗粒状	坚果壳和高强度的碳酸盐岩颗粒	通过挤入孔隙而起到堵漏作用

不同类型和尺寸的材料按比例加入，可以提高堵塞能力。纤维状和薄片状堵漏剂在钻井液中的加量一般不超过 5%，堵漏材料中最好有架桥作用的刚性粒子、起填充作用的弹性粒子以及起拉筋作用和稳固封堵作用的纤维类。例如，改性纤维素衍生物及改性特种木

屑等产品可以起单向压力封闭作用；硅藻土类可用于高滤失的复配堵剂；脲醛树脂、丙烯腈与丙烯酰胺共聚物、聚氨酯等聚合物类有较强的吸水膨胀能力或交联作用。若漏失严重，还可以使用水泥类进行速凝。

除了上述钻井液处理剂外，还有一些为满足特殊需求开发的处理剂，例如盐抑制剂（如NTA、提速剂）、示踪剂（如酚酞）和保护油气层的暂堵剂（如超细碳酸钙、油溶树脂和超细盐粒）等。总之，钻井液处理剂种类繁多，但是研究重点主要是保证钻井液循环钻进的起分散作用的降滤失剂、稳定井壁的页岩抑制剂，以及用于快速钻进的高分子絮凝剂等，当然还有必不可少的加重材料和堵漏材料等。

第五节 钻井液流变学

钻井液流变学研究的是钻井液的流变性（rheological properties），即钻井液在外力作用下发生流动和变形的特性，重要的钻井液流变参数有表观黏度（apparent viscosity，AV）、塑性黏度（plastic viscosity，PV）、动切力（yield point，YP）和静切力（gel strength，G）等。通过调整流变参数，可以获得钻井液循环系统所需要的剪切稀释性和触变性，满足钻井工程正常钻进和起下钻所需的泵压与排量、岩屑的携带与悬浮，以及固井工程要求的井壁稳定与固井质量等。钻井液的流变性能直接影响到钻井速度、质量和成本。了解钻井液流变性是配制和维护钻井液性能的基础。

一、钻井液的流型

钻井液流变性的核心问题是钻井液的剪切应力与剪切速率之间的关系问题。按照流体流动时剪切速率与剪切应力之间的关系，流体可以分为牛顿流体和非牛顿流体。根据流体流变曲线的不同，非牛顿流体可分为塑性流体、假塑性流体和膨胀流体。四种基本流型的流变曲线见图1-23。

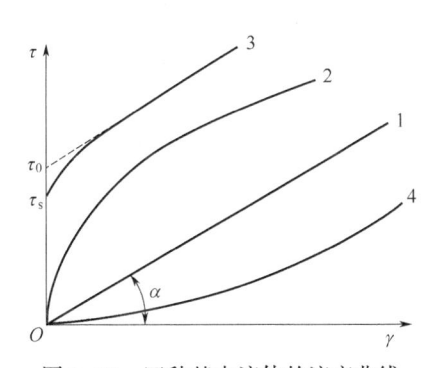

图1-23 四种基本流体的流变曲线
1—牛顿流体；2—假塑性流体；3—塑性流体；4—膨胀流体

1. 牛顿流体 (Newtonian fluids)

酒精和盐水等属于牛顿流体，其中的溶解质是小分子或离子，流体中不存在静切力，剪切应力τ与剪切速率γ呈线性关系：

$$\tau = \mu\gamma \tag{1-19}$$

式(1-19)为牛顿流体的流变方程,剪切应力—剪切速率关系如图 1-23 的直线 1 所示。流体符合牛顿内摩擦定律,即流体的黏度不随剪切应力和剪切速率而变化。

2. 假塑性流体(pseudoplastic fluids)和膨胀流体(expending fluids)

乳状液和某些钻井液属于假塑性流体,符合幂律模式(power-law model),如图 1-23 的曲线 2 所示。其流变曲线通过原点并凸向剪切应力轴,流体的流动特点是对流体施加极小的剪切应力就能产生流动,不存在静切应力,流体的黏度随剪切应力的增大而降低。假塑性流体符合幂律方程

$$\tau = K\gamma^n \tag{1-20}$$

式中 K——稠度系数,$Pa \cdot s^n$($mPa \cdot s^n$);

　　　n——流性指数,$n<1$。

K 和 n 是假塑性流体的两个重要流变参数。K 值与钻井液的黏度和切力有关,反映钻井液的可泵性,若过大,会导致重新开泵困难,或因泵压过大而引起压力激动,压裂地层。n 值反映流体非牛顿性程度,越偏离 1,表示越偏离牛顿性,即非牛顿性越强。若 $n>1$,则流体为膨胀流体,一般高分子浓溶液即呈此流态,其流变曲线通过原点并凸向剪切速率轴,如图 1-23 的曲线 4 所示。

在钻井液设计中,通常要确定合适的流性指数值。适当降低 n 值,可以确保钻井液有良好的剪切稀释性,有利于清洁井眼、携带和悬浮岩屑。

3. 塑性流体(plastic fluids)

一般钻井液属于塑性流体,流变曲线不过原点,见图 1-23 的曲线 3。$\gamma=0$ 时,$\tau\neq 0$,即钻井液在施加的力超过一定值时才开始流动。这种使流体开始流动的最低剪切应力(τ_s)称为静切应力(又称静切力、切力或凝胶强度)。在流体流动的初始阶段,剪切应力和剪切速率的关系不呈线性,即流体不能均匀地被剪切,黏度 μ 随剪切速率的增大而逐渐降低(曲线段)。剪切应力值增加到一定程度之后,黏度不再随剪切速率的增大而发生变化,流变曲线开始变成直线。直线段的斜率称为塑性黏度。延长直线段与剪切应力轴相交于一点 τ_0,通常称为动切应力(简称为动切力或屈服值)。塑性黏度和动切力是钻井液的两个极其重要的流变参数。

引入动切力之后,塑性流体流变曲线的直线段可用下式的直线方程进行描述:

$$\tau = \tau_0 + \mu_p \gamma \tag{1-21}$$

式中 τ_0——动切力,Pa;

　　　μ_p——塑性黏度,$Pa \cdot s$(或 $mPa \cdot s$)。

塑性流体符合宾汉模式(Bingham model),也称为宾汉塑性流体。塑性流体的流变特性与其内部结构有关。一般情况下,钻井液中的黏土颗粒在不同程度上存在端—端和端—面连接方式,即絮凝状态。钻井液若要开始流动,就必须施加一定的剪切应力,破坏絮凝形成的这种连续网架结构。这个力即静切应力,反映所形成凝胶结构的强弱。

在中等和较高的剪切速率范围内,幂律模式和宾汉模式均能较好地反映实际钻井液的流动特性。钻井液在循环过程中,各部位的流速不同,剪切速率也不同,一般在沉砂池的剪切速率最小,为 $10\sim 20 s^{-1}$,在环形空间为 $50\sim 250 s^{-1}$,在钻杆内为 $100\sim 1000 s^{-1}$,在钻

头喷嘴处最大，超过 10000s^{-1}。钻井液在环形空间的较低剪切速率范围内，幂律模式比宾汉模式更接近实际钻井液的流动特性，幂律模式更能准确预测环空压降并进行有关的水力参数计算。在钻井液设计和现场实际应用时，通常利用幂律模式计算和优选钻井的水力参数，利用宾汉模式计算钻井液的黏度和切力等流变参数，并对钻井液的性能进行维护和调控。

4. 卡森模式（Casson model）

卡森模式（1959 年）是一个经验式，在中低剪切区有较好的精确度，可以用于预测流体在高剪切速率下的流变特性。一般表达式为

$$\tau^{1/2} = \tau_c^{1/2} + \eta_\infty^{1/2} \gamma^{1/2} \tag{1-22}$$

式中　τ_c——卡森动切力（或卡森屈服值），Pa；

η_∞——极限高剪切黏度，Pa·s。

将式(1-22)中的每一项分别除以 $\gamma^{1/2}$，可得卡森模式的另一表达式

$$\eta^{1/2} = \eta_\infty^{1/2} + \tau_c^{1/2} \gamma^{-1/2} \tag{1-23}$$

将式(1-23)用平方根坐标系作图，则卡森流变曲线为一直线。经验表明，卡森模式适用于各种类型的钻井液，主要特点是可近似描述钻井液在高剪切速率下的流动性。η_∞ 表示剪切速率为无穷大时的流动阻力，可近似表示钻井液在钻头喷嘴处紊流状态下的流动阻力，又称水眼黏度。对于一般分散钻井液，有 $\eta_\infty > 15$mPa·s；对于低固相聚合物钻井液，有 $\eta_\infty = 2 \sim 6$mPa·s。

5. 赫—巴模式（Herschel-Bulkely model）

赫谢尔—巴尔克莱三参数流变模式（1977 年）是修正的幂律模式，即带有动切力的幂律模式。其数学表达式为

$$\tau = \tau_y + K\gamma^n \tag{1-24}$$

式中，τ_y 为该模式的动切力，n 和 K 的意义与幂律模式相同。

该模式是在幂律模式基础上增加了动切力的三参数流变模式，在较宽的剪切速率范围内能更准确地描述钻井液的流变特性，但也因参数多而在现场应用受限。其他一些流变模式也是如此，例如罗—斯模式和四参数模式等。

二、钻井液的触变性和剪切稀释性

1. 钻井液的触变性（thixotropic property）

钻井液的触变性是指搅拌后钻井液变稀（切力下降）、静置后又变稠（切力上升）的性质。实际测量钻井液触变性时，将充分搅动后的钻井液分别静置 1min（或 10s）和 10min，再测量其切力，得钻井液的初切值和终切值，初切值和终切值的差值反映钻井液触变性的大小。

一般水基钻井液主要是由黏土和有机高分子处理剂组成的分散体系，黏土颗粒、高分子及其相互之间存在空间网架结构，提供钻井液所需要的流变性能。但是，黏土颗粒之间的结构在剪切作用下因搅动而遭到破坏，只有当颗粒相互接触时才可能重新连接形成结构并恢复切力。触变性的主要评价特征就是恢复结构所需的时间以及最终切力的大小。

膨润土钻井液的触变性可归纳为四种典型的情况，如图 1-24 所示。图中的曲线 1 代

表恢复结构所需的时间较短，基本上不再随静置时间的延长而增大的最终切力相当高，钻井液被认为是恢复结构较快的强胶凝；曲线2代表较慢的强胶凝；曲线3代表较快的弱胶凝；曲线4则代表恢复结构较慢的弱胶凝。

钻井液应具有良好的触变性，钻井液在停止循环时，表现为迅速恢复结构，切力较快地增大到某一合适的数值，既能很快悬浮住钻屑和重晶石等加重材料，又不至于在恢复循环重新开泵时泵压过高。一般情况下，能够有效悬浮重晶石的静切力为1.44Pa，不需要过大，曲线3所代表恢复较快的弱凝胶比较理想。曲线1代表的强凝胶有很强的悬浮钻屑的能力，但会导致重新开泵困难。曲线2和曲线3所代表的两种钻井液表明，虽然10min切力值（终切）相差不多，但最终切力值相差却很大。这说明用10s和10min切力实验测得的初切值与终切值，并不能真实反映钻井液触变性的强弱，在现场根据测试结果进行分析时必须注意理论联系实际，尤其是在钻超深井时应加以重视。

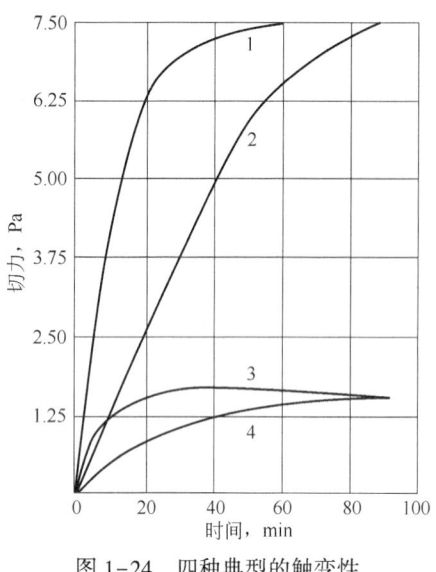

图1-24 四种典型的触变性

2. 钻井液的剪切稀释性（shear thinning property）

剪切稀释性是指塑性流体和假塑性流体的表观黏度随着剪切速率的增加而降低的特性。一般钻井液的流变性要求是，在环形空间的剪切速率较低时，钻井液黏度应较大，有利于携带和悬浮岩屑；在钻头水眼处的剪切速率极大时，钻井液黏度应很小，有利于辅助破岩，提供水动力。显然，钻井流体必须具有剪切稀释的特性。

1）钻井液的黏度和切力

现场常用漏斗黏度（funnel viscosity，FV）、塑性黏度、稠度系数、表观黏度来衡量钻井液的流动性。漏斗黏度是用一定体积（如500mL）的钻井液从漏斗下端流出所经历的时间来表示钻井液的黏度，单位是秒，s。漏斗黏度测定方法简单，可直观反映钻井液黏度的大小。塑性黏度是塑性流体的性质，不随剪切速率的变化而变化，反映了在层流状态下钻井液中网架结构的破坏与恢复处于动态平衡时，悬浮的固相颗粒之间、固相颗粒与液相之间以及连续液相内部的内摩擦作用的强弱。稠度系数是假塑性流体的性质，实质上也是运动质点之间的内摩擦力。塑性黏度和稠度系数用旋转黏度计测量。

表观黏度又称为有效黏度或视黏度，是指钻井流体在某一剪切速率下的剪切应力与剪切速率的比值。以塑性流体为例，由式（1-21）的宾汉公式可知，若公式两边同时除以剪切速率，则有

$$\tau/\gamma = \tau_0/\gamma + \mu_p$$

式中，等号左边即为表观黏度，等号右边分别为τ_0/γ项和塑性黏度。τ_0/γ项与钻井液在层流时形成网架结构的能力有关，与黏度单位相同，习惯上称为结构黏度。可以认为，塑性流体的表观黏度由塑性黏度和结构黏度两部分组成，是流体在流动过程中表现出来的总

黏度。

影响塑性黏度的因素主要有：钻井液中固相含量、钻井液中黏土的分散程度及高分子处理剂的加量等。通过降低钻井液的固相含量、加水稀释或化学絮凝等方法，可以降低钻井液的塑性黏度；向钻井液中加入黏土、重晶石，或混入原油，适当提高pH值，均可以提高钻井液的塑性黏度；也可以向钻井液中分别加入高分子增黏剂或降黏剂，来提高或降低钻井液的塑性黏度。

影响动切力的因素主要有：黏土矿物的类型和含量、电解质的浓度以及降黏剂的含量等。降低动切力最有效的方法是加入适量的降黏剂，也可加入适量清水或稀浆；如果是离子污染引起的动切力增大，则应除去这些离子。若要提高动切力，则可以加入预水化膨润土浆或加入高分子化合物；对于钙处理钻井液或盐水钻井液，应适当增加高分子浓度。非加重钻井液的塑性黏度一般应控制在 5~12mPa·s，动切力应控制在 1.4~14.4Pa。

2) 钻井液的剪切稀释特性

对于宾汉流体，为了获得良好的剪切稀释性，通常要求动切力与塑性黏度的比值（即动塑比）τ_0/μ_p 控制在 0.36~0.48Pa/(mPa·s)。具体措施可以选用足够浓度的 XC、HEC 和 PHPA 等高分子作为钻井液主处理剂，并配合使用固控设备除去钻井液中的无用固相，降低固体颗粒浓度；也可以在保证钻井液性能稳定的情况下，加入适量的氯化钙和氯化钠等无机盐电解质，提高体系中固体颗粒形成网架结构的能力，提高钻井液悬浮和携带岩屑的能力。

对于幂律流体，为了获得良好的剪切稀释性，通常要求 n 值控制在 0.4~0.7 的范围内。可以选用 XC 等作为流型改进剂，或在盐水钻井液中加入预水化膨润土，或增加适量的无机盐，均可以降低 n 值。但应注意，增加膨润土含量和矿化度会影响钻井液的聚结稳定性，一般优先考虑选用聚合物高分子来降低 n 值。对于稠度系数 K，调控的方法类似于调控钻井液黏度。

卡森模式用剪切稀释指数 I_m（比黏度，转速为 1r/min 时的有效黏度与高剪黏度的比值）来描述剪切稀释性：

$$I_m = \left[1 + \left(\frac{100\tau_c}{\eta_\infty}\right)^{1/2}\right]^2 \qquad (1-25)$$

I_m 值越大，表示剪切稀释性越强。一般分散钻井液，要求 $I_m<200$；不分散低固相聚合物钻井液，要求 $I_m>300$。若 I_m 值过大，钻井液的泵压会升高，起下钻后开泵困难。

三、钻井液流变性与钻井工程的关系

1. 与井眼净化的关系

钻井液的主要作用之一就是清洗井底，并将钻头破碎下来的岩屑携带至地面。钻井液清洗井眼的能力除取决于循环系统的水力参数外，还与钻井液的性能，特别是流变性有关。喷射钻井理论认为岩屑清除包括两个过程：一是岩屑被冲离井底，二是岩屑从环形空间被携带至地面。前者属于钻井工程范畴，后者则属于钻井液工艺问题。

1) 层流携带岩屑

钻井液在做层流流动时，岩屑颗粒随钻井液向上运动的同时，还会由于重力作用而向

下滑落，岩屑颗粒净上升速度取决于流体的上返速度与颗粒自身滑落速度之差，即

$$v_p = v_f - v_s$$

井筒的净化效率用携带比 v_p/v_f 表示，即

$$\frac{v_p}{v_f} = 1 - \frac{v_s}{v_f} \tag{1-26}$$

式中，v_p、v_f、v_s 分别为岩屑净上升速度、钻井液上返速度、岩屑滑落速度，m/s。

提高钻井液在环空的上返速度 v_f，或者降低岩屑的滑落速度 v_s，均可以提高携带比 v_p/v_f。为了避免钻井液冲蚀井壁，钻井液上返速度不宜过大，应尽量降低岩屑的滑落速度。岩屑的滑落速度不仅与岩屑尺寸及密度有关，还与钻井液的流态及流变性能有关。

钻井液的流态不同，岩屑上升的机理也不同。以片状岩屑为例[图1-25(a)]，钻井液在层流时的流速剖面为一抛物线，中心线处流速最大，两侧流速逐渐降低，近井壁或钻杆壁处的流速为零。上升过程中的岩屑在中心线处受力大，近两侧处的受力小。岩屑受力矩作用而翻转侧立，向环空两侧运移。部分岩屑贴在井壁上形成厚的假滤饼，部分岩屑则沿井壁向下滑落一定距离后，又会进入流速较高的区域而向上运移。

图1-25(b) 是钻柱旋转改变层流时液流的速度分布状况，靠近钻柱表面的液流速度较大，岩屑螺旋式上升，岩屑的翻转现象仅出现在靠近井壁的那一侧。岩屑翻转不利于携带岩屑，易造成起下钻遇卡阻及下钻下不到井底等复杂情况。岩屑翻转现象与岩屑的形状有关，岩屑厚度与其直径之比在0.3~0.8范围的岩屑容易被顺利携带上来。

2）紊流携带岩屑

在钻井液紊流流动时，岩屑不存在翻转和滑落现象，几乎全部都能携带到地面上来，环形空间里的岩屑比较少，如图1-25(c) 所示。缺点是钻井液的上返速度较高，要求钻井液的泵排量大。但是，当井眼尺寸较大、井较深以及钻井液黏度和切力较高时，难以实现紊流。沿程压降与流速的平方成正比，功率损失与流速的立方成正比，紊流携岩会降低钻头水马力，不利于喷射钻井。钻井液在紊流时的高流速会严重冲蚀井壁，不易形成高质量滤饼，易塌地层会发生井壁垮塌。

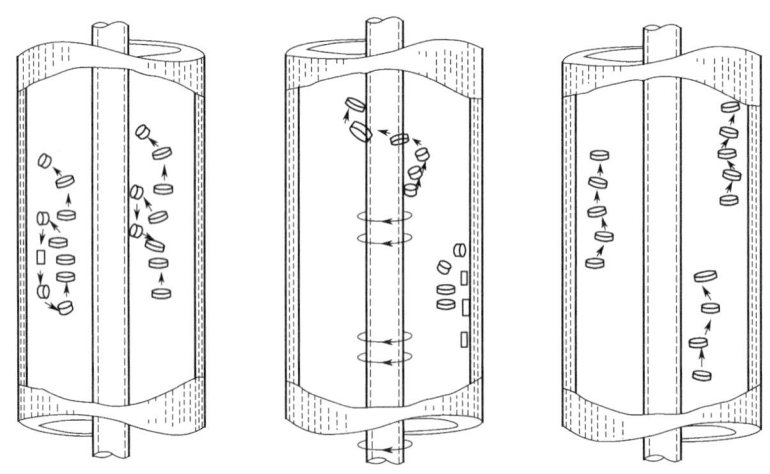

(a) 片状岩屑在层流中上升　(b) 层流时钻柱旋转片状岩屑上升　(c) 片状岩屑在紊流时上升

图1-25　片状岩屑上升情况

3) 平板型层流携带岩屑

提高岩屑携带效率的关键在于消除岩屑在上升过程中的翻转现象。通过调节钻井液的流变性能,增大动塑比或减小 n 值,可使钻井液的流速剖面由尖峰转为平缓,如图1-26所示。

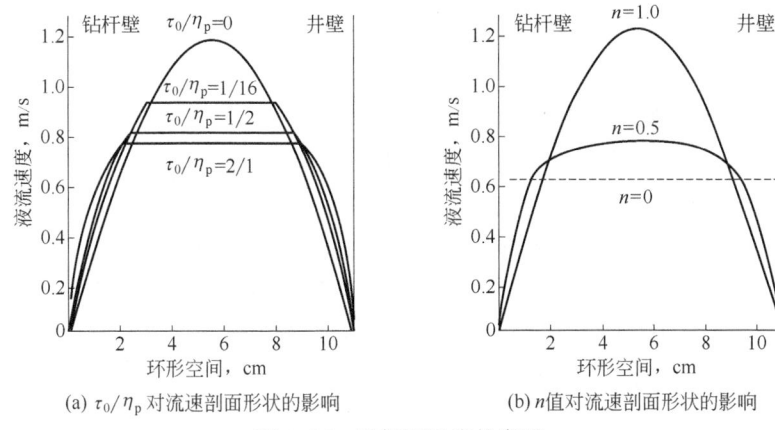

(a) τ_0/η_p 对流速剖面形状的影响　　(b) n 值对流速剖面形状的影响

图1-26　平板型层流的实现

平板型层流可以在环空较低返速下有效携带岩屑。现场经验表明,环空返速保持在 $0.5 \sim 0.6 \mathrm{m/s}$ 时,钻井液可以满足携带岩屑的要求,既能使泵压保持在合理范围,又能够降低钻井液在钻柱内和环空的压力损失,合理利用水功率。一般认为,钻井液的动塑比保持在 $0.36 \sim 0.48 \mathrm{Pa/(mPa \cdot s)}$ 或 $n=0.4 \sim 0.7$ 时,可以有效携带岩屑。为了降低岩屑的滑落速度,钻井液的有效黏度不宜过低。例如,低固相聚合物钻井液的有效黏度宜保持在 $6 \sim 12 \mathrm{mPa \cdot s}$。

2. 与井壁稳定的关系

紊流对井壁有较强的冲蚀作用,容易引起易塌地层的垮塌,不利于井壁稳定。原因是紊流流动时液流质点的运动方向紊乱且无规则,流速高,动能大。因此,钻井液循环时应尽量保持层流状态。钻井工程需要准确计算出钻井液在环空的临界返速,综合雷诺数取值 $Re = 2000$,可推导出临界返速的计算公式:

$$v_c = \frac{100\mu_p + 10\sqrt{100\mu_p^2 + 2.52 \times 10^{-3}\rho\tau_0(D-d)^2}}{\rho(D-d)} \quad (1-27)$$

式中　v_c——临界速度,m/s;

　　　μ_p——塑性黏度,Pa·s;

　　　τ_0——动切力,Pa;

　　　ρ——钻井液密度,g/cm³;

　　　D——井径,cm;

　　　d——钻杆或钻铤外径,cm。

由式(1-27)可知,钻井液在环空上返的临界速度随着钻井液塑性黏度和动切力等的减小而明显降低,实际环空返速大于临界返速时为紊流,反之则为层流。在调整钻井液流变参数和确定环空返速时,既要考虑携岩问题,又要考虑钻井液的流态,使井壁保持稳定。表 1-23 计算了三种不同性能钻井液的临界返速。

表 1-23　钻井液流变参数对临界返速的影响

D, cm	d, cm	ρ, g/cm³	μ_p, mPa·s	τ_0, Pa	v_c, m/s
21.59	12.7	1.20	23	6.0	1.36
21.59	12.7	1.09	9.4	2.6	1.02
21.59	12.7	1.06	6	2.0	0.94

3. 与岩屑和加重材料的关系

在钻进过程中，钻井液可能会因为工程和技术问题而停止循环。此时，要求岩屑和加重材料必须悬浮在钻井液体系中，或者沉降速度很慢，不至于出现沉砂卡钻。钻井液的悬浮能力取决于静切力和触变性。若静切力高，钻井液形成空间网架结构的能力强，悬浮能力就强；若触变性好，钻井液循环停止时能很快恢复切力，有利于悬浮岩屑和加重剂。

钻井液所需的切力可根据岩屑和加重材料在钻井液中的受力进行近似计算。假设它们均为球形颗粒，根据重力与浮力和纵向切力的平衡关系可得：

$$\frac{1}{6}\pi d^3 \rho g = \frac{1}{6}\pi d^3 \rho_d g + \pi d^2 \tau_s$$

经推导可得，所需静切力为：

$$\tau_s = \frac{d(\rho - \rho_d)g}{6} \tag{1-28}$$

式中　d——岩屑或加重剂颗粒直径，m；

　　　ρ——岩屑或加重剂的密度，kg/m³；

　　　ρ_d——钻井液的密度，kg/m³；

　　　τ_s——钻井液的静切力，Pa；

　　　g——重力加速度，m/s²。

4. 与井内液柱压力激动的关系

井内液柱的压力激动（也称压力波动）是指在起下钻和钻进过程中，由于钻柱上下运动以及钻井泵开动等原因，井内液柱压力发生突然变化（升高或降低），产生一个附加压力（正值或负值）的现象。

1) 起下钻时的压力激动

钻柱具有一定的体积，钻柱入井或起出时，钻井液向上或向下流动，产生一个附加压力。下钻时的激动压力为正值，对井内产生挤压作用，易引起井漏等复杂情况；起钻时的激动压力为负值，由于抽汲作用而易引起井壁坍塌和井喷等事故。井深 1500m 时的激动压力值可达到 2~3MPa，井深 5000m 时则可高达 7~8MPa。

2) 开泵时的压力激动

钻井液停止循环后，井内钻井液处于静止状态，其中的黏土颗粒形成空间网架结构，凝胶强度增大，切力升高，重新开泵时的泵压将超过正常循环时所需要的压力，造成激动压力。开泵时使用的排量越大，激动压力的值会越高。钻井液开始流动后，结构逐渐被破坏，泵压逐渐下降。随着排量增大，结构的破坏与恢复达到平衡，泵压趋于平稳。

影响压力激动的因素是多方面的，除了起下钻速度、钻头与钻柱的泥包程度、环形空间的间隙以及井深，还与钻井液的黏度和切力密切相关。当其他条件相同时，随着钻井液黏度和切力的增大，激动压力也会增加。因此，一定要控制好钻井液的流变性，起下钻和开泵操作不宜过快过猛，开泵之前最好先活动钻具，特别是在钻遇高压地层、易漏失地层或易坍塌地层时，应预防压力激动引起的各种井下复杂情况。

5. 与提高钻速的关系

钻井液的流变性是影响机械钻速的一个重要因素，黏度和切力大则机械钻速慢。钻井液具有剪切稀释性，在钻头喷嘴处的流速极高，一般在150m/s以上，剪切速率极高，可达$10000s^{-1}$。此时，紊流流动阻力很小，液流对井底冲击力增强，更易渗入钻头冲击井底岩石时所形成的微裂缝中，可减小岩屑的压持效应和增大井底岩石的可钻性，有利于提高钻速。

钻井液体系不同，剪切稀释性也大不相同。试验表明，层流时表观黏度相同的钻井液在喷嘴处的紊流流动阻力可相差10倍。水眼黏度接近于清水黏度时，机械钻速最大。若钻井液塑性黏度大、动塑比小，喷嘴处的紊流流动阻力会比较大，必然降低和减缓钻头对井底的冲击和切削作用，使钻速降低。因此，应尽量使用剪切稀释性强的优质钻井液，如低固相不分散聚合物钻井液，降低钻头喷嘴处的紊流流动阻力，提高机械钻速。

第六节 钻井液的滤失与造壁性能

在压力差的作用下，钻井液中的自由水向井壁岩石的裂隙或孔隙中渗透的现象即为钻井液的滤失，包括瞬时滤失、动滤失和静滤失。钻井液滤失过程中，其自由水进入岩层，其固相颗粒附着在井壁上形成滤饼，减小井壁的渗透性，阻止或减缓钻井液的继续滤失，侵入地层的颗粒在近井地带形成内滤饼，如图1-27所示。

钻井液在井筒内滤失的全过程包括三部分：首先是瞬时滤失过程，从钻头破碎井底岩石形成井眼的瞬间开始，钻井液就向井底和新钻出来的井壁接触面滤失或渗滤，此时滤饼尚未形成；钻井液在循环流动时向井壁岩石的渗滤是动滤失过程，滤饼附着在井壁上，增厚至不变，单位时间内的滤失量也逐渐减小至恒定不变，在此过程中，钻井液的滤失量较大；钻井液在开始起下钻以及停止循环时的滤失过程是静滤失过程，滤饼逐渐增厚，滤失量逐渐减少。所以，在钻井过程中，若要控制滤饼厚度，防止发生缩径卡钻事故，必须控制钻井液的静滤失；若要控制滤失量，则必须控制钻井液的动滤失。钻井过程中的起下钻能否顺利进行，主要与滤饼厚度相关，故以下主要探讨静滤失的控制。

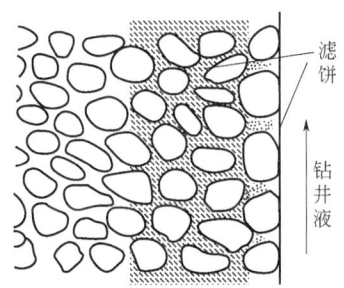

图1-27 钻井液的滤失造壁性

一、静滤失方程

静滤失的特点是钻井液处于静止状态，作为渗滤介质之一的滤饼（另一介质是井壁地层），其厚度随渗滤时间的延长而逐渐增厚。通常，滤饼的渗透率远小于地层的渗透率，且滤饼的厚度远小于井眼直径，可以假设渗滤过程与时间呈线性关系。为避免运用较复杂的渗滤模式，可以用达西公式表示滤失速率为

$$\frac{dV_f}{dt} = \frac{KA\Delta p}{\mu h_{mc}} \tag{1-29}$$

由达西定律可以推导钻井液的静滤失方程，推导过程中的假设条件如下：滤饼的厚度与井径相比很小；滤饼为平面，厚度为定值；滤饼不可压缩，且渗透率不变。设钻井液体积为 V_m，滤失条件一定时，滤失量为 V_f，形成渗滤面积为 A、厚度为 h_{mc} 的滤饼。静滤失方程为

$$V_f = A\sqrt{2K\Delta p\left(\frac{f_{sc}}{f_{sm}}-1\right)\frac{t}{\mu}} \tag{1-30}$$

式中 V_f——滤液体积，即滤失量，cm^3；

A——渗滤面积，cm^2；

K——滤饼渗透率，μm^2；

Δp——渗滤压力，$10^5 Pa$（即 1atm）；

f_{sc}——滤饼的固相含量；

f_{sm}——钻井液的固相含量；

t——渗滤时间，s；

μ——滤液黏度，$mPa \cdot s$。

二、静滤失量的影响因素

由式(1-30)可知，单位渗滤面积的静滤失量与滤饼渗透率 K、固相含量、渗滤压差 Δp、渗滤时间 t 等因素的平方根成正比，与滤液黏度的平方根成反比。其中，滤饼渗透率 K 是影响钻井液滤失量的主要因素，要降低钻井液滤失量，必须降低 K 值。

滤饼的渗透率取决于滤饼的构成，例如黏土以及其他固体颗粒的尺寸、形状与水化程度和絮凝状态等。粒径小且形状趋于扁平的固体颗粒易受压力作用而变形，水化膜越厚则渗透性越小。与一般黏土相比较，膨润土基浆中的黏土颗粒经充分水化分散后的直径大多小于 $2\mu m$，滤饼的渗透率比地层渗透率低几个数量级，所以井壁的渗滤速度主要取决于滤饼的渗透率。

钻井液静滤失量实际反映了钻井液的胶体性质，具有一定厚度水化膜的胶体粒子占比较大时，可以将钻井液的滤失量控制在较小的数值。反之，钻井液里的颗粒絮凝和聚结会导致滤饼的渗透率增加，钻井液的静滤失量也随之增加。

三、滤失性能的评价方法

钻井液滤失性能包括滤失量和滤饼质量，评价方法包括静滤失评价和动滤失评价。国

内外通常采用 API 滤失量测试装置进行静滤失量评价,包括常规滤失和高温高压滤失两种。

动滤失量评价所使用的动滤失量测定仪(如高温高压动滤失仪)有两种类型:一种是利用转动的叶片来使钻井液流动,渗滤介质为滤片;另一种是利用泵使钻井液循环流动,过滤介质为陶瓷滤芯。动滤失量测定仪可用于测量模拟钻井条件下当滤饼被冲蚀速度与沉积速度相等时的动滤失量。

第七节 钻井液技术的发展

据历史记载,古巴比伦人和古埃及人早在公元前 1000 年左右就开始使用简单的钻探技术来寻找水源。我国在公元前 256 年,开始用清水来开钻采盐,钻井液的发展历史及研发历程见表 1-24 和表 1-25。

一、钻井液的发展历史

用于油气勘探开发的钻井液发展史始于 1859 年,标志着现代石油工业诞生的德雷克油井(位于美国宾夕法尼亚州)首次应用了钻井液,主要是利用清水自然造浆。

1920 年后,膨润土的使用显著提高了钻井液的黏度和切力,有效防止了井壁坍塌和岩屑的沉积。早期的钻井液配方相对简单,主要由水和黏土组成。随着钻井深度的增加和地层地质条件的变化,钻井液的配方和性能开始复杂化。例如,在钻井液中加入重晶石,可以增加钻井液密度以防止井喷;碳酸钠可用于调节钻井液的 pH 值,防止腐蚀及化学反应导致的沉淀;丹宁碱液可以改善钻井液的流变性,更好地清洗井底和携带岩屑。

表 1-24 钻井液的发展和应用历史

时间	钻井液发展和应用历史
前 256	清水,中国四川卤水井
1859	清水,美国第一口油井
1901	自然造浆
1914	泥浆(钻井液)定义
1922	钻井液加重材料,如重晶石等
1930	钻井液处理剂丹宁酸钠
1944	钻井液降滤失剂,钠羧甲基纤维素(Na-CMC)
1955	钻井液降黏剂,铁铬木质素磺酸盐(FCLS)
1960—1969	粗分散钻井液体系
1970—1979	聚合物非分散钻井液体系、油包水钻井液
1990—1999	甲酸盐、聚乙醇、KCl/硅酸盐、微泡沫、合成基钻井液、羟基铝(MMH)钻井液
2000—2009	聚胺、铝络合物为核心的高性能水基钻井液(HPWBM)、无渗透钻井液(成膜技术)
2010 年至今	环保钻井液、智能钻井液、高性能钻井液

根据 20 世纪 50 年代的统计数据,引入这些化学添加剂后,钻井速度提高了约 30%,

同时减少了井壁坍塌和钻头磨损。早期钻井技术与钻井液的使用，为后续钻井液技术的发展奠定了基础。可以认为没有早期的钻井液，就没有现代钻井液技术的辉煌。

1970年后，钻井液配方中开始引入聚合物高分子，显著提高了钻井液的黏度和切力，通过调整钻井液的流变性能、控制钻井过程中的水力参数，钻井速度大幅提高。随着环保法规的施行，钻井液的生物降解性和低毒性成为研究热点，开始推动钻井液技术的绿色转型。钻井液配方的创新应该是石油工业和钻井液技术进步的重要一环，配方优化不仅能提高钻井效率，还能为后续钻井液技术的现代化和智能化奠定基础。

钻井液配方的研发也经历了几个重要的阶段。最初，钻井液主要是由水作为分散介质的水基钻井流体。后来发现向水基钻井液中加入油，可以增加水基钻井液的润滑性能和稳定性能，随即开发出油基钻井液。油基钻井液可用于高温高压的井下复杂环境，能够承受超过200℃的高温和100MPa的高压，提升了深井和超深井的钻探能力和效率。但是，水基钻井液的配制和使用更为简便，成本低，而且具有环保优势，因而成为主流钻井液体系。1990年以后，合成基钻井液和气体型钻井流体等新型钻井流体技术因环保和提速要求而开始应用；屏蔽暂堵技术开始用于保护油气层，防止储层伤害。

2016年以后，我国在四川和新疆钻探了一批超深井。例如，2018年7月完成五开尾管固井的川深1井，在三开时，钻遇1100m长的膏盐层井段，超高温耐盐聚磺钻井液体系确保了当时的亚洲陆上垂深最深井的顺利钻进。此后，塔里木油田和顺北油田使用了钾胺基聚磺成膜钻井液体系以及钾胺基聚磺钻井液等抗高温混油钻井液，顺利完成40多口垂深超8000m油气井的钻探。

2023年5月30日深地塔科1井开钻，设计钻探深度为11100m。2025年2月20日，深地塔科1井在地下10910米胜利完钻，钻探过程中使用了抗220℃高温的高性能钻井液，标志着中国在超深井钻探技术方面取得重大突破，并进入世界先进行列。我国钻井液技术的发展历程见表1-25。

表1-25 我国钻井液的研发历程

时间	我国钻井液技术的研究和应用历程
1949	甘肃玉门油矿，钻井液化验
1951	钻井液降黏剂，煤碱液
1952	石灰钻井液
1963	油基钻井液和柴油乳化钻井液，大庆松基6井（深井钻井液攻关）
1973	胜利油田"不分散低固相聚合物钻井液"探索研究
1974	四川石油管理局，"三磺"水基钻井液（超深井钻井液技术）
1978	石油工业部钻井司专设泥浆处
1980—1989	7种储层类型的完井液及其化学剂，28种新型钻井完井液及其化学剂
1990—1999	低毒油基钻井液，高温低毒油包水钻井液，欠平衡用低密度钻井流体
1993	定向井、丛式井和水平井钻井配套技术
2023年至今	万米深井水平井钻井配套技术，耐220℃超高温钻井液

二、钻井液技术的发展趋势

钻井液的基础研究已基本成熟，目前正向功能化方向发展，即强调应用的具体目的，例如用于老油田调整井的堵漏钻井液、用于超深井和水平井的抗温抗盐的抑制性钻井液。现在，各国对于环境保护的要求越来越严格，环保钻井液正成为钻井液研究的热点之一。对于智慧油田和智能化钻井，则要求利用现场海量数据，通过人工智能的深度机器学习，进行钻井液的设计，节省钻井液配方优选的时间和成本。

1. 基于环境保护的钻井液

2025 年，我国颁布的《国家危险废物名录》中将石油与天然气开采过程中使用的油基钻井液产生的钻屑及废弃钻井液列入危险废物，类别为 HW08（废矿物油与含矿物油废物），危险特性为 T，即对生态环境和人体健康具有有害影响的毒性（toxicity）。

早在 2011 年，我国环境保护部门就已出台《废矿物油回收利用污染控制技术规范》（HJ607—2011），要求含油率大于 5% 的含油污泥和油泥砂进行再生利用，油砂分离后的含油率应小于 2%。2016 年，石油行业标准《陆上石油天然气开采含油污泥资源化综合利用及污染控制技术要求》（SY/T 7301—2016）规定"含油污泥（包括含油钻屑）经处理后剩余固相中石油烃总量应不大于 2%"。2020 年，我国出台了首个页岩气勘探开发的国家环保标准《页岩气　环境保护　第 1 部分：钻井作业污染防治与处置方法》（GB/T 39139.1—2020）。

国际标准化组织（ISO）制定的 ISO 15589—1 标准针对石油和天然气行业的废物管理，强调废物最小化、废物分类、处理和处置的全过程管理。处理钻井液废物时，通常采用物理、化学和生物方法相结合的方式。物理方法有固液分离技术，如离心分离和过滤，以减少废物的体积和毒性；化学方法是使用絮凝剂和混凝剂等化学物质，促进废物的稳定和固化；生物处理技术是利用微生物，将有机污染物转化为无害物质。壳牌公司使用环保钻井液技术在北极地区进行钻探，成功减少了对当地脆弱生态系统的破坏。

在环保钻井液的开发过程中，可以采用多种分析模型来预测和评估钻井液对环境的影响。例如，生命周期评估（LCA）模型被广泛应用于评估钻井液从生产到废弃全过程的环境影响，确保钻井液在整个生命周期对环境的负面影响达到最小化。

2. 基于大数据和人工智能的钻井液

随着云计算和大数据时代的到来，计算能力大幅提高，训练数据大幅增加，可缓解训练低效性，降低过拟合风险。深度学习模型现已在计算机视觉、自然语言处理和语音识别等多领域均取得成功。将深度学习用于钻井液的设计，可以优化钻井液性能参数，及时调整钻井液技术。钻井液管理系统的自动化和智能化不仅能提高钻井作业的精确度，还能显著降低事故发生的风险。

2006 年，杰弗里·辛顿（Geoffrey Hinton，2018 年图灵奖得主）提出深度信念网络（DBN），通过"预训练+微调"使得深度模型的最优化变得相对容易。辛顿和约翰·霍普菲尔德（John J. Hopfield）两人凭借"基于人工神经网络实现机器学习的基础性发现和发明"获得 2024 年诺贝尔物理学奖。神经网络是由具有适应性的简单单元组成的广泛并行互联的网络，其组织能够模拟生物神经系统对真实世界物体所做出的反应。生物神经系统的工作原理如下：每个神经元通过轴突与其他相邻的神经元相连，当神经元受到刺激而兴奋时，会向相连的神经云传递神经脉冲，改变这些神经元内的电位；若神经元的电位超过一个阈值，则会被激活而兴奋起来，再向与之相连的其他神经元传递神经脉冲，如图 1-28 所示。

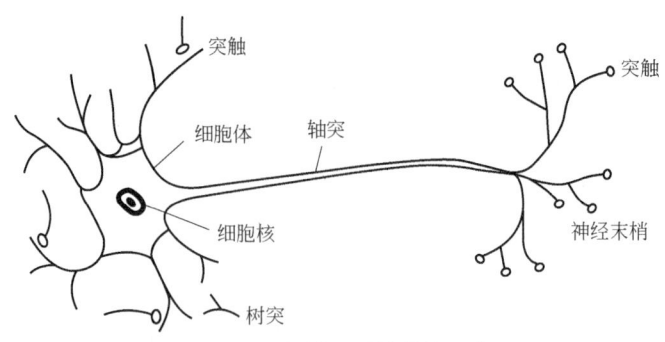

图1-28 生物神经系统结构示意图

机器学习中的神经网络通常是指"神经网络学习",或机器学习与神经网络的学科交叉。神经网络参数学习就是根据训练数据来调整神经元之间的连接权以及每个功能神经元的阈值,即神经网络学到的东西都存放在连接权与阈值中。深度学习(deep learning)通过多层处理,逐渐将初始的低层特征表示转化为高层特征表示后,用"简单模型"即可完成复杂的分类学习等任务。以深度学习为代表的复杂模型是很深层的神经网络,包含2个以上隐含层,如图1-29所示。

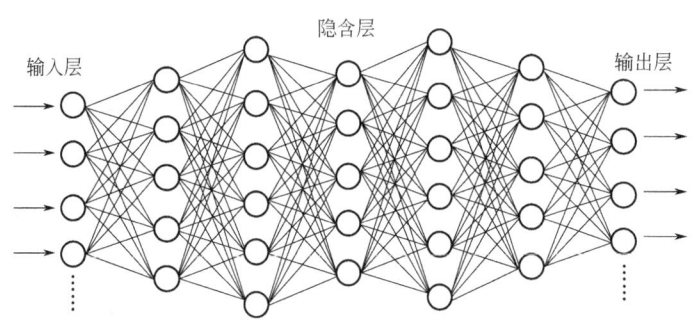

图1-29 深层神经网络的深度学习示意图

综上所述,误差逆传播(Error Back Propagation,简称BP)算法是迄今最成功的神经网络学习算法。现在,钻井液技术的前沿研究方向正朝着保护环境、机器学习和智能化管理的方向发展,现代钻井液技术将为石油工业的可持续发展提供有力的技术支持。

第二章 水基钻井液

第一节 分散钻井液

黏土在清水中自然造浆,即黏土在水中高度分散,形成的水基钻井液基本满足钻井工程所需的黏度和切力要求。将对黏土起分散作用的化学剂(即分散剂)加入黏土—水体系中,即可得(细)分散钻井液(dispersed drilling fluid)。优点是配制和维护简便且成本较低,普遍用于钻开表层。

一、分散钻井液的配制和组成

1. 基浆的配制

一般用于配浆的黏土为造浆率高的膨润土,其主要作用不仅是提供钻井液所需要的黏度和切力等流变性能、增强钻井液对钻屑的悬浮和携带能力,它还能在井壁形成滤饼,降低钻井液的滤失量,增强造壁性,防止井漏,维护井壁的稳定性。

预水化膨润土浆在添加主要处理剂之前被称为基浆,衡量配浆土的质量参数是造浆率,即每吨黏土能配出表观黏度为 15mPa·s 的钻井液体积,优质配浆土能配出超过 $16m^3$ 的钻井液。钻井液中的固相含量及分散度会影响钻速,应尽可能选优质膨润土。例如,优质土和低造浆率配浆土相比,同样配制黏度为 15mPa·s 的钻井液需加入的土量相差可达 10 倍以上。

配制基浆时往往需加入适量的纯碱或烧碱,目的是调节钻井液的 pH 值,维持钻井液的碱性,一般将其控制在 9.5~11。同时,还可去除黏土中的部分钙离子,将钙土转变为钠土,增强黏土的水化作用,提高其分散度和造浆率。纯碱的加入量约为配浆土质量的 5%。加入纯碱的基浆有较大的表观黏度,可以降低室温中的滤失量。

2. 分散剂及钻井液的典型组成

分散钻井液中使用的分散剂包括无机类与有机类化学剂,无机类为提供 pH 值的无机碱,有机类为高分子化合物,主要起降黏和降滤失作用。起降黏作用的分散剂包括磷酸盐、丹宁酸钠、木质素磺酸盐及褐煤类;起降滤失作用的分散剂包括纤维素类和聚合物类,常用羧甲基纤维素钠盐(Na-CMC)和部分水解聚丙烯腈(HPAN)等。除了分散剂，钻井液组成中还有控制钻井液密度的加重材料，一般使用重晶石粉，可以将钻井液的密度加到 2.3g/cm³。分散钻井液的典型组成见表 2-1。

表 2-1　密度为 1.06~1.44g/cm³ 的分散钻井液的典型组成

组分	作用	加量，kg/m³
膨润土	提黏及降滤失	42.8~71.3
木质素磺酸盐	降低切力和滤失量	2.8~11.4
褐煤（或褐煤碱液）	降低滤失量和切力	2.8~11.4
烧碱	调节 pH 值	0.7~5.7
多聚磷酸盐	降低切力	0.3~1.4
Na-CMC	控制滤失量和提黏	0.7~5.7
聚阴离子纤维素	控制滤失量和提黏	0.7~5.7
重晶石	增加密度	0~499

二、分散钻井液的特点

分散钻井液的主要特点是黏土在水中高度分散。虽然一般分散钻井液体系的配制较简便且成本低，但在使用和维护过程中有一定的缺陷，主要表现为性能不稳定、易受外界环境的影响。例如，易受钻屑黏土和可溶性盐类的污染，黏切和滤失造壁性受到影响；固相含量高时，严重影响机械钻速的提高。

分散钻井液不宜用于强造浆地层及敏感性储层的钻进，在钻遇这些地层时，尽量降低钻井液的 pH 值，维持弱碱性。深井钻进时，应尽量降低体系中总的固相含量，并降低体系中亚微米小颗粒的占比。因为井越深，井温增加，黏土和钻屑的分散程度越高，钻井液的流变性能越差。

三、分散钻井液的使用和维护

钻井过程中，地层的各种污染物进入钻井液中，使钻井液性能不符合施工要求，即钻井液受侵。应及时清除污染或调整钻井液配方，保证正常钻进。常见污染来自地层黏土、无机盐（钙镁盐及氯化钠）以及气体（如 O_2、CO_2 及 H_2S）等。

1. 黏土侵

井深增加，外来钻屑增多。井温一般也随井深而增加，黏土出现高温分散现象。在高温作用下，钻井液中黏土颗粒的分散程度增加，即黏土颗粒浓度增大，比表面增大。此时，钻井液中的小颗粒增多，流变性变差，机械钻速变慢。当钻井液中的黏土含量达到一定程度后，钻井液失去流动性，甚至固化，即钻井液达到了黏土容量限。

在常温下水化作用越强的黏土，其高温分散作用也越强。温度越高，时间越长，高温分散越显著，高温分散作用也随 pH 值的升高而增强。其实质就是高温促进黏土的水化分散，主要原因包括：高温加剧黏土矿物片状微粒的热运动；高温增强水分子的热运动，提高其渗入黏土晶层内部的能力；高温增强黏土颗粒表面的阳离子扩散能力，提高其电动电位，增加静电排斥力。

2. 钙镁侵

配浆水源的矿化度较高时，不利于膨润土的水化分散。例如，海上钻进时，用海水配浆会引入不必要的钙镁离子。在钻遇石膏层和水泥塞时，也会向钻井液中引入钙离子，导致钻井液性能变差，甚至失效。有效的处理方法主要如下：在钻遇石膏地层前，转用钙处理钻井液，利用纯碱和烧碱除去不必要的钙镁离子。

3. 盐水侵

分散钻井液在钻遇高压盐水层、大段岩盐层、盐膏层或盐膏与泥页岩互层时，过量 NaCl 及其他无机盐溶解于钻井液中，增加无机盐浓度，压缩黏土颗粒表面的扩散双电层，降低电动电位。由于黏土颗粒间的静电排斥力降低，黏土颗粒间易发生过度絮凝甚至聚结，并释放大量自由水。随着体系中无机盐浓度的增加，钻井液表现为黏度和切力在升高后转而急剧下降，滤失量剧增。对于井壁而言，盐岩的溶解造成井径扩大、钻进困难，并且影响后期的固井质量。

4. 气体侵

在地面配制钻井液时，空气中的氧会部分进入钻井液，在钻井液循环过程中，氧会加速对钻具的腐蚀，腐蚀形式主要为坑点腐蚀和局部腐蚀。解决方法除了利用除气器等设备进行物理脱氧外，还可以适当提高 pH 值（至 10 以上），在较强的碱性介质中，氧对金属铁产生钝化作用，在钢材表面生成一种致密的钝化膜，腐蚀速率降低。最有效的方法是化学清除，利用亚硫酸钠和亚硫酸铵等还原剂，与氧发生化学反应而除氧。

1）二氧化碳侵

地层中的 CO_2 在混入钻井液后，遇水生成 HCO_3^- 和 CO_3^{2-}，使钻井液的流变参数特别是动切力，在高温下的影响程度更大。钻井液的动切力一般随 HCO_3^- 浓度的增加而上升，随 CO_3^{2-} 浓度的增加而先减后增。

针对 CO_2 的污染，可以采用 CaO 法、有机胺吸收剂调节法以及 pH 值调节法，对钻井液性能进行维护，改善已污染钻井液的性能。维护时处理剂的加量应合理，否则会对体系造成新的污染。处理程序如下：首先用化学清除法；化学方法不能有效处理时，则替换钻井液；加入适量 KOH 调节体系的 pH 值，对钻井液体系进行维护；加入有机胺，pH 值升高的同时会吸收游离 CO_2，生成的碳酸氢铵等物质可提高钻井液的抑制性能。

以新疆塔河 TP263 井为例，利用生石灰和降滤失剂，解决了 CO_3^{2-}、HCO_3^- 的污染问题。生石灰中和酸性离子，护胶剂 RSTF 和 SP-80 稳定了钻井液的性能，使维护周期延长，钻井成本降低，为现场的优快钻进提供优良环境。

2）硫化氢侵

H_2S 毒性极强，主要来自含硫地层及某些磺化有机处理剂在井底高温下的分解，对钻具和套管有极强的腐蚀作用。一般采用化学方法将其除去，例如，提高钻井液的 pH 值或加入碱式碳酸锌等。

H_2S 无色可燃，有臭鸡蛋味，密度略大于空气，极易聚集于低洼处。在有机溶剂中的溶解度大于水，低温下可形成结晶状水合物。在空气中的自燃温度约为 250℃，爆炸极限为 4%~46%（体积分数）。H_2S 的阈限值为 15mg/m³（10ppm）（阈限值指几乎所有工作人员长期暴露都不会产生不利影响的某种有毒物质在空气中的最大浓度），见表2-2。

表2-2 H_2S 浓度与对人危害程度表

H_2S 在空气中的浓度			暴露于 H_2S 中典型表现
体积分数		质量浓度	
%	ppm	mg/m³	
0.000013	0.13	0.18	有明显和令人讨厌的气味；≥6.9mg/m³ 时，气味很重。人的嗅觉随浓度增加而疲劳
0.001	10	14.41	眼睛可能受刺激。美国政府工业卫生专家公会推荐的阈限值（8h加权平均值）
0.0015	15	21.61	美国政府工业卫生专家公会推荐的15min短期暴露范围平均值
0.002	20	28.83	暴露1h以后，眼睛有烧灼感，呼吸道受刺激。美国职业安全和健康局的可接受上限值
0.005	50	72.07	暴露15min以上，嗅觉丧失；超过1h，头痛、头晕。≥75mg/m³（50ppm），出现肺浮肿，严重刺激或伤害眼睛
0.01	100	144.14	3~15min，咳嗽，眼睛受刺激，失去嗅觉；5~20min后，呼吸受阻，眼睛疼痛，昏昏欲睡；1h后，刺激喉道，症状加重
0.03	300	432.40	明显的结膜炎和呼吸道刺激。美国国家职业安全和健康学会 DHHSNo85-114《化学危险袖珍指南》立即危害生命或健康浓度
0.05	500	720.49	头晕、失去理智和平衡感，不迅速处理即停止呼吸，需要迅速进行人工呼吸及心肺复苏技术
0.07	700	1008.55	意识快速丧失，营救不及，呼吸即停止而亡；必须立即进行人工呼吸，心肺复苏技术
>0.10	>1000	>1440.98	知觉立即丧失，永久性脑伤害或脑死亡。必须迅速营救，进行人工呼吸，心肺复苏技术

第二节 粗分散钻井液

粗分散钻井液包括钙处理钻井液、盐水及饱和盐水钻井液。钻井液体系在机械固控的基础上，利用无机盐降低黏土分散度的化学絮凝作用，控制钻井液中的亚微米粒子浓度，有利于提高机械钻速。机理是无机盐溶解于水后，矿化度增加，降低黏土的水化膨胀和分散能力，降低黏土的分散度。而钻井液中的分散剂则保证黏土颗粒的适度分散，稳定钻井液性能。

一、钙处理钻井液

钙处理钻井液（calcium-treated drilling fluid）一般是在分散钻井液的基础上，加入不同的钙源转化而成。转化程序为：先向分散钻井液基浆中加入一定量的水降低其固相含量，再引入不同钙源和分散剂（图2-1）。

影响钙处理钻井液性能的关键因素是钙离子的浓度。配制钙处理钻井液的钙源有石灰、石膏和氯化钙，这三种物质在水中的钙离子浓度由低到高。钙处理钻井液可用于盐膏层的钻进，盐膏层主要是由盐岩和石膏组成的地层。除常见的石英、长石、碳酸盐岩等矿

(a) 细分散状态　　(b) 絮凝状态

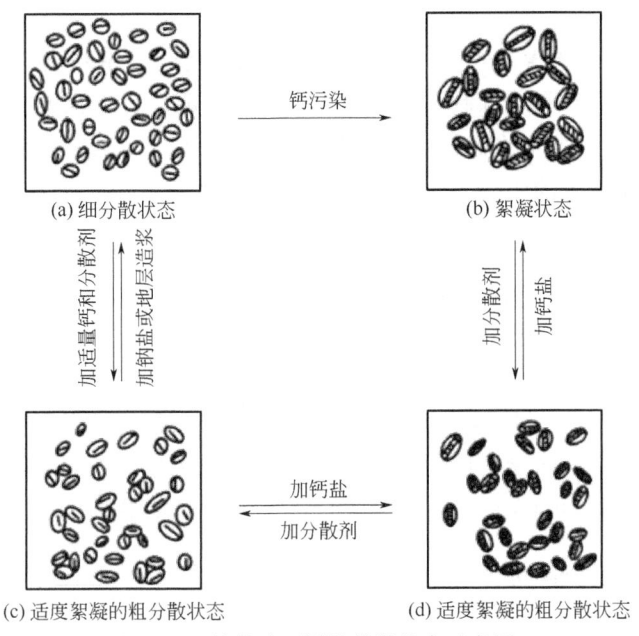

(c) 适度絮凝的粗分散状态　　(d) 适度絮凝的粗分散状态

图 2-1　钻井液不同的分散状态示意图

物外，还常有各种不同的黏土矿物。根据纯盐层厚度、盐膏层特点及夹层情况可将盐膏层分为纯盐岩层和盐、膏、泥复合岩层。

1. 石灰钻井液

石灰钻井液体系基本组成除膨润土、石灰和烧碱外，常用分散剂为 NaT 和 Na-CMC 等。使用石灰钻井液时，应避免石灰的高温固化。在井底温度超过 135℃时，钻井液中石灰与黏土和碱等反应，生成水合硅酸钙等类似于水泥凝固体，钻井液急剧增稠甚至固化。

石灰钻井液中引入钾离子和煤碱液等处理剂，可以克服其高温固化问题，同时提高体系的防塌性能，有效降低井径扩大等井下复杂问题。用 KOH 替代 NaOH，减少了体系中 Na^+ 含量，可提高钻井液的抑制性。用改性淀粉代替强分散且有毒的 FCLS，用抗温性更强的磺化栲胶（SMK）替代 NaT，并引入有降滤失作用的部分水解聚丙烯腈和褐煤碱液等分散剂。褐煤—$CaCl_2$ 钻井液的典型配方及性能见表 2-3。

表 2-3　褐煤—$CaCl_2$ 钻井液的典型配方及性能

配方		性能	
材料名称	加量，kg/m³	项目	指标
膨润土	80~130	密度，g/cm³	1.15~1.20
纯碱	3~5	漏斗黏度，s	18~24
褐煤碱剂	500 左右	API 滤失量，mL	5~8
$CaCl_2$	5~10	滤饼厚度，mm	0.5~1.0
Na-CMC	3~6	pH 值	10~11.5
重晶石	视需要而定	静切力，Pa	0~1.0（初切力）/ 1.0~4.0（终切力）

2. 石膏钻井液

石膏钻井液中钙离子含量较高，且受 pH 值的影响较小。钻井液中游离的石膏含量一般控制在 5~9kg/m³，有利于抑制黏土的水化膨胀和分散，有更强的抗盐抗钙能力，防塌效果优于石灰钻井液。固化的临界温度在 175℃左右，高于石灰钻井液。多用于钻厚的石膏层和容易坍塌的泥页岩地层。

3. 氯化钙钻井液

氯化钙钻井液中的 Ca^{2+} 含量很高，稳定井壁和抑制泥页岩坍塌及造浆的能力更强。但是，高浓度的 Ca^{2+} 会影响黏土颗粒的聚结稳定性，而且滤失量不易控制，维护处理有难度。优点是钻井液中的固相颗粒絮凝程度大，分散度较低，钻井液流动性好，固控过程中钻屑易于清除，有利于维持较低的钻井液密度，提高机械钻速及保护油气层。

钙处理钻井液使用和维护的要点是，掌握好钙源和分散剂的比例，适当增加降滤失剂的用量，确保钻井液中黏土颗粒的适度絮凝，保证钻井液有合适的流变性和滤失造壁性。

二、盐水及饱和盐水钻井液

一般盐水钻井液中，NaCl 含量超过 1%（Cl⁻ 的质量分数大于 6000mg/L）；饱和盐水钻井液中含盐量达到饱和，常温下 NaCl 浓度约为 3.15×10^6 mg/L。海水配制成的含盐钻井液中，NaCl 含量约 3×10^4 mg/L，另外还含有一定量的钙镁离子。

1. 盐水钻井液（saltwater drilling fluid）

盐水钻井液能有效地抑制地层造浆，流变性能较稳定。钻屑不易在盐水中水化分散，在地面易于清除，有利于保持较低的固相含量。其滤液性质与地层原生水比较接近时，对油气储层的损害较低。

NaCl 对分散钻井液性能的影响很大，与钙处理钻井液类似，体系的黏切和滤失量首先随盐浓度的增大而显著增大。大量的 Na^+ 会压缩黏土颗粒的扩散双电层，使水化膜变薄，黏土层片间的静电排斥力和水化膜排斥力减小，黏土颗粒间易发生絮凝，形成的凝胶结构增加了钻井液的黏度和切力，同时释放出大量自由水。若不能及时解絮凝，则钻井液可能会因为黏土片间的聚结而失效。所以，盐水钻井液中同样需要配合使用适当的分散剂（表 2-4），将体系中固相颗粒控制在适度絮凝状态，确保钻井液性能的稳定。

表 2-4　盐水钻井液的配方及性能

配方		性能	
材料名称	加量，kg/m³	项目	指标
抗盐黏土	20~30	密度，g/cm³	1.15~1.20
膨润土（经预水化）	20~30	塑性黏度，mPa·s	25~30
聚阴离子纤维素	4~6	动切力，Pa	7.2~9.6
木质素磺酸盐	30~40	API 滤失量，mL	<5
钠褐煤	15~20	高温高压滤失量，mL	15~20
高黏 CMC	1~3	pH 值	9.5~10.5
改性沥青	视需要而定	流性指数	0.6 左右
抗高温处理剂	视需要而定		

2. 饱和盐水钻井液（saturated saltwater drilling fluid）

饱和盐水的矿化度高、抗污染能力强，对地层中黏土的水化膨胀和分散有很强的抑制作用，主要用于钻大段岩盐层、复杂的盐膏层以及储层。钻遇大段岩盐层时，地层盐岩易溶解，形成大肚子井眼。在地层压力下深层盐岩段易发生蠕变，造成缩径。确定较合理的钻井液密度，可以克服因盐岩层塑性变形而引起的卡钻或挤毁套管等问题。

盐的溶解度随温度上升而有所增加（表2-5），温差可能导致盐岩层井径扩大，因为地面配制的饱和盐水循环到井底则变得不饱和，解决方法是，在钻井液中加入适量的重结晶抑制剂，在盐岩层井段的井温下，确保盐在钻井液中达到饱和状态；钻井液上返至地面时，即可抑制盐的重结晶。

表 2-5 温度对 NaCl 溶解度的影响

温度，℃	26.6	48.9	71.1	93.2
饱和溶液中的含盐量，kg/m³	362.3	368.0	376.6	390.9

国外一般使用抗盐黏土（如海泡石和凹凸棒石）配制饱和盐水钻井液，调整黏度和切力，用淀粉及抗盐的聚合物降滤失剂（如聚阴离子纤维素）控制滤失量。添加预水化膨润土也能起到提黏和降滤失作用，但加量应适宜（约50kg/m³），避免钻井液的黏切过高、黏土颗粒絮凝过度以至钻井液失效。若体系由井浆转化，则在钻达目的层前，应预先降低体系的固相含量及黏切，在循环过程中加盐，使含盐量和钻井液性能逐渐达到要求，在进入岩盐层前转化为饱和盐水钻井液。配方及性能见表2-6。

表 2-6 饱和盐水钻井液的配方及性能

配方		性能	
材料名称	加量，kg/m³	项目	指标
基浆	稀释至 1.10~1.15	密度，g/cm³	>1.20
增黏剂（PAC141等）	3~6	漏斗黏度，s	30~55
降滤失剂（SMP-2等）	10~50	API 滤失量，mL	3~6
降黏剂（SMK等）	30~50	高温高压滤失量，mL	<20
NaCl	过饱和	滤饼厚度，mm	0.5~1
NaOH	2~5	静切力，Pa	0.2~2（初切力）/0.5~10（终切力）
红矾	1~3	塑性黏度，mPa·s	8~50
表面活性剂	视需要而定	动切力，Pa	2.5~15
重结晶抑制剂	视需要而定	表观黏度，mPa·s	9.5~59
		含砂量，%	<0.5
		pH 值	7~10

饱和盐水钻井液的配制成本相对较高，维护工艺比较复杂，对钻柱和设备的腐蚀性较严重。维护过程以护胶为主，降黏为辅。因为黏土颗粒不易形成适度絮凝结构，极易发生面—面聚结以至聚沉的现象，故需大量护胶剂（主要是降滤失剂）维护其性能。一旦出现过度絮凝甚至聚沉、钻井液的黏切和滤失量偏大等异常情况，应及时补充护胶剂。

3. 海水钻井液

海水钻井液与一般盐水钻井液不同，除含有较高浓度的 NaCl 外，还含有一定浓度的钙、镁离子。海水总矿化度中各种盐的含量见表2-7和表2-8。

表 2-7　海水总矿化度中各种盐的含量

名称	NaCl	MgCl$_2$	MgSO$_4$	CaSO$_4$	KCl	其他盐类
质量分数，%	78.32	9.44	6.40	3.94	1.69	0.21

表 2-8　典型海水中各种盐类的含量表（海水的组成）

组成	Na$^+$	K$^+$	Mg^{2+}	Ca^{2+}	Cl$^-$	SO$_4^{2-}$	CO$_3^{2-}$
含量，mg/L	10400	375	1270	410	18970	2720	90

在配制海水钻井液时，一般先用适量烧碱和石灰去除海水中的 Ca^{2+} 和 Mg^{2+}。为保持钻井液相对稳定的流变性和滤失性，pH 值保持 11 以上。若 pH>12.5，Ca^{2+} 会被全部沉降，但抑制性较差。也可以在体系中保留 Ca^{2+}、Mg^{2+}，维持较低的 pH 值，但黏切大，护胶困难，宜选用既抗盐又抗钙、镁的分散剂，且要求抑制性和抗污染能力较强。一般将钻井液及其滤液的酚酞碱度（分别表示为 P_m、P_f）分别控制在 3.0~3.8mL 和 1.3~1.5mL 的范围，在强造浆地层（如黏土层或泥页岩地层），则须提高碱度范围，例如用烧碱提高 P_f，再加石灰调整 P_m。

三、现场应用

靖边气田位于鄂尔多斯盆地伊陕斜坡中部，马家沟组是主力开发层组，中组地层普遍含膏盐。盐膏层中的石膏和膏泥岩吸水膨胀、盐岩蠕变、软泥岩塑性流动、地层应力变化等，均易引起扩径、缩径、卡钻、掉块和坍塌，以及套管下不去和固井质量差等问题。盐膏层污染钻井液，导致电测遇阻及穿心打捞等事故频发，延误钻井周期。

采用的盐水钻井液配方为：3%膨润土+8%KCl+0.5%CaO+0.3%FA-367+0.3%XY-27+3%CX-2+0.8%Na-PAN+0.8%JT-2+1%KPAM+1%NTA+0.5%~1.5%NaOH。

宏观机理：盐膏层的岩盐、硬石膏和软泥岩呈夹层状态，硬石膏吸水膨胀，分散后溶入钻井液，钻井液受大量钙离子污染后滤失量增大，流变性变差，黏切急剧上升，致使钻井液呈现滴流状、豆腐状，无法正常钻进，最终引起井下复杂事故。

微观机理：位于井眼周围侵入带的硬石膏吸水膨胀和分散能力强于泥岩和盐岩，在膏岩和膏泥岩地层，尤其是有石膏充填的泥岩、粉砂岩孔洞或裂隙中，以及以石膏为胶结物的膏质盐层中，易引起缩径或掉块、卡钻、垮塌等事故。

第三节　聚合物钻井液

一、概述

将聚合物作为主处理剂或主要用聚合物调控其性能的钻井液称为聚合物钻井液（polymer drilling fluid）。所用聚合物的分子一般为长链且分子量高。钻井液用聚合物主要为聚丙烯酸盐，可以有效包被钻屑、抑制泥页岩的水化膨胀和分散，还能增加钻井液的黏度和切力，降低滤失量。通常配合使用无机盐（如 KCl 或 NaCl），利用其抑制性来稳定强造浆的泥页岩井段。钻高温深井时，必须使用抗温能力强的聚合物高分子，维护高温下的钻井液性能。

最早用于钻井液的聚合物为非离子的聚丙烯酰胺（PAM），利用其对黏土很强的絮凝作用，可以实现钻井液的清水钻进，极大地提高钻井速度。部分水解的聚丙烯酰胺（PHPA）可以将钻屑以及井壁黏土颗粒的ζ电位降至近"零电位"，而基本不改变优质造浆膨润土的亲水性及分散性。利用这种选择性地优先包被和絮凝钻屑，以及放宽黏土容量限的优势，可以配成不分散低固相聚合物钻井液体系，满足快速钻进的工程和性能要求。钻井液的固相分散程度以及固相含量的多少对钻速的影响非常大，在固相含量相同时，聚合物钻井液的机械钻速远大于分散钻井液，如图2-2所示。低固相除了能提高钻速外，还能减少钻头用量和钻机工作时间，节省钻井工程成本，如图2-3所示。

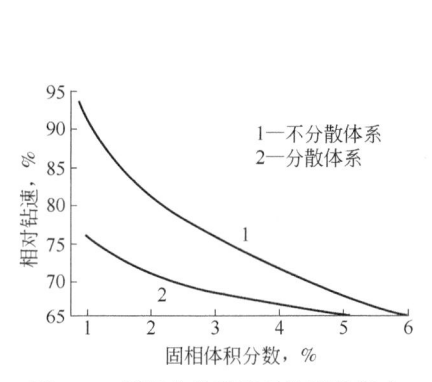

图2-2 固相分散程度对钻速的影响

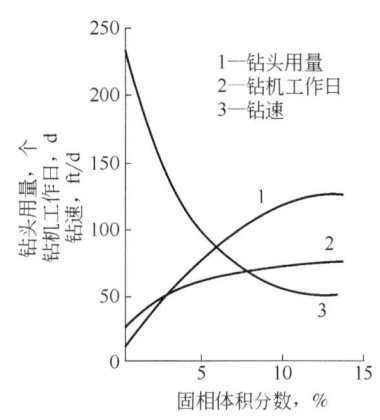

图2-3 固相含量对钻速、钻头和钻时的影响

1. 聚合物钻井液的特点

（1）固相含量低，亚微米粒子所占比例低，有利于提高钻速。
（2）流变性良好，有较强的剪切稀释性和适宜的流型。
（3）稳定井壁的能力较强，井径比较规则。
（4）对油气层的损害小，有利于发现和保护产层。
（5）预防井漏的发生。

2. 不分散低固相聚合物钻井液的性能指标

使用该体系时，一般要求较低的钻井液固相含量（主要指黏土矿物类低密度固相），尽量将其维持在钻井工程所允许的最低程度。可以利用无机页岩抑制剂的抑制作用，维持钻井液的黏土颗粒在 $1\sim30\mu m$ 范围，不向小于 $1\mu m$ 的方向发展；利用PHPA的选择性絮凝作用，防止混入钻井液的钻屑分散变细。钻井液具体的性能要求如下：

（1）固相含量（主要指低密度黏土和钻屑，不包括重晶石）应维持在4%（体积分数）或更小，这是提高钻速的关键。
（2）钻屑与膨润土的比例不超过 2:1。
（3）动切力与塑性黏度之比控制在0.48左右。为满足低返速（如 0.6m/s）携砂的要求，保证钻井液在环形空间实现平板型层流。
（4）非加重钻井液的动切力应维持在 $1.5\sim3.0Pa$。

（5）尽量不使用分散剂，滤失量控制视具体情况而定。

3. 聚合物处理剂的主要作用机理

在不分散聚合物钻井液体系中，至关重要的是絮凝剂和页岩抑制剂的选择。合理的选择可以确保钻井液体系维持较低的固相含量，同时还能保证钻井液性能的稳定。作为低密度固相的膨润土在钻井液中的主要作用是提供黏切，降低滤失量以及稳定井壁。具有较高分子量的聚合物高分子可以部分替代膨润土，高分子的长链及其水化基团可以给钻井液提供所需黏度和切力，同时降低钻井液的滤失量。选用分子量较大的长链高分子絮凝剂既可以预防优质膨润土颗粒的聚沉，保证钻井液性能的稳定，又可以通过桥联作用和包被絮凝作用，优先选择性絮凝钻井液中的劣质土和钻屑，通过地面固控设备将其及时清除。体系中必须使用适当适量的页岩抑制剂，来抑制钻井液中优质膨润土的进一步水化分散，同时抑制井壁泥页岩黏土矿物的水化膨胀，防止井壁坍塌。

钻井液体系中常用的聚合物高分子主要是乙烯基单体的均聚物和共聚物，例如，分子量不同的部分水解聚丙烯酰胺，在钻井液中可以分别起到絮凝作用、增黏作用和降滤失作用等，配合使用无机盐电解质（如KCl）或有机的页岩抑制剂及其他必要的配浆材料和处理剂，可以形成很好的不分散低固相聚合物钻井液体系。根据聚合物高分子在水中解离后带电性质的不同，可以分为阴离子聚合物、阳离子聚合物及两性离子聚合物。不同带电性质的聚合物可以配成相应的钻井液体系，体系的性能及工程要求也大不相同。

二、阴离子聚合物钻井液

常用的阴离子聚合物钻井液（anionic polymer drilling fluid）一般不符合低固相聚合物钻井液标准，有时由于缺乏优质配浆土而难以配制出符合要求的低固相钻井液，或由于外来物的污染造成钻井液的塑性黏度和动切力偏高而难以维持低固相状态。故多用强分散性的降黏剂如木质素磺酸盐类或丹宁类来降低钻井液的黏切，以满足钻井工程的需要。

1. 特点

阴离子聚合物钻井液体系要维持其不分散的低固相，通常是将水解度相同（约30%）而分子量大小不等的PHPA混合使用。在配制时，将分子量大于$100×10^4$的PHPA配成1%的水溶液，将分子量为$(5~7)×10^4$的PHPA配成10%的水溶液，使用时将这两种溶液按7:3的比例混合。分子量较高的PHPA主要起絮凝钻屑的作用，维持低固相；分子量较低的PHPA主要起稳定优质黏土作用，即护胶作用，满足钻井液所需性能。

2. 配制

聚合物钻井液体系中引入无机盐，可以配成聚合物盐水及饱和盐水钻井液，用于盐膏层的钻进以及海上钻井，缺点是滤失量较大，改善方法是将膨润土预水化后加盐处理，或直接使用抗盐黏土等。

1）膨润土预水化

将膨润土预先用淡水充分水化分散，同时加入足够纯碱，然后加入聚合物降滤失剂（如部分水解聚丙烯腈HPAN、Na-CMC及聚丙烯酸钠盐等），最后加入盐水，调整钻井液性能。在钻盐膏层时，预先向钻井液中加入小苏打（$NaHCO_3$）或纯碱，避免无机盐在钻井液中的浓度过大而引起的聚沉现象。

2) 使用耐盐的配浆材料

海泡石和凹凸棒石等抗盐黏土可以在盐水及饱和盐水中有很强的吸水能力, 保证钻井液所需的流变性和滤失造壁性。

3) 使用耐盐的降滤失剂

聚丙烯酸钙、磺化酚醛树脂和醋酸乙烯—丙烯酸酯共聚物等聚合物高分子的抗温和抗盐能力较强, 可用于高温深井以及盐膏层的钻进, 降低钻井液的滤失。

4) 预处理水

根据水源的类型及含盐量, 预先对水进行软化处理。一般使用 NaOH 处理含 Mg^{2+} 的水, 用 Na_2CO_3 处理 Ca^{2+} 含量高的水, 通过沉淀作用除去水源中多余的钙镁离子。

3. 应用

在配制聚合物海水钻井液时, 将唐山紫红色黏土和胜利油田地层造浆黏土 (主要成分为高岭土) 以 1∶2 的比例配制海水基浆。基浆性能如下: 密度 $1.2g/cm^3$, 漏斗黏度 18.9s, API 滤失量 48.4mL, pH=7。使用 A 和 B 两种不同分子量的 PHPA (水解度均约 30%, 体积分数均为 10%), A 为浓度 2.5%、分子量为 $(100 \sim 500) \times 10^4$ 的 PHPA 溶液, B 为浓度 2%、分子量为 $(5 \sim 7) \times 10^4$ 的 PHPA 溶液。此外, 还使用一定量的 Na-CMC 来控制钻井液的黏切和滤失量。实测时, API 滤失量可降至 6.4mL。胶液具体配方为: 2.5%A+2%B+0.5%Na-CMC。

单独用高分子量的 PHPA 时, 钻井液的滤失量不易控制, 主要原因是盐水钻井液中分散性的细颗粒太少, 且黏土颗粒表面水化膜太薄。低分子量 PHPA 能更迅速地吸附到黏土细颗粒的表面, 使其稳定分散在钻井液中。Na-CMC 有分散和降滤失作用, 可以保持细小黏土颗粒的稳定性, 并降低滤饼的渗透率。三种处理剂的协同作用使钻井液的性能稳定, 并降低钻井液的滤失量。

三、阳离子聚合物钻井液

阳离子聚合物钻井液 (cationic polymer drilling fluid) 是 20 世纪 80 年代以后开发的一种聚合物钻井液体系, 高分子量的阳离子聚合物 (简称大阳离子, 如 CPAM) 用作包被絮凝剂, 小分子量有机阳离子 (简称小阳离子, 如 NW-1) 用作页岩抑制剂, 同时配合使用合适的降滤失剂、增黏剂、封堵剂和润滑剂等处理剂。阳离子聚合物分子带有大量正电荷, 通过静电作用和氢键作用吸附在黏土或岩石上, 吸附力强于阴离子聚合物分子。阳离子聚合物分子与黏土或岩石表面的静电中和作用, 增强了聚合物的絮凝能力和页岩抑制能力, 更好地维持钻井液的低固相以及井壁的稳定。

1. 大阳离子

大阳离子的主要作用是絮凝钻屑, 清除无用固相, 保持聚合物钻井液的低固相特性。大阳离子带有阳离子基团, 依靠静电作用吸附在钻屑上, 吸附力较强, 它的分子量较大, 分子链足够长, 因而桥联作用较好; 大阳离子可降低钻屑的负电性, 减小粒子间的静电排斥作用, 容易形成密实絮凝体, 所以其絮凝效果优于阴离子聚合物。除絮凝作用外, 大阳离子也具有较强的抑制岩屑分散能力。一般絮凝能力强时, 其抑制能力也较强。

2. 小阳离子

小阳离子如 NW-1 在黏土颗粒上可发生特性吸附，抑制岩屑分散的机理主要有以下两个方面。一是小阳离子是阳离子型表面活性剂，亲水基依靠静电作用可吸附在岩屑表面，中和岩屑的负电荷，削弱岩屑粒子间的静电排斥作用，降低岩屑的分散趋势；疏水基在岩屑表面形成疏水层，阻止水分子进入岩屑粒子内部。二是小阳离子与岩屑间的交换性阳离子发生离子交换作用，小阳离子进入岩屑的晶层间，依靠静电作用拉近黏土片，缩小层间距。这些作用均能有效抑制岩屑的水化膨胀和分散。

3. 协同作用

由于分子量的不同，小阳离子在钻屑上的吸附速度一般快于大阳离子，在钻进过程中，小阳离子首先吸附在新产生的钻屑上抑制其分散，随后大阳离子再吸附在钻屑上依靠桥联作用形成絮凝体，利用地面固控设备可有效清除钻屑絮凝体。对于负电性很强的有用固相膨润土颗粒，吸附的小阳离子比较多，削弱了大阳离子的吸附，因而大阳离子对膨润土的絮凝作用相对较弱，使钻井液中保持适量的有用固相。大、小阳离子的协同配合产生了一定的"选择性"絮凝作用，效果与大、小阳离子的浓度及其比例有关。当大阳离子的浓度较高或相对比例较大时，可能发生完全絮凝，即对膨润土和钻屑都具有较强的絮凝作用，这时将形成无固相钻井液，实现清水钻进。

4. 阳离子与阴离子聚合物的相容性

一般溶液中阴、阳离子聚合物之间可能因相互作用而发生沉淀，在钻井液中发生沉淀会失去各自的效能。但实验证明，在一定条件下，一些阴、阳离子聚合物可稳定共存，见表 2-9。其中"+"表示相容，"-"表示不相容。只要配方合适，阴、阳离子聚合物处理剂可同时使用，发挥各自的功能。但在配方选择和现场应用时，应注意相容性问题。阴离子聚合物处理剂易与钙、镁和铁等高价金属离子作用生成沉淀而降低效能，甚至失效，表现为对高价金属离子的污染很敏感。阳离子聚合物处理剂则表现出对高价金属离子具有特殊的稳定性，此为阳离子聚合物处理剂在使用中的一个显著优点。

表 2-9　阴、阳离子相容性实验结果

阴离子		HEC	CMC	CMS	SMP	PAM	PAN	XA-40	田菁粉	魔芋粉	木质素磺酸钙	木质素褐煤	氧化淀粉	腐殖酸钾	磺化沥青	高改性沥青
阳离子	大阳离子	+	-	-	-	-	-	+	+	-	-	+	-	-	+
	小阳离子	+	+	+	+	+	+	+	+	+	+	+	+	+	+

5. 阳离子聚合物钻井液的特点

与阴离子聚合物钻井液相比，阳离子聚合物的优点明显，体现在：

(1) 具有良好的抑制钻屑分散和稳定井壁的能力。

(2) 流变性能比较稳定，维护间隔时间较长。

(3) 在防止起下钻遇阻、遇卡及防泥包等方面具有较好效果。

(4) 有较好的抗温、抗盐和抗钙、镁等高价金属阳离子污染的能力。

(5) 有较好的抗膨润土和钻屑污染的能力。

阳离子聚合物钻井液的缺点也比较明显，钻井液的电性与黏土颗粒在水中的电性相反，泥页岩钻屑进入钻井液后，可能会引起体系的聚沉，钻井液失效。因此，配制阳离子聚合物钻井液时应注意维护其性能。

6. 现场应用

以阳离子聚合物海水钻井液为例，在中国南海北部湾地区流二段的页岩具有水敏性和硬脆易裂的特点，在设计钻井液时，除确保大、小阳离子聚合物浓度，使其具有足够的抑制页岩分散效果外，还通过加入沥青类防塌剂和抗温降滤失剂等措施，改善滤饼质量，控制尽量低的滤失量来防止井塌。并从防卡角度出发，添加改善润滑性的处理剂。海水配浆要求处理剂具有较强的抗盐抗钙能力。室内的配方及性能见表2-10和表2-11。

表 2-10 阳离子聚合物海水钻井液配方

材料	加量，kg	材料	加量，kg	材料	加量，kg
优质膨润土	30~50	FCLS	1.5~2	大阳离子	2
烧碱	3~4.5	CMC（高黏）	2~4	小阳离子	2
纯碱	1~2	腐殖酸树脂	4~10	润滑剂	4~5
石灰	0.5~1	高改性沥青	4~10	柴油	0~85

注：加量为每立方米海水中用量；定向井中添加柴油。

表 2-11 阳离子聚合物海水钻井液性能指标

钻井液性能	最优指标	低密度钻井液	高密度钻井液
密度，g/cm³	1.06~1.30	1.05~1.10	1.20~1.40
漏斗黏度，s	40~60	45~55	50
塑性黏度，mPa·s	5~10	10~20	≥15
动切力，Pa	7.2~14.3	4.8~9.6	≥7.2
初切力，Pa	1.4~2.9	1.4~2.9	≥2.4
终切力，Pa	2.4~7.2	2.4~7.2	≥3.8
pH值	8.5~10	8.5~9.5	8.5~10
API滤失量，mL	3~8	6~10	<5
低密度固相含量，%	5~6	<6	<7

塔里木油田跃满区块井深均在7500m以上，二开和三开井段地层的层位跨度较大，三叠系（4500m）以上地层岩性疏松，可钻性强，短起下钻阻卡频繁严重，三叠系以下地层成岩性较好，对机械钻速提出了较高的要求，6500m以下深井段因高温导致聚磺钻井液增稠诱发井漏频繁。

上部新生代地层为砂泥岩互层，跃满区块大斜度井二开段裸眼长约4300m，二开、三开多套压力系统，钻井液要求抑制、防塌、防漏及抗温，中生代白垩系、侏罗系、三叠系地层中的巨厚泥岩在压实过程中形成硬脆性泥岩，易出现井壁剥落掉块垮塌现象，二叠系火成岩易发漏失情况，石炭系以下地层以硬脆性泥岩为主，易发井壁垮塌，井眼扩大形成大肚子与糖葫芦井眼。奥陶系地层以灰岩为主，溶洞发育，井底温度达到150~170℃，对高温流变性提出较高的要求。本区块地层岩性的ζ电位在 $-25\sim-10\text{mV}$；二开进入石炭系100m中完，三开进入奥陶系一间房组10m中完，具体井身结构见表2-12。

表2-12 区块井身结构与地层岩性及钻井液技术关键节点

开次	井眼尺寸 mm	井深，m	层位	岩性	关键节点
一开	444.5	0~1200	N	砂泥岩互层	包被、防阻卡
二开	311.2	1200~3200	N、E、K	砂泥岩、粉砂岩、泥岩互层	包被、抑制、防阻卡
二开	311.2	3200~5400	K、J、T、P、C	砂岩、泥岩、玄武岩、泥岩	抑制、防阻卡、防漏失
三开	215.9	5400~7500	D、S、O	砂岩、泥岩	防阻卡、抗高温
四开	152.4	7500~7700	O	泥岩、灰岩	防漏失、抗高温

1）二开 ϕ311.2mm 井眼 1200~3200m 段新近系至白垩系底维护工艺

(1) 胶液配方：水+0.1%NaOH+0.3%CPH-2+0.5%CPI，胶液充分水化与充分护胶的水化坂土浆按比例进行组合，通过CPH-2、CPI对易水化分散泥岩进行有效包被抑制。

(2) 地层较新欠压实，机械钻速较高，渗透量较大，采用800~2000目超细碳酸钙YX复配随钻堵漏剂TYSD1/TP-2，控制地层渗透量在井眼理论容积2.5~3倍以内。

(3) 控制较低漏斗黏度 FV30~35s、FL_{API}（室温中压下的静滤失量）20mL以上，雷诺数 $Re>3000$，通过工程大排量60~65L/s实现优快钻进，保持钻井液对井壁足够有效的冲刷作用，防止钻屑贴附导致短起下钻阻卡的发生。

2）二开 ϕ311.2mm 井眼 3200~5500m 段侏罗系至石炭系中部维护工艺

(1) 侏罗系后提高胶液中各种护理剂的含量，进一步强化包被、抑制特性。随着井深增加，环空压耗增加，适当补充预水化护胶坂土浆适当提高钻井液黏切，保证携砂能力，4000m前漏斗黏度40s即可，排量50L/s以上，采用低黏切，强化井壁冲刷。整个钻井液流变性在较低黏切范围，4000m前雷诺数 $Re>3000$，实现大排量对井壁的有效冲刷。

(2) 三叠系逐步提高密度至 $1.26\sim1.28\text{g/cm}^3$，加入5%~8%超细碳酸钙YX、1%~2%CPA干粉沥青、2%~3%乳化沥青SY-A01加强封堵改善滤饼质量，严控 FL_{API} 和 FL_{HTHP}（高温高压下的静滤失量）分别在6mL和12mL以内。

(3) 二叠系密度稳定在 $1.26\sim1.28\text{g/cm}^3$，保持体系中 K^+ 浓度超过35000mg/L，防止二叠系垮塌。二叠系存在易漏现象，在井浆中引入纤维类和刚性类堵漏剂、强化封堵防塌前提下，采取适当降低钻井液密度、减小压差的主动防漏策略，实现该层位防漏防塌。

(4) 石炭系重点强化体系抗高温的能力，胶液中CPF加量提高至4%，为防止掉块和钻屑堆积，利用高密度稠浆段塞进行携砂清洁井眼。

3）三开 ϕ215.9mm 井眼 5500~7500m 段石炭系至奥陶系一间房组维护工艺

(1) 中完钻塞期间做好钻井液的清洁净化工作，清除有害劣质固相，为下步维护奠定基础，胶液配方为：水+0.5%NaOH+5%~6%CPF+1%CPI+1%CPA，同时日常维护辅以润滑剂。

(2) 进入定向段前全井钻井液油含量不低于3%，井浆加入0.5%~1%玻璃微珠、

0.5%~1%石墨粉，定向期间在循环罐细水长流均匀加入润滑剂，提高YX加量至5%改善滤饼质量，封堵砂岩易渗透井段防止托压。

（3）泥盆系东河砂岩及志留系沥青砂岩后，该段地层温度相对较高，加入抗高温处理剂，提高钻井液的热稳定性，保持较强的抑制性，易塌地层增大CPA处理剂用量，保证在高温下具有良好的流变性和较低的高温高压失水，150℃下FL_{HTHP}为8mL。

（4）本区块普遍存在下套管时发生井漏问题，下套管前地面准备1.5倍井筒钻井液备用，保证下套管完后固井施工顺利。

YueM21-5X井在井深7305m井底温度148℃，经过69h起下钻后流变性无变化，YueM703井井深7251m井底温度142℃，经过72h起下钻后流变性无变化。

体系有四种阳离子型处理剂，阳离子浓度大于5000mg/L，抑制了黏土矿物的水化膨胀和分散，利于稳定井壁。在全阳离子体系井次上部快速钻进井段机械钻速高于KCl聚磺体系井次，在中下部井段KCl聚磺体系井次长裸眼阻卡现象明显增加，钻进周期大增。但仍较设计周期缩短约10天，公司清洁化生产统计分析，区块单井钻井液危废拉运30m³/d，处理费用为400元/m³，单井综合成本节约12万元。

吉林油田大情字井区块高台子油层为中孔低渗储层，葡萄花油层为中孔特低渗储层，利用正电胶阳离子聚合物低界面张力钻井液，有效降低钻完井过程中的储层水锁损害，基本配方：4.0%膨润土+0.3%MMH（干粉）+0.2%CAL-90+1.0%CHSP+1.0%DYFT-1。

在黑108井钻至井深300m时，钻井液转用阳离子钻井液钻至井深1560m，继续加入抗高温降滤失剂和防塌剂，进入油层前50m时，在钻井液中加入正电胶干粉配制的胶液、表面活性剂NP-30和油溶性树脂QDJ-1，顺利钻至设计井深2520m。钻井液密度小，不超过1.20g/cm³，井径规则，试采表皮系数为-1.30，说明钻井液能有效保护储层。

四、两性离子聚合物钻井液

两性离子聚合物（amphoteric polymer）是指分子链中同时含有阴离子基团和阳离子基团的聚合物，同时还含有一定数量的非离子基团。

1. 作用机理

两性离子聚合物钻井液（amphoteric polymer drilling fluid）以两性离子聚合物为主处理剂，包括絮凝剂（强包被剂，如FA系列）和降黏剂（如XY系列）。

（1）两性离子聚合物钻井液体系中包被剂利用阳离子基团，包被吸附钻屑并中和部分钻屑的负电荷，有效抑制钻屑的水化分散，利于地面固控设备清除无用固相，维持钻井液低固相。

（2）线性聚合物降黏剂XY系列的分子量较小（<10000），分子链中同时具有阳离子基团（10%~40%）、阴离子基团（20%~60%）和非离子基团（0~40%），能同时有效降低钻井液的结构黏度和非结构黏度（如卡森极限黏度η_∞），同时有较强的抑制能力。

两性离子的包被吸附作用与絮凝机理有所不同，絮凝主要是桥联吸附起作用，絮凝作用过强时，导致完全絮凝作用，影响钻井液性能的稳定，甚至导致钻井液失效。可实现聚合物钻井液的不分散低固相，适用于地层造浆比较严重的井段。

2. 两性离子聚合物钻井液特点

（1）抑制性强，剪切稀释特性好，能防止地层造浆，抗岩屑污染能力强。

(2) 钻出的岩屑成形，棱角分明，内部是干的，易于清除。

(3) 主处理剂与现有其他处理剂相容性好，可配制低、中、高不同密度的钻井液。

3. 现场应用

两性复合离子聚合物处理剂可用于无固相盐水体系、低固相不分散体系、低密度混油体系、暂堵型完井液和高密度（>2.32g/cm³）盐水钻井液等体系。以其在低固相不分散体系中的应用为例，配方：6%预水化膨润土浆+0.3%FA367+0.4%XY-27+0.3%JT41，pH>9时，XY-27的降黏效果下降。体系性能见表2-13。

表2-13 两性离子聚合物低固相不分散钻井液的性能

密度 g/cm³	pH值	滤失量，mL		流变性					
		FL_{API}	FL_{HTHP}	漏斗黏度 s	表观黏度 mPa·s	塑性黏度 mPa·s	动切力 Pa	动塑比	η_∞ mPa·s
1.04	9	10	20	47	23	16	7	0.44	9.9

在使用过程中，应以维护为主，处理为辅，坚持用胶液等浓度维护。以性能正常为原则，避免大处理，尽量用好固控设备。加重钻井液可以不加FA367，转而使用SK或PAC系列降滤失剂。非加重钻井液中，含量比FA367∶XY-27=2∶1。钻遇强造浆地层时，XY-27的量应加倍。

使用中存在如下问题：

(1) 钻屑容量限尚不够大，钻屑含量超过20%时，钻井液性能变差。

(2) 抗盐能力有限，矿化度超过100000mg/L时，钻井液性能恶化。

第四节 高温水基钻井液

钻井液的抗高温性能是衡量深井及超深井钻探技术水平的重要标志之一。钻井液的性能及其稳定性严重受高温影响，需要不断调整配方和加大处理剂用量，成本高且处理频繁。随着井深增加，地层地质复杂问题也增多，导致钻井速度缓慢、周期延长，承担的安全责任和风险增大，严重影响钻井质量和经济效益。

高温对于水基钻井液性能的要求如下：

(1) 高温稳定性好。在高温高压条件下，钻井液配制除了要求优质的配浆土，还特别要求抗高温的处理剂在高温下不易发生降解和去水化现象。

(2) 流变性能好。钻井液必须控制固相含量和加重材料，减少黏土的高温分散和增稠效应，减少加重材料对流变性能的影响，同时避免加重材料的沉降问题。

(3) 润滑性能好。钻井液必须改善滤饼质量，提供优良的滤失造壁性能和润滑性能，防止发生压差卡钻。

(4) 抑制能力强。钻井液必须使用有抑制作用的无机盐、甲酸盐、带阳离子基团和易形成氢键的高聚物。

(5) 保护储层，减少伤害。

一、高温对钻井液性能的影响

1. 钻井液流变性和滤失造壁性变差

高温对钻井液的流变性能、滤失造壁性能及其他性能参数均有不良影响，严重时会导致钻井液失效。随着温度的升高，钻井液的滤失量增加，滤饼增厚。温度对黏度的影响较为复杂，通常表现为以下三种形式：

（1）黏度随温度升高而降低。黏土含量较低的分散型钻井液表现出这种趋势，流变性的构成中，由高分子处理剂提高体系的塑性黏度，结构黏度占比相对较小。

（2）黏度随温度升高而增加。黏土含量高的钻井液表现出这种趋势，黏土颗粒之间及其与聚合物之间形成复杂的空间网架结构，提供的结构黏度远超塑性黏度。

（3）黏度随温度升高而先增后降。井底与井口的温差大，钻井液性能因配方不同而表现不同，也可能因钻遇特殊地层（如盐膏层）而表现出这种趋势。若还伴随滤失量的急剧增加，则可能反映钻井液已失效。因此，设计和维护深井钻井液性能参数时，必须模拟井下实际工况。

2. 钻井液的 pH 值降低

钻井液经高温作用后 pH 值的下降程度因钻井液体系而异，钻井液矿化度越高，下降程度越大。钻井液在发生盐侵、钙侵、固相含量增加或处理剂失效等问题时，通常也导致 pH 值降低。主要原因包括：

（1）滤液中的 Na^+ 与黏土矿物晶层的 H^+ 发生离子交换，置换出大量 H^+ 而降低钻井液的 pH 值。

（2）钻井液中黏土颗粒高温作用后发生钝化作用，表面活性降低，消耗 OH^- 而降低钻井液的 pH 值。

（3）工业盐中含有的 $MgCl_2$ 等杂质与滤液中的 OH^- 反应生成沉淀，消耗 OH^- 而降低钻井液的 pH 值。

pH 值降低不仅影响有机处理剂在钻井液中的使用效果，恶化钻井液性能，还可能引起钻具腐蚀等问题。

3. 钻井液热稳定性变差

高温下，钻井液的流变性、滤失造壁性及 pH 值等发生变化，各项性能变差，均可以认为是钻井液的热稳定性变差。钻井液体系受高温作用后的稳定能力或钻井液抵抗高温破坏的能力称为钻井液体系的热稳定性。高温下分子的热运动加剧，钻井液中的配浆材料与处理剂所受影响也增加，钻井液自身的稳定性难以维持，所提供的钻井液性能也难以维持，发生不可逆的变化。同时，长井段裸眼钻进时引入钻井液的污染物也会破坏钻井液的性能。

（1）高温增稠，指黏土含量高的分散钻井液经高温作用后表现出视黏度、塑性黏度、动切力及静切力均上升的现象，严重时发生高温胶凝，即钻井液经高温作用后丧失流动性的现象。高温增稠是深井钻井液最常见的现象，表现为钻井液表观黏度和切力不断上升，起下钻后升幅更大。此时使用稀释剂一般无效，甚至反而加剧增稠。

（2）高温减稠，指盐水钻井液经高温作用后表现出切力下降的现象，钻井液中一般有劣质土、低黏土和高矿化度，导致钻井液的黏度和切力缓慢下降，常规增稠剂一般无效，钻井液中一般需要同时使用多种抗盐耐高温的降滤失剂。

（3）高温固化，指钻井液经高温作用成型且具有一定强度，钻井液不仅完全丧失流动性而且滤失量剧增，多发生在黏土含量多、Ca^{2+}浓度大以及pH值高的钻井液中。

钻井液经高温作用后的性能变差，出现高温增稠、减稠及固化等不可逆现象。有必要研究高温对钻井液各组成的作用机理，优选钻井液配浆材料及处理剂，设计热稳定性好的钻井液配方。

二、高温钻井液的作用机理

1. 高温对黏土的作用机理

高温主要影响钻井液中黏土颗粒的浓度及黏土颗粒的表面性质，包括高温分散、高温钝化和高温去水化等作用。

1) 高温分散作用

钻井液中黏土的高温分散本质上是黏土颗粒在高温作用下自动分散的现象。黏土颗粒表现为粒子浓度增多，分散度增加，比表面增大；钻井液表现为表观黏度和切力增大，发生钻井液的高温增稠现象。

黏土粒子的高温分散能力与其水化分散能力相对应，即钠膨润土>钙膨润土>高岭土>海泡石。钻井液中膨润土含量较高时，高温后钻井液的黏度和切力增加过多，不仅影响钻井液性能的稳定，甚至使钻井液因固化而失去流动性。故抗高温钻井液黏土含量存在上限，即钻井液的黏土容量限，钻井液应以不出现高温固化为上限。

2) 高温钝化作用

黏土—水胶体悬浮体经高温作用后，黏土粒子的表面活性降低，即黏土粒子发生高温钝化作用。温度越高，钝化作用越强。黏土粒子形成空间网架结构的能力下降，即钻井液所形成的结构强度降低，切力下降，pH值也下降，钻井液发生高温减稠现象。若钻井液中膨润土含量较低，高温下钻井液黏度和切力降低过多，会影响钻井液性能的稳定，故抗高温钻井液的黏土含量应有下限，钻井液应以不出现高温减稠为下限。

3) 高温去水化作用

高温加剧水分子的热运动，减弱水分子在黏土表面定向吸附的趋势，黏土的水化能力减弱，水化膜变薄，即发生高温去水化作用。高温同时还促使处理剂在黏土表面解吸附，增加黏土粒子间的碰撞频率，产生不同程度的絮凝现象。

由图2-4和图2-5分析可知，从常温至90℃，高温分散作用占据主导地位。水分子热运动加剧，渗入未分散的黏土粒子晶层间的能力增强，未水化的晶层表面发生水化和膨胀，释放出晶层内的部分可交换阳离子，黏土所带负电荷增加，黏土胶体粒子的ζ电位增加，分散作用增强，流体黏度升高。从90℃到180℃，水化分散和聚结作用同时存在。温度升高加剧钻井液中各种粒子的热运动，黏土矿物晶格中的片状微粒热运动加剧，钻井液中颗粒的分散度进一步增大；同时，高温使黏土粒子的表面活性降低，外层水化膜变薄，黏土粒子的ζ电位减小，钻井液体系高温后减稠；高温分散作用导致的高温增稠效应部分抵消由高温钝化引起的钻井液黏切降低。从180℃到240℃，黏土颗粒去水化作用占据主导地位，黏土粒子产生不同程度的絮凝，黏土粒子增大，比表面积减小，黏土粒子的端—面和端—端结合形成絮凝结构导致流体黏度升高。

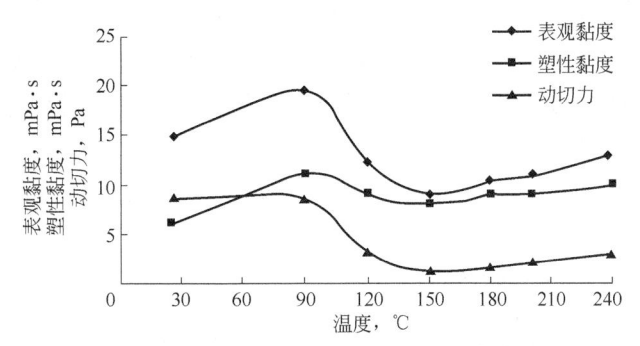

图 2-4　钻井液不同温度热滚 24h 性能变化

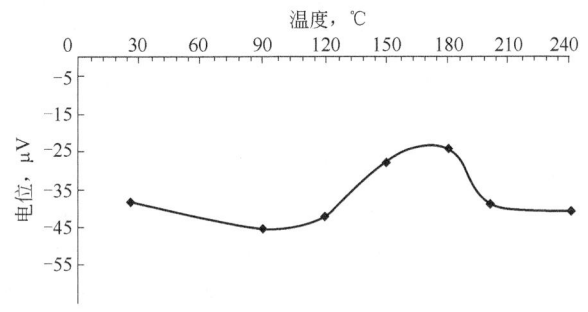

图 2-5　钻井液不同温度热滚 24h 黏土粒子 ζ 电位的变化

2. 高温对钻井液处理剂的作用机理

钻井液中处理剂包括无机处理剂和有机处理剂两大类，高温对无机处理剂的作用主要是加剧无机离子的热运动，使其穿透能力增强；高温对有机处理剂的影响主要是高温降解和高温交联。

1）高温降解

有机聚合物高分子因高温而发生分子链断裂的过程称为高温降解。高温降解包括高分子主链的断裂以及亲水基等侧基与主链间共价键的断裂，前者使处理剂的分子量降低，后者使处理剂的亲水性降低，处理剂的抗盐抗钙能力和效能均降低，以致钻井液失效。降解作用除与细菌、氧含量、搅拌剪切等因素有关外，主要影响因素包括：

（1）处理剂分子结构。分子链不同，在水溶液中的高温热稳定性也不同。例如，主链为—C—C—结构的高分子抗温能力强，高温下不易断裂；而—C—O—C—醚氧键结构的高分子抗温能力差，在水溶液中容易氧化断裂，高温下发生热氧降解；酯键结构的高分子在碱性介质中易水解，高温促使其加速水解。

（2）温度高低及作用时间。常用处理剂在其溶液中发生明显降解的温度表示该处理剂的抗温能力强弱，温度越高，表示处理剂的抗温能力越强。一般处理剂受高温作用的时间越长，降解会越严重。

（3）pH 值及矿化条件。高 pH 值促使有机高分子降解；矿化度高时，高分子在水溶液中的溶解度降低，甚至发生盐析，即从溶液中析出，不易发生降解。

2) 高温交联

在高温作用下，有机高分子中存在的不饱和键和活性基团促使分子之间发生反应，互相联结，增大分子量，即发生高温交联作用。一般有机高分子处理剂（特别是天然高分子）都能发生高温交联，若交联过度，形成体型高分子的空间网状结构，处理剂失去水溶性，整个体系成为冻胶，处理剂完全失效，钻井液性能完全破坏；若处理剂交联适当，增大分子量，可抵消高温降解的副作用，维护甚至增强处理剂的效能。例如，钻井液中加入有机交联剂（如己二醇和低分子聚丙烯酸钠），可以有效预防处理剂的高温降解。

3. 抗高温钻井液处理剂的要求

抗高温水基钻井液首先必须解决黏土在高温条件下的去水化问题，还有钻井液体系的高温稳定问题。在钻井液中加入高温稳定剂，有利于在高温条件下稳定钻井液，提高黏土的水化能力，并保持和增强黏土表面束缚水的能力，防止黏土的高温聚结和钝化，还可以提高处理剂对黏土的护胶能力。此类处理剂应能抗高温，分子结构应具有高电荷、高温下易与黏土吸附的吸附基团以及能束缚自由水的磺酸基等强水化基团等特征：

（1）热稳定性强。要求处理剂分子主链的键能高，不易高温降解，尽量采用 C—C、C—N 和 C—S 键，避免使用易降解的醚氧键—O—。

（2）支链基团吸附能力强，抗高温抗盐能力强。在处理剂分子的支链中引入吸附能力强的基团，如通过氢键和静电吸附等作用在颗粒表面发生多点吸附；引入亲水性强的基团，如—SO_3^-、—COO^- 等，防止黏土颗粒的高温去水化，保护高温和高盐条件下的黏土胶体的稳定性。

（3）不引起钻井液严重增稠。抗高温抗盐降滤失剂应用于高密度钻井液体系中，由于高固相含量，要求处理剂分子量不要过高，否则将会导致钻井液体系流变性能难以控制。

三、现场应用

1. 常用高温水基钻井液

1) 钙处理钻井液

由含钙的无机絮凝剂（石灰、石膏和氯化钙）、降黏剂和降滤失剂组成的粗分散钻井液体系，其中的黏土颗粒处于适度絮凝状态，有较强的抗盐抗钙污染能力，对泥页岩水化具有较强的抑制作用。钙处理钻井液的 Ca^{2+} 通过与水化作用很强的钠膨润土发生离子交换吸附作用，使一部分钠土转变为钙土，减弱膨润土的水化程度。钙处理钻井液的分散剂防止 Ca^{2+} 引起体系中黏土颗粒的过度絮凝，保证钻井液性能的稳定。配合钾离子使用，提高抑制性能，防止井壁坍塌。钙处理钻井液在很大程度上克服细分散钻井液在高温下发生高温分散和高温固化的缺点，具有防塌、抗污染和在含有较多 Ca^{2+} 时保持性能稳定的特点。

2) 聚磺钻井液

聚磺钻井液由聚合物和磺化钻井液体系结合形成，抗温能力最高可达 180℃。聚磺钻井液处理剂大致分成两类：一类是抑制剂，包括各种聚合物处理剂（如 KPAM 和 80A，

FA 和 PAC 等系列）、聚合醇、MEG 以及 KCl 无机盐等，通过抑制地层造浆，絮凝钻屑来稳定地层；另一类是分散剂，包括各种磺化处理剂（如 SMK、SMC、SMP、SPNH 和 SLSP）、褐煤类、纤维素类及淀粉类等处理剂，主要起降滤失和改善流变性的作用，有利于稳定钻井液性能。磺化处理剂的热稳定性好，在 160℃ 的高温高压下仍可保持良好的流变性和较低的滤失量，抗污染能力强，滤饼致密且可压缩性好，具有良好的防塌和防卡功能。

3）磺胺基聚合物水基钻井液

根据水基钻井液抗超高温理论，选用具有高电荷、高温下易与黏土吸附的磺酸基、羟基、氨基等基团的烯烃单体，进行多元共聚可得抗高温保护剂高分子材料 GBH。GBH 的水溶性好，抗盐抗钙污染能力强，在超高温下能够快速并强烈吸附于黏土，具强护胶能力且有利于防止黏土高温去水化和高温钝化。可将目前使用的相关处理剂材料及抗高温钻井液体系的抗温能力提高 50~60℃，扩大常用磺化钻井液体系的温度应用范围，而且成本低廉。由抗高温保护剂、降滤失剂、封堵剂和增黏剂组成的新型抗高温水基钻井液体系基本配方为：4%钠土+1%GBH+6%GJL-Ⅱ+4%GJL-I+4%GFD+0.2%GZN+重晶石。

该类钻井液在温度 240℃ 条件下均具有良好的高温稳定性，高温高压滤失量低并具有良好的流变性能，见表 2-14。

表 2-14 钻井液在不同温度老化后的性能参数

配方	ρ g/cm³	T ℃	老化（16h）	AV mPa·s	PV mPa·s	YP Pa	FL_{API} mL	FL_{HTHP} mL
基本配方		25	热滚前	32	26	6	1.2	
1	1.10	180	热滚后	20	16	4	1.9	11.6
2		210	热滚后	22	16	6	2.2	13.6
3		240	热滚后	30	19	15	3.4	17.2
基本配方		25	热滚前	39	29	10	1.8	
1	1.35	180	热滚后	26.5	20	6.5	1.2	8
2		210	热滚后	30	22	8	1.8	13
3		240	热滚后	42	24	18	4.8	14.6

注：（1）配方 1、配方 2 的 FL_{HTHP} 测试温度为 180℃ 和 210℃，压差为 3.5MPa。
（2）配方 3 的 FL_{HTHP} 测试温度为 240℃，压差为 3.5MPa。

2. 应用实例

1）大庆油田

大庆油田深部地层地温梯度平均为 4~4.2℃，井底温度随钻深加深而逐渐增高，可能增至 200~260℃。深部泉二段以下地层以凝灰岩为主，夹杂砾石、火山角砾、泥岩和泥质粉砂岩等，微孔和微裂隙比较发育，井眼稳定难度大，采用新型抗高温水基钻井液体系进行试验。先分别在一口浅井开发井和一口中深井进行先导性试验和中试试验，后在两口深井进行试验。逐步完善配方，现已施工累计 40 口井，电测一次成功率为 97%。徐深 22 井深层天然气探井的最高井底温度 204℃，比大庆油田最深井——葡深 1 井提前 133 天完钻，创大庆油田超深探井施工最快纪录。表 2-15 为徐深 22 井高温井段钻井液性能测试数据。

表 2-15 高温井段钻井液性能测试数据

井深 m	FV s	ρ g/cm³	AV mPa·s	PV mPa·s	YP Pa	$G_{10''}/G_{10'}$ Pa/Pa	FL_{API} mL	pH 值
4694	74	1.14	36	14	22	8/14.5	3.2	9
4732	62	1.14	34	13	21	5.5/12.5	3.0	9
4751	68	1.15	35	14	21	6.5/15	3.2	9
4805	64	1.15	33	13	20	7.0/15	3.2	9
4856	66	1.15	35	14	21	7.5/14.5	3.8	9
4966	58	1.15	32	13	19	7.5/14	4.2	9
5122	61	1.15	34	14	20	7.0/15	4.6	9
5208	59	1.15	33	13	20	7.5/14.5	4.4	9
5320	58	1.15	32	13	19	7.5/14	4.4	9

注：$G_{10''}$ 为初切力，$G_{10'}$ 为终切力。

2）新疆油田

莫深 1 井是超深预探井，位于准噶尔盆地中央坳陷莫索湾凸起莫索湾背斜。钻探目的是了解盆地深层石炭系及其以上地层、构造及含油气性。设计井深 7380m，实际完钻井深 7500m，是中石油当时的最深井。技术难点为：高温高压（温度大于等于 200℃，压力系数 2.43）下的钻井液性能的调控；石炭系顶部可能钻遇一段风化壳，易漏失和垮塌；二叠系普遍存在棕红色泥岩，可能致井壁失稳。四开钻井施工一年，抗高温高密度水基钻井液的性能稳定（密度 2.10g/cm³，井底温度 190℃），性能参数见表 2-16。莫深 1 井四开井段高温高密度钻井液基本配方：2%膨润土浆+2%高温保护剂+5%高温降滤失剂+5%SMP-2+3%SPNH+8%润滑降滤失剂+8%高温封堵剂+3%抑制性降滤失剂+8%KCl+3%润滑剂+0.3%FA367。

表 2-16 四开钻井液性能

井段 m	ρ g/cm³	FV s	FL_{API} mL	FL_{HTHP} mL	AV mPa·s	PV mPa·s	YP Pa	G $G_{10''}$ Pa	G $G_{10'}$ Pa
转化	1.95	72	1.8	9.2(160℃)	77	70	7	2.5	10.0
6406~6455	1.95~1.94	75~64	2.4~2.0	9.6~9.4	82.5~54	73~48	7.0~9.5	2~4	10.5~11
6560	1.92~1.90	68~61	1.8~2.1	8.4~9.2	60~53	49~45	10.5~12.5	1.5~2.0	11~14.5
6710	1.89~1.87	68~60	1.6~1.8	8.4~8.8	57.5~48	45~38	10~14.4	1.5~2.0	9.0~12
6829	1.87~1.85	62~60	1.6~1.8	8.0~8.6	41~39.5	40~32	7~10	1.5~20	9.0~12
6936	1.85~1.83	62~60	1.8~2.0	8.2~8.6	43~39.5	37~32	7~10	1.5~2.0	9.0~12
7025	1.83~1.82	62~60	1.7~1.9	8.6~9.0	45.5~42	36~33	7~9	1.5~2.0	8.0~10
7118	1.82~1.80	62~60	1.7~2.0	8.8~9.2	43~35	36~27	7~8	1.5~2.0	8.0~9.5
7209	1.90	58~65	1.8~2.2	9.2~9.8	43~49	34~43	8~13	1.5~3.0	8.0~10
7391	1.95	58~78	1.8~2.5	8.8~9.8	43~68	34~59	5~10	1.5~3.0	7~10

续表

井段 m	ρ g/cm³	FV s	FL_{API} mL	FL_{HTHP} mL	AV mPa·s	PV mPa·s	YP Pa	G $G_{10''}$ Pa	$G_{10'}$ Pa
7485	1.95	74~64	1.6~1.8	8.0~7.6	76~70	63~61	9~12	2.5~3.0	8~8.5
7500	1.95	72	1.6	6.8	81.5	72	9.5	3	7.5

塔里木油田的储层埋深多在5000~8000m，储层处于高温高压（180~200℃，钻井液密度2.0~2.50g/cm³）状态。2008—2010年，塔中等区块50口井使用超高温水基钻井液，解决了深井钻井液的高温高压流变性和滤失造壁性问题，钻井液无须频繁处理，处理剂用量降低，井下复杂情况明显改善，钻速提高，钻井周期缩短。

克深2井是塔里木油田的一口风险探井，设计井深6950m，完钻井深6780m，井底温度约166℃。技术难点是超高压小井眼高密度钻井液的流变性和滤失控制问题。四开及五开井段合理配伍抗高温处理剂，控制完钻井浆165℃时的高温高压滤失量为18mL，满足电测和下套管要求。四开钻井液的基本配方如下：2%膨润土浆+4%SMP-3+2%SPNH+2%PSC-2+1%高温保护剂+4%高温降滤失剂+4%润滑剂+4%高温封堵剂+7%KCl+22%NaCl+铁矿粉/重晶石（2∶1）。

另外，还在大港及冀东油田的30口井应用超高温水基钻井液，这些油田的储层埋藏深度为5000~6000m，储层温度高为180~200℃。该类钻井液解决了深井钻井液的流变性和滤失造壁性问题，钻井液处理次数减少，处理剂用量降低，井下复杂情况得到明显改善，钻速大幅提高，平均每口井建井周期缩短20天。

3）吉林油田

松南深层和伊通盆地的地温梯度高达（3.5~4.1）℃/100m，钻深5000~6000m，井底温度200~260℃。42口高温井（35口常规井和7口水平井）应用高温水基钻井液技术，施工顺利无井塌，施工深度5882m，最高井底温度210℃，平均井径扩大率8%。

长深5井是吉林油田的一口风险探井，设计井深5400m。最大技术难题是井底温度高，邻井最高温度梯度4.1℃/100m，井底温度预计220℃。经95天的高温环境考验，钻井液未出现高温增稠或降黏现象，漏斗黏度保持在80s±5s之间。返出钻屑规整，地质代表性强。钻井液配方如下：4.0%膨润土+1.0%高温保护剂+3.0%降滤失剂Ⅰ型+4.0%降滤失剂Ⅱ型+3.0%防塌剂+0.2%增黏剂+2.0%储层保护剂。钻井液现场性能见表2-17。

表2-17 长深5井三开井段高温钻井液性能

井深 m	ρ g/cm³	FV s	FL_{API} mL	$G_{10'}/G_{10''}$ Pa/Pa	YP/PV Pa/(mPa·s)	固相含量 %
4357	1.25	95	2.3	8/22	18.5/30	41
4423	1.25	80	2.7	8/19.5	15/29	15
4515	1.28	96	2.5	8.5/23	18/30	15
4678	1.26	85	2.3	7/18	17/30	15
4702	1.27	82	2.4	7/18.5	15.5/29	15
4853	1.27	90	2.3	9/20	18.5/31	15

续表

井深 m	ρ g/cm³	FV s	FL_{API} mL	$G_{10'}/G_{10''}$ Pa/Pa	YP/PV Pa/ (mPa·s)	固相含量 %
5110	1.26	85	2.2	6/15	15.5/29	16.5
5214	1.26	95	2.0	6/15	15/33	16
5270	1.26	97	2.2	6/15	15/33	16.5
5320	1.26	95	2.1	6/15	15/33	16.5

4) 胜利油田

胜科 1 井是一口重点科学探索井，完钻井深 7026m，Φ339.7mm 技术套管下深 2922.78m，Φ311.1mm 大井眼井段深 4155m，采用阶梯式大井眼结构设计与钻头优选技术提高钻井速度。为解决盐膏层蠕变挤毁套管问题，裸眼段全部使用 Φ250.8mm 厚壁 (壁厚 15.88mm) VM140HCVA 进口高抗挤套管，并采用尾管固井技术。钻井过程中钻遇大段复合盐膏层、软泥岩、膏泥岩和极易水化膨胀的红泥岩，分析发现盐膏层间软泥岩的蠕变速度对钻井液密度具有很强的敏感特性，确定对易蠕变缩径的地层采用先释放后平衡地层应力的技术，保证电测和下套管需要的安全时间。试验表明，钻井液密度提至 2.27~2.30g/cm³ 时，获得 50h 套管安全下入时间，成功完成下套管和固井作业。

该井位于东营盐膏沉积区，盐膏层厚度大。首要问题是塑性蠕变，易发生缩径卡钻，固井后易发生套管变形或挤毁。再者是井壁失稳和井径不规则问题。东营南坡盐膏层的沉积顺序从上到下依次为膏岩—盐岩—膏岩、泥岩—砂岩，盐岩在中间。胜科 1 井钻遇盐膏层的井段和实钻井身结构见表 2-18 和表 2-19。在 3053~3074m 的 3 个井段分别有 2.0m 灰色软泥岩，极易缩径；在 3262~3314m 的 3 个井段分别有 2.0m 浅紫红色软泥岩和 3.0m、4.0m 灰色软泥岩。在钻进过程中时常出现蹩钻和憋泵，起下钻遇阻卡等复杂情况。

表 2-18 胜科 1 井钻遇的盐膏层

井段，m	盐岩层，m	膏岩层，m
2905~3081	44	19.5
3081~3442	57	62.0
3442~3720	17	19.0

表 2-19 四开钻井液性能

开次	钻头直径 mm	钻深 m	套管直径 mm	套管下深 m	纯钻时间 d	机械钻速 m/h	钻头 只
一开	660.4	331	508.0	329.21	1.04	13.24	1
二开	444.5 406.4	2928	339.7	2922.78	25.5	3.28	8
三开	311.2	4155	244.5 250.8	2928.08 4153.18	58.1	0.88	16
四开	215.9	7026	139.7	7025.25	175.9	0.68	50

胜科 1 井东营组及以上地层采用抑制和絮凝能力强的低固相聚合物钻井液体系，主要解决造浆地层黏土对钻井液的污染及快速钻进条件下的井眼清洁的问题。沙河街组地层采用封堵防塌效果好、抗盐膏污染能力强的双聚磺防塌钻井液体系，主要解决泥页岩的井壁稳定、防漏及盐膏层污染等问题。

东营组及以上地层采用低固相聚合物钻井液体系，沙河街组地层采用封堵防塌效果好、抗盐膏污染能力强的双聚磺防塌钻井液体系，解决井壁失稳、井漏及盐膏层污染等问题。进入沙河街组地层易塌井段，加入化学固壁剂类防塌剂，使用多软化点封堵材料，提高地层的承压能力，降低钻井液的滤失量（$FL_{API}\leqslant 5mL$，$FL_{HPTP}\leqslant 18mL$）；加入聚合醇类防塌剂，提高钻井液的抑制性，抑制泥页岩水化；根据地层实际压力，提高钻井液密度，使井下产生适当的正压差，提供有效应力支撑井壁，二开完钻后钻井液密度稳定在 1.38～1.40g/cm³，漏斗黏度 110～130s，初切力 6～8Pa，终切力 20～22Pa；采用合理的流变参数和流量，提高钻井液的携岩能力；减少起下钻次数及开泵压力激动，以减小钻具对井壁扰动或撞击，避免水力冲蚀井壁。

盐膏层钻井技术主要难点有：

（1）盐膏层段钻时短，平均钻时 30min/m，最短 8min/m。而泥岩段平均钻时 75min/m。

（2）起钻过程中盐膏层段阻卡严重，划眼过程憋泵、蹩钻，平均阻卡力 200～500kN。起钻过程中多次遇卡、憋泵，倒划眼困难，钻具处于临界卡钻状态。起钻后需多次正反划眼才能通过，由于地层蠕变速度快，划眼过程中易憋漏地层，导致井壁失稳。

（3）3060～3320m 井段盐膏层中夹软泥岩，钻井液污染严重，完钻电测时钻井液密度 2.16g/cm³，静止 18h；3063～3065m 井段双井径短轴小于 152mm，蠕变速度大于 10mm/h。

（4）盐膏层胶结疏松，较多的石膏块夹在泥岩中，易导致钻具阻卡。

（5）三开盐水钻井液密度达 2.16～2.30g/cm³，井下温度达到 130～150℃，井斜角测量难度大。

（6）裸眼井段长、地层压力差别大。为平衡缩径地层的应力采用高密度钻井液，但砂岩地层孔隙压力低，易发生井漏。

（7）利用重晶石粉加重的高密度钻井液易受软泥岩污染，维护难度大。

盐膏层段优选高密度欠饱和盐水抗钙抗高温钻井液体系，Cl^- 含量控制在（17.0～18.5）×10⁴mg/L，维持钻井液性能为：密度 2.05～2.12g/cm³，黏度 70～89s，动切力 12～15Pa，静切力 10～21Pa，API 滤失 2.4～4.0mL，塑性黏度 55～70mPa·s。在盐膏层发育井段严格控制流量，保证环空层流，严防井壁冲蚀。钻遇盐膏层、膏泥岩时，每钻进 0.5m 上提钻具 2m 划眼到底，划眼无阻卡、无蹩卡显示，逐渐增加进尺和划眼行程，但每钻进 4～5m 至少上提划眼一次，每钻完一单根，提出转盘面，然后下放划眼到底。每钻进 4h（或更短），短起钻过盐膏层顶部，全部划眼到底，若无阻卡显示，适当延长短起钻间隔，钻具在盐膏层段作业时间不超过 12～15h。钻盐膏层时，调整钻进参数，钻时不低于 10～15min/m，若机械钻速减小，立即上提划眼到底；钻具始终保持活动状态，以防止钻具静止卡钻。发现有缩径的井段短程起钻到盐膏层顶部，以验证钻头能否通过。钻穿盐膏层和软泥岩地层后，短起钻至套管内，静止一段时间，通井观察蠕变情况，检查钻井液性能是否合适，确定安全时间，钻头在盐膏层以下时间不得超过安全时间。为提高地层承压能力，钻井液中加入非渗透堵漏剂 FLC，封堵易漏失地层。

对于易蠕变缩径的地层采用先释放后平衡地层应力技术：用密度 1.95g/cm³ 的钻井液钻开蠕变地层，重复划眼释放地应力；向下继续钻进时，逐步提高钻井液的密度以平衡地层应力；钻穿蠕变地层后，钻井液密度再提高至 2.15g/cm³，以减缓地层蠕变；完钻后将钻井液密度提高至 2.26~2.30g/cm³，以保证电测和下套管所需时间。

第三章

油基合成基钻井液

油基钻井液（oil-based drilling fluid）是以油作为连续相的钻井液，连续相可以是柴油和矿物油等非极性不水溶且不导电的分散介质。将油基钻井液中的油相更换为物理性质相近的改性植物油或人工合成有机物，则得到合成基钻井液（synthetic drilling fluid）。根据钻井液中含水量的不同，油基钻井液可分为全油基钻井液与油包水乳化钻井液（又称逆乳化钻井液，invert emulsion drilling fluid）。全油基钻井液由氧化沥青、有机酸和碱、稳定剂和高闪点的柴油、白油或气制油等组成，通常含水量不超过5%，水中含有石灰和乳化剂等处理剂。油包水乳化钻井液的含水量大于5%，有时甚至超过50%。油基合成基钻井液具有耐高温耐盐、稳定井壁、润滑性好以及对油气层损害较小等优点，是钻高难度的高温深井、大斜度定向井、水平井以及复杂地层的重要手段。

油基钻井液先后经历六个发展阶段：原油、原油乳化处理钻井液、全油钻井液、油包水乳化钻井液、低胶性油基钻井液以及无毒或低毒油基钻井液等，见表3-1。发展过程中一直在不断降低成本，改进配方组成，提高钻井液的使用性能，使其更加符合HSE的要求。

表3-1 油基钻井液的发展阶段

类型	组分	时间	特点
原油	原油	约1920年	利于防塌、防卡和保护油气层；流变性不易控制，仅限100℃以内浅井，易着火
全油基	柴油、沥青、乳化剂及少量水（7%以内）	1939年	破乳电压高（>2000V），抗200~250℃高温；配制成本高，钻速较低，易着火
油包水	柴油、乳化剂、润湿剂、亲油胶体、乳化水（10%~50%）	约1950年	通过水相活度稳定井壁，降低配制成本，抗200~230℃高温，不易着火
低胶质油包水	柴油、乳化剂、润湿剂、少量亲油胶体、乳化水（约15%）	1975年	提高钻速，降低钻井总成本，滤失量较大，不利于松散易坍塌地层，损害储层
低毒油包水	矿物油、乳化剂、润湿剂、亲油胶体、乳化水（10%~50%）	1980年	具有油基钻井液的各种优点，同时防止污染环境，适用于海洋钻井

油基合成基钻井液主要有以下优点：

（1）抑制性强。以油作为外相，不会引起水敏性地层的水化膨胀、分散和造浆导致的缩径或井塌，特别适合在易造浆及稳定性差的水敏性地层中的钻进。

（2）抗温性强。油品稳定性较高，可长时间保持稳定性能，减少维护处理费用。油基合成基钻井液的高温稳定性较好，适用于深井、超深井和地热井或复杂地层的钻进。

（3）抗腐蚀性强。油基合成基钻井液不会对钻柱及套管等各种设备产生电化学腐蚀，使用时腐蚀问题小。

（4）润滑性好。油基合成基基液的摩擦系数低，具有良好的润滑性能。钻井液的塑性黏度低，有利于提高机械钻速。

（5）保护油气储层。油基合成基钻井液的滤失量低，且滤液为油，与储层流体的配伍性好，对水敏性强的储层岩石有抑制性，使用效果更好。在完井作业如油层取心作业时，使用油基钻井液更好，既不伤害储层，又可以准确估算油气层储量。

第一节　油基钻井液的组成及性能

油基钻井液体系的分散介质是油，分散相包括水、亲油胶体、乳化剂、润湿剂以及加重材料等。油基钻井液的组成与水基钻井液不同，性能及其调控也大不相同，但都要求性能稳定，油基钻井液体系则是要求乳状液的稳定。

一、油基钻井液的组成

油基钻井液中的配浆材料主要是油、水、亲油胶体及加重材料，处理剂主要用于稳定钻井液的流变性能和滤失造壁性能。以密度 ρ 为 $1.32\text{g}/\text{cm}^3$ 的乳化钻井液为例，其组成有体积分数为54%的柴油，30%的水，4%的无机盐（$CaCl_2$ 或 NaCl），3%的低密度固体（如亲油胶体和钻屑等）以及9%的高密度固体（如重晶石等加重材料），如图3-1所示。

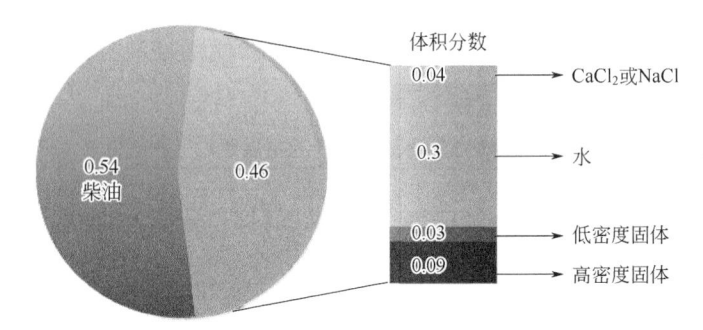

图3-1　油包水乳化钻井液组成示意图

1. 基油

基油作为油基钻井液的连续相，可以是柴油、煤油、气制油和白油等精炼油。原油可能含有较多轻质馏分，使得钻井液的性质不稳定，且易挥发导致火灾事故的发生。现在常用零号柴油、白油或气制油，白油和气制油的毒性相对很小，基本满足环保和保护储层的要求，可用于封隔液以及解卡、取心、尾管局部注入和射孔等作业。

零号柴油使用时，一般有以下要求：

（1）对闪点和燃点有安全要求，应分别在82℃和93℃以上。闪点是指燃油在规定结构的容器中加热，挥发出的可燃气体与液面附近的空气混合，达到一定浓度可被火星点燃时的燃油温度。

（2）所含芳烃含量不宜过高。因为芳烃对钻井设备的橡胶部件有较强的腐蚀作用，一般要求柴油的苯胺点（等体积的油与苯胺相互溶解时的最低温度）在60℃以上。

（3）黏度不宜过高，否则不利于对钻井液流变性的控制和调整。

2. 水相

全油基钻井液需要控制钻井液体系中的水相含量，因为全油基钻井液体系可能会钻遇含水地层，或钻屑带水而使体系含有少量水。油基钻井液的水相常用无机盐 $CaCl_2$ 或 NaCl 配制的盐水，控制水相活度，进而抑制地层页岩的水化膨胀，稳定井壁。

油包水乳化钻井液体系中的水相含量较大，通常为15%~40%，上限为60%，下限为10%。通常用油和水的比值来表示，用蒸馏实验测得油和水的体积分数（f_o 和 f_w），可求得油水比。改变含水量可以调控油基钻井液的流变参数，例如，在一定含水量范围内，水占比增加，油基钻井液的黏度和切力也随之增加。但是，增加水占比会降低油包水乳状液的稳定性，必须同时增加乳化剂的使用量。对于高密度的油基钻井液，水相含量应尽可能少。

3. 亲油胶体

亲油胶体一般指油基钻井液中的固体处理剂，包括有机土、氧化沥青、亲油的褐煤粉和二氧化锰等，主要用作增黏剂和降滤失剂，有机土和氧化沥青使用较普遍。

有机土一般由亲水的膨润土吸附季铵盐阳离子表面活性剂而制得，膨润土由亲水反转为疏水亲油，可以很好地分散在油相中。有机土的主要作用是增黏提切，即油基钻井液的黏度和切力会随着有机土含量的增加而增加，钻井液的稳定性也随之增加。

氧化沥青是普通石油沥青经加热吹气氧化处理后与石灰混合而成，常用作增黏剂和降滤失剂，能抗高温和维持钻井液体系的稳定。软化点是氧化沥青的一个重要指标，在软化点内，温度越高，氧化沥青的降滤失能力越强，形成的滤饼也越致密；超过软化点，氧化沥青在温度和压差作用下液化，易渗入地层深处，降低其封堵和降滤失效果。氧化沥青的增黏作用对机械钻速有一定影响，同时对环保也有不利影响。

腐殖酸类产品可替代氧化沥青等亲油胶体，腐殖酸在一定条件下经改性可转变为亲油的降滤失剂，加量为3%~5%时，油基钻井液体系有较好的分散和降滤失作用，可抗220℃高温，密度可达 2.3g/cm³。

4. 乳化剂

乳化剂用于稳定油包水乳化钻井液，通过吸附在油—水界面形成致密的吸附膜，降低油水界面张力，增加外相黏度，阻止微小水滴分散相的聚并，进而稳定乳状液。

乳化剂常用高级脂肪酸的二价金属盐类等阴离子表面活性剂，如硬脂酸钙，烷基磺酸钙（烷基链长为 $C_{12}~C_{18}$）和烷基苯磺酸钙（烷基链长为 $C_{10}~C_{14}$）等；也可用非离子表面活性剂，如Span-80等斯盘系列油溶性乳化剂。国内还用环烷酸钙、石油磺酸铁、油酸、环烷酸酰胺和腐殖酸酰胺等乳化剂和辅助乳化剂。

以硬脂酸二元皂为例，分子结构中既有亲油的长烃双链，又有亲水的—COO⁻离子基团，在油与水的界面上自动聚集时，定向排列成致密的吸附膜。由定向楔形理论可知，乳化剂分子的空间构型决定乳状液类型。与水包油乳状液的一元皂乳化剂分子结构不同，油包水型乳化剂两亲分子中，相对较小的基团是亲水基，如"楔子"般插入内相的水中，较大的亲油长烃双链则伸向外相的油，在油水界面自动吸附，显著降低油水界面张力，有利于油包水乳状液的形成和稳定，如图 3-2 所示。

油包水乳化剂一般为油溶性表面活性剂，亲水亲油平衡值 HLB 为 3.5~6.0，常用油溶性乳化剂 S 系列，即 Span 型表面活性剂，如 Span-80。若要增强乳化效果，可将两种或两种以上的表面活性剂进行复配，形成的复合膜堆积紧密，也可同时使用 HLB 大于 7 的辅助乳化剂，主要是长链高级醇或酸。

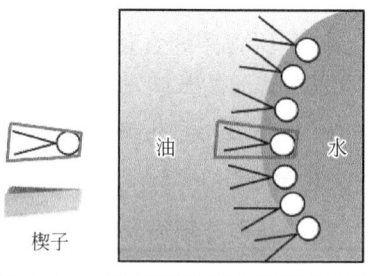

图 3-2 二元皂类稳定乳状液示意图

5. 加重材料

油基钻井液体系中常用重晶石和碳酸钙作为加重材料，同时还加有润湿剂，确保重晶石等亲水固体颗粒及时转变为亲油，可以均匀地分散在油相中。

密度小于 1.68g/cm³ 的油基钻井液体系可用碳酸钙作为加重材料，它比重晶石更易被油相润湿；它与酸发生化学反应，可兼作保护储层的酸溶性暂堵剂。对于高温高密度油基钻井液，铁矿粉和氧化锰等可用作加重材料。

6. 润湿剂

润湿剂分子具有两亲结构，其亲水基吸附在重晶石粉和钻屑等亲水性的固体颗粒表面，使固体表面由亲水反转为亲油，增加这些固体颗粒在油相中的分散程度，防止颗粒发生聚结，保证油包水乳状液的稳定性。润湿剂作用主要是降低液体和固体之间的界面张力和润湿角，使液体易于铺展在固体表面。乳化剂也有一定的润湿作用，适合油基钻井液的润湿剂有季铵盐（如十二烷基三甲基溴化铵）、卵磷脂和石油磺酸盐等。

润湿剂的亲水基团与固体表面的亲和力较强，吸附在固体颗粒的表面使亲水表面转变为亲油表面的过程又称为润湿反转，如图 3-3 所示。

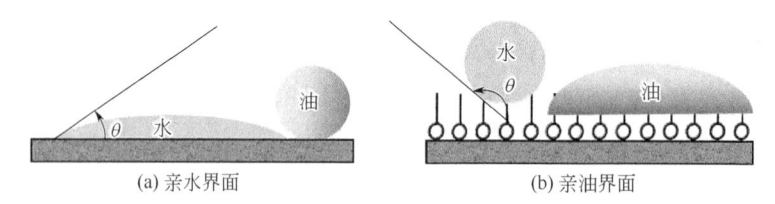

(a) 亲水界面　　　　　　(b) 亲油界面

图 3-3 固体表面吸附润湿剂分子后的润湿反转示意图

7. 碱度控制剂

一般用氧化钙作为油基钻井液的 pH 控制剂和碱度控制剂，体系的破乳电压随氧化钙含量的增加而升高，液相黏度增加，滤失量降低，有利于提高油基钻井液的稳定性和抗温性。

氧化钙吸水后生成 $Ca(OH)_2$，可将油基钻井液的 pH 值维持在 8.5~10 的范围，防止钻井液对钻具的腐蚀。解离出的 Ca^{2+} 与离子型表面活性剂生成乳化剂的二元皂，稳定乳化剂在油水界面的吸附。$Ca(OH)_2$ 可与地层中的 CO_2 和 H_2S 等酸性气体发生化学反应，防止污染钻井液和破坏钻井液性能。

油基钻井液中通常保留部分未溶解的 Ca(OH)$_2$，作为储备碱度存在，一般维持在 0.43~0.72kg/m^3 的范围。

二、油基钻井液的性能

油基钻井液与水基钻井液的组成不同，特别是连续相的不同，直接导致其流变性能有很大差异，例如，油基钻井液的黏度远高于水基钻井液，可以悬浮和携带更多的加重材料，因此可以配制出高密度油基钻井液，用于高温超深井的钻进。

1. 密度

1) 温度和压力的影响

钻井液的密度是温度和压力的函数。油基钻井液的热膨胀性和可压缩性明显大于水基钻井液，其密度差一般随着井深的增加而趋于减小。温度相同时，低压下油基钻井液的密度变化值高于水基钻井液，高压下则相反；在常温常压下，若两种钻井液的密度相同，在高温高压深井中的密度则差异甚大，油基钻井液远高于水基钻井液。

在计算温度不高的浅井井底静液柱压力时，温度和压力对密度的影响可以忽略。但是在高温高压深井中不可忽略，因为钻井液中每种组分的性能都会随温度和压力的变化而变化。确定单一组分的高温高压变化规律，即可预测钻井液的密度变化，但计算复杂。对所用钻井液进行几组试验，确定经验模型的常数，可计算钻井液静液柱压力和当量静态密度。

2) 密度的调控

油基钻井液的密度范围为 0.84~2.64g/cm^3。重晶石可将油基钻井液密度加重至 2.64g/cm^3，碳酸钙只能增至 1.68g/cm^3。

调整油水比或改变水相密度也可在一定程度上控制油基钻井液的密度。增加水相密度的主要是无机盐，常用 CaCl$_2$ 和 NaCl。各种常用无机盐饱和溶液的密度见表 3-2。

表 3-2 各种常用无机盐饱和溶液的密度

无机盐	饱和溶液浓度（质量分数），%	密度，g/cm^3 25℃	加热至 100℃
KCl	24.8	1.18	1.14
NaCl	26.5	1.20	1.16
Na$_2$CO$_3$	22.5	1.24	1.20
CaCl$_2$	46.1	1.46	1.42
K$_2$CO$_3$	52.9	1.56	1.52

油基钻井液钻遇低压地层时，需要降低密度。方法包括：用基油稀释，固控设备清除部分加重材料，或加入直径为 50~300μm 的充氮塑料微球（密度为 0.1~0.25g/cm^3）。

2. 流变性

油包水乳化钻井液的组成较复杂，对钻井液流变性能的影响也比水基钻井液复杂一些。除亲油胶体起增黏作用外，体系的油水比也影响黏切。温度一定时，压力对表观黏度的影响明显。体系的乳化稳定性对流变参数也有较大影响。

1) 组成的影响

实验表明，钻井液的表观黏度随有机土、重晶石、水油比和乳化剂等的加量增加而增大，其中有机土的影响最大，每添加1g有机土即可使表观黏度增加约10mPa·s，见表3-3。对于高密度加重钻井液，加重材料的类型及加量对流变性的影响也很大。

一般认为，油包水乳化钻井液的表观黏度符合乳状液的形成和变化规律，含水量为零而其余组分的含量相同时，钻井液动切力很小，且随有机土含量的增加并没有大的变化；油水比为77∶23（即水占比为23%）时，动切力随钻井液中有机土含量的增加而显著增大。这说明油基钻井液中不含水时，有机土在油相中不易形成网状结构，只有通过与悬浮水滴的相互作用而形成乳状液，结构强度才会明显增强，动切力才会明显增大，这也是全油基钻井液和乳化钻井液性能的重要区别。钻井液各组分对表观黏度的影响程度见表3-3。

表3-3 油包水乳化钻井液各组分对表观黏度的影响程度

项目		有机土	重晶石	水	乳化剂
含量 g/100mL	最高	4	96	30	6.8
	最低	1.9	0	0	0.85
μ_a mPa·s	最大值	48.4	61.7	27.2	26.6
	最小值	26.9	26.4	10.1	17.2
μ_a 平均变化率，mPa·s/g		10.2	0.37	0.57	1.58

有机土颗粒表面虽然亲油，但对水滴仍有一定的亲和力，一些微细水滴自发吸附甚至部分润湿有机土颗粒的表面。这种相互作用使颗粒间形成网络结构，宏观表现为增大的钻井液动切力以及表观黏度。按此增黏机理，油包水乳化钻井液的动切力大小取决于体系中有机土颗粒和水相的含量和分散度，以及它们之间相互作用的强度。相互作用的强度又与有机土的表面性质和油水界面张力有关。因此，固体颗粒及水滴在油相中的高度分散是塑性黏度增大的主要原因，有机土颗粒和微细水滴之间的相互作用是动切力和凝胶强度较高的主要原因。

调节流变参数的方法如下：

（1）增加黏度和切力。适当减小油水比，即增加水含量，必要时补充乳化剂，使体系中微细水滴的浓度增加。适当增大有机土和氧化沥青等亲油胶体的用量，但需注意在体系不含水或含水较少时，亲油胶体主要增加塑性黏度，对增加切力不明显。加重油基钻井液的表观黏度随密度的增大而增加，主要增加塑性黏度，注意补充乳化剂和润湿剂，以增强乳状液的稳定性，提高体系中微细水滴的分散度和浓度。加强固控处理，减少体系中的钻屑含量，避免大密度钻井液经常出现的过度增稠问题。另外，可通过增大动塑比来提高钻井液在低剪切速率下悬浮重晶石的能力。

（2）降低黏度和切力。适当减少有机土和氧化沥青等亲油胶体的用量，降低钻井液黏度。适当增大油水比，即增加基油的用量，稀释钻井液。同时注意用好固控设备，尽可能清除钻屑。

2) 温度和压力对油基钻井液流变性的影响

油基合成基钻井液基本上属于塑性流体，可用宾汉模式描述其流动特性。运用回归分析方法建立井下某一深度特定温度和压力下的表观黏度与常温常压下表观黏度之间的函数关系，即可预测高温高压下油基钻井液表观黏度变化的数学模型。

与水基钻井液相比，油基钻井液的一个重要特点就是其流变性受压力影响较大，在高温高压下仍能保持较高的黏度。在实际钻井过程中，井内钻井液所承受的温度和压力同时随井深增加而升高。一方面温度升高使油基钻井液表观黏度降低，另一方面压力升高使其表观黏度增大。大量实验研究表明，常温下压力对表观黏度的影响确实很大，但随着温度的升高，压力的影响逐渐减小。当钻至深部地层时，虽然井下高温引起的表观黏度降低会从压力因素中得到部分补偿，但总的效果是温度的影响明显超过了压力的影响，如图3-4所示。

由图3-4可知，两种油基钻井液在不同温度下测得的表观黏度随井深而变化。两种钻井液的表观黏度均随井深增加而减小，表明在深部井段影响流变性的主要因素是温度，而非压力；高温高压下的表观黏度与地层的地温梯度关系很大，3种不同地温梯度下，温度变化导致表观黏度相差1倍以上。

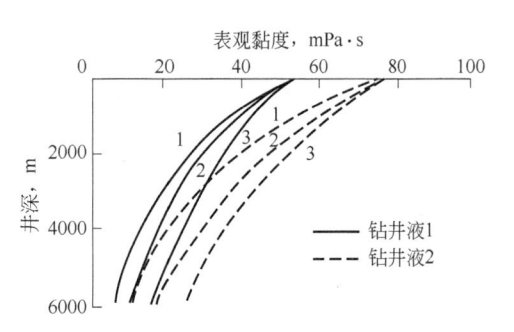

图3-4　W/O乳化钻井液表观黏度与井深关系
地温梯度G：曲线1—$G=3.5℃/100m$；
曲线2—$G=3.0℃/100m$；曲线3—$G=2.5℃/100m$

3. 滤失量

油基钻井液的滤失量低，其滤液主要是油而并非水。当油基钻井液的乳化稳定性好时，API滤失量可接近于零，高温高压滤失量不超过10mL。因此，油基钻井液可用于强水敏性易坍塌复杂地层，有效保护储层。低滤失量的主要原因是钻井液中的亲油胶体在井壁上吸附和沉积，形成的致密滤饼有效降低滤失。此外，分散在油相中的乳化水滴有利于堵孔，有助于降滤失作用。

若油基钻井液的乳化稳定性变差，滤失量会显著增加，滤液中油水并存，表明体系需补充乳化剂及润湿剂。若滤失量过高而滤液中不含水，表明体系中亲油胶体含量偏低，应适当补充有机褐煤和氧化沥青等亲油胶体，提高钻井液黏度。在井底温度超过200℃的深井和超深井中，滤失量很难控制，除了适当增加氧化沥青的用量，还应配合使用抗高温的降滤失剂。

低胶质油基钻井液在保证油基钻井液良好稳定性的前提下，可以将钻井液中影响钻井速度的胶体颗粒（即亚微米颗粒）含量降至最低，即降低固相颗粒的分散程度。虽然滤失量明显增加，但机械钻速得到显著提高，钻井总成本大幅降低。此类油基钻井液只需添加适量有机土，满足钻井液携岩和悬浮重晶石的要求，一般不必再添加氧化沥青和有机褐煤等降滤失剂，滤失量可适当放宽。例如，密度为$1.928g/cm^3$的油基钻井液，API滤失量可控制在2~4mL，高温高压滤失量（176.7℃，3.45MPa）可控制在15~25mL。对于非加重钻井液，API滤失量可放宽至10mL，高温高压滤失量放宽至40mL。现场实际循环过程中，钻井液不断被搅拌和剪切，乳化效果更好，滤失量会更低。

4. 乳状液稳定性

油基钻井液的核心问题是乳状液的稳定性。衡量乳状液稳定性的定量指标主要是破乳电压，可用电稳定性（ES）实验测量。

在油包水乳化钻井液体系中，油连续相并不导电，将电极插入并施加电压时不产生电流；若逐渐加大电压，直至乳状液破乳，电流计指示有电流产生。使乳状液破乳所需的最低电压即破乳电压，油包水乳化钻井液的破乳电压通常不得低于800V。破乳电压值越高，表示钻井液越稳定。

亲水固体（如钻屑）进入油基钻井液后，油包水乳化钻井液稳定性变差。若钻井液缺少光泽，流动时旋涡减少，钻屑相互聚结且易黏附在振动筛上。用钻井液杯取样后，可观测到固相下沉速度过快，这些现象均表明有亲水固体存在。主要原因是大量亲水钻屑或者地层水进入钻井液后，乳化剂和润湿剂在钻屑表面吸附，不能及时补充消耗。维护方法是，及时补充乳化剂和润湿剂，并注意调整油水比，尽快恢复乳状液稳定性。

5. 固相含量

油基钻井液对固相含量的要求与水基钻井液相似，应尽可能清除无用固相，否则会影响钻井速度。大多数固相最初具有亲水性，若含量过高，不仅影响钻井液的乳化稳定性及机械钻速，还增加钻井成本。

测定固相含量的方法与水基钻井液基本相同，但应注意用基油清洗容器，水相中一般含有无机盐，应经过校正，减去蒸干后的固体质量中所含可溶无机盐的质量，才能得到钻井液的实际固相含量。

钻井液的主要固控设备是细目振动筛，尽可能使用200目筛网。对于加重油基钻井液，可使用钻井液清洁器。油基钻井液属于强抑制性的钻井液，钻屑的分散程度较低，若单独使用旋流器和离心机会使大量价格昂贵的钻井液被分离掉。因此，只要乳化稳定性保持良好，用振动筛清除钻屑的效果会优于一般的水基钻井液。若使用细目振动筛和钻井液清洁器也难以使固相含量达标，方可考虑用稀释法降低固相含量。

油包水乳化钻井液中固相含量的适宜范围见图3-5。图中有5条直线，分别表示不同物质组成的油基钻井液中固相含量与密度的关系。油基钻井液中固相含量的适宜范围应在

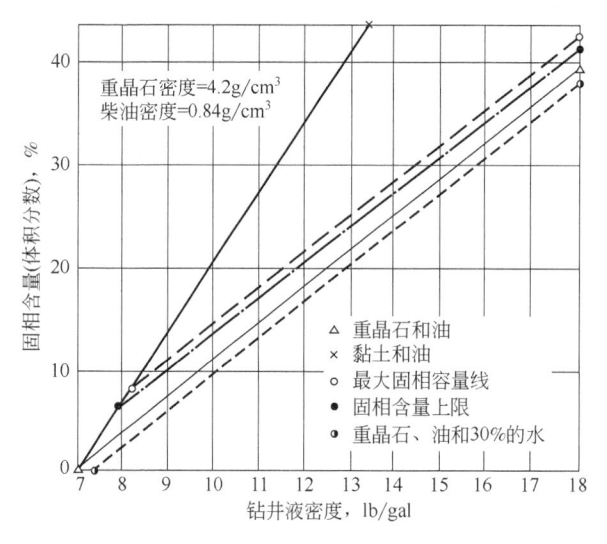

图3-5　油包水乳化钻井液中固相含量的适宜范围（1lb/gal=0.12g/cm³）

最底部直线与表示固相含量上限的直线之间,绝对不可超过上面第二条线,即最大固相容量线。

三、现场应用

某水平井位于济阳断裂阶状构造带某区块,井深1833m。该井三开水平段采用全油基钻井液,实现了免酸洗工艺,完井时下入精密滤砂管。在钻井施工过程中采用孔径为0.18mm的振动筛布,所产生的钻屑全部回收,施工中未出现任何复杂事故,钻井液各项性能稳定,采用$CaCl_2$加重,避免了无用固相对油气层的伤害,钻井液的固相粒度中值为16.44μm,完全满足油层保护的需要。下入精密滤砂管前,采用孔径为0.125mm的振动筛布,低排量过滤钻井液。该井的测试液量为9m/d,是相邻水平井的3倍,证明全油基钻井液完井液优良的保护油层效果。

1. 现场配浆

(1) 油相按配方计算基油及其他处理剂的加量,依次通过混合漏斗加入胶体结构剂、辅助乳化剂、主乳化剂、润湿剂、增黏剂、降滤失剂和生石灰等处理剂。严格控制加入速度,生石灰加完后搅拌4h,搅拌期间观察钻井液乳化情况,可适当延长搅拌时间。

(2) 密度调控可用氯化钙和加重材料。根据全油基钻井液量及基液密度,精确计算氯化钙水溶液所需水和氯化钙用量,加入氯化钙,搅拌均匀。

(3) 按油水比例,将氯化钙水溶液用钻井液枪打入油相体系中,利用钻井液枪的高速喷射,将水剪切成细小的分子,促进油水乳化,并随时监测体系性能。

2. 现场维护

(1) 调控钻井液密度。降低密度主要用基油稀释,固控设备清除加重材料以及加入塑料微球;提高密度时,可添加加重材料。

(2) 提高或降低黏切。提高黏切的途径主要是:降低油水比,在增大水含量的同时补充足够的乳化剂;增大有机土、氧化沥青等亲油胶体的含量;加入加重剂等惰性材料,但应及时补充乳化剂和润湿剂。降低黏切的途径主要是:增大油水比,即增大基油的含量;同时利用固控设备及时清除钻屑。

(3) 降低滤失量。补充乳化剂和润湿剂,增强钻井液稳定性;适当补充有机褐煤、氧化沥青等亲油胶体的含量。为提高钻速,可适当放宽滤失量,及时补充乳化剂和润湿剂,并注意及时调整油水比,使乳化稳定性尽快恢复。

第二节 油包水乳化钻井液

油包水乳化钻井液中的水相含量一般为10%~40%。油包水钻井液除了在性能上与全油基钻井液基本相同外,成本低于全油基钻井液。现在的油基钻井液一般是指油包水乳化钻井液,即逆乳化钻井液。

一、水相活度平衡

油包水乳化钻井液与全油基钻井液在性能上最大的不同点是前者引入了水相,而水相的物理化学性质对乳化钻井液性能的影响非常大，所以 Chenevert 等（1970 年代）提出水相活度平衡的概念。水相活度平衡指在油包水乳化钻井液体系的水相中加入适当无机盐（$CaCl_2$ 和 $NaCl$），并调节水相中的无机盐浓度，使其活度与地层水的活度相等，有效阻止钻井液中的水向地层运移，避免钻进时出现各种复杂问题，确保井壁稳定。

1. 活度（activity）

活度 a 是 Lewis（1907 年）为了描述非理想溶液的性质而引入的概念。对于一个理想混合物，整个系统的自由能 G 是各相自由能之和，即 $G = \sum n_i \mu_i$，每一种纯物质的自由能为

$$\mu_i = \mu_i^*(T,p) + RT\ln x_i \tag{3-1}$$

式中 μ_i——化学势，对于纯物质，在定温定压下，$\mu_i = G_m(i)$ 是偏摩尔自由能，为常数；

μ_i^*——标准态的化学势；

R——气体常数，其值为 $8.314\text{kPa} \cdot \text{L}/(\text{K} \cdot \text{mol})$；

T——绝对温度，K；

x_i——物质的浓度。

溶剂一般选纯物质为标准态；溶质选理想稀溶液，浓度很稀时，溶质的活度 a_B 接近其浓度 x_B。标准态改变，相应的活度也改变，即乘上一个活度因子。活度定义为

$$\mu_B = \mu_B^*(T,p) + RT\ln a_B \tag{3-2}$$

理想溶液中，活度因子总是等于 1，在接近理想状态的稀溶液中，稀释度增加时，活度因子趋近于 1。在电解质中每一种离子的活度可以定义为，当稀释度增加时，其趋近于该离子的相对浓度。非理想状态下，活度是可以认为是溶液中离子的有效浓度，用来描述电解质溶液中参与电化学反应的离子浓度，即离子作为完全独立的运动单元时所表现出的有效浓度。

对于盐水溶液，单位体积的水分子数量少于纯水的水分子，若纯水与盐水之间存在半透膜，只允许离子通过，则离子必然通过半透膜向纯水一侧扩散。为了保持电中性，必然有相同数量的正负离子成对扩散至纯水侧，最终达成膜平衡（membrane equilibrium）、唐南平衡。当然，若无特殊限制，部分水分子将透过半透膜自发地向盐水一侧迁移，盐溶液被稀释，浓度降低，直至半透膜两边溶液的化学势相等。

2. 渗透压（osmotic pressure）

水在不同浓度下的自发运移趋势用渗透压定量表示。范特霍夫（van't Hoff, 1886 年）认为，稀溶液的渗透压与溶液的浓度和温度成正比，与溶质本性无关。若将盐溶液和纯水分别置于一 U 形管的两管内，中间由一块半透膜隔开，水通过半透膜往溶液一侧运移。若于溶液一侧施加压力，当此压力恰好阻止水的渗透，则称此压力为稀溶液的渗透压 Π。范特霍夫定律用渗透压公式表示为

$$\Pi = cRT \tag{3-3}$$

式中，Π 为稀溶液的渗透压，kPa；c 为总的离子浓度。

对于地层而言，渗透压即页岩吸附压。通过调节油基钻井液水相中无机盐的浓度来调节钻井液的水活度，使其产生的渗透压大于或等于页岩吸附压以防止钻井液中的水向地层

中的页岩层运移。

3. 控制油基钻井液活度的方法

油包水乳化钻井液体系中，可以用 $CaCl_2$ 和 NaCl 的浓度控制油基钻井液水相的活度。页岩地层中水相活度可以通过页岩吸附等温线曲线确定。据此可以确定钻井液体系中水相应当保持的无机盐的质量分数（SY/T 5613—2000《泥页岩理化性能试验方法》），如图 3-6 所示，在常温条件下，$CaCl_2$ 与 NaCl 溶液水相活度与其质量分数呈曲线关系。

测量页岩中水相活度方法如下：将取自地层的岩屑进行冲洗、烘干，然后置于已控制好活度环境的干燥器中。通过定时称量样品，测出岩样对水的吸附和脱附曲线。最后，根据岩样的实际含水量，再由标准曲线确定岩样中水相的平均活度。例如，所用硬页岩实际含水 2.2%，由图 3-6 可查得页岩的平均活度 $a=0.75$。缺点是耗时较长，岩样与环境达到完全平衡约需 2 周。此外，地层间隙水的含盐量对水的活度也有较大影响。由图 3-7 可见，若已知基岩应力和地层间隙水的盐度，可由图中对应曲线确定油基钻井液水相中 $CaCl_2$ 的质量浓度。

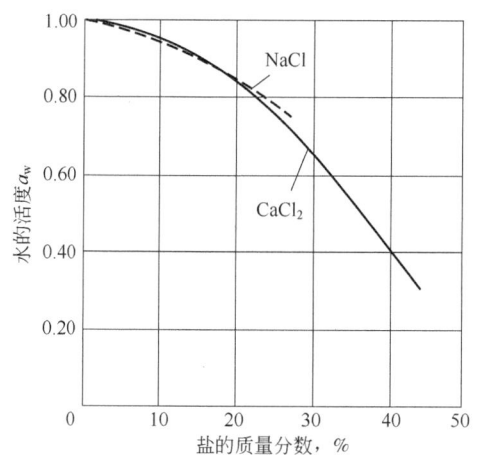

图 3-6　水的活度与其质量分数的关系

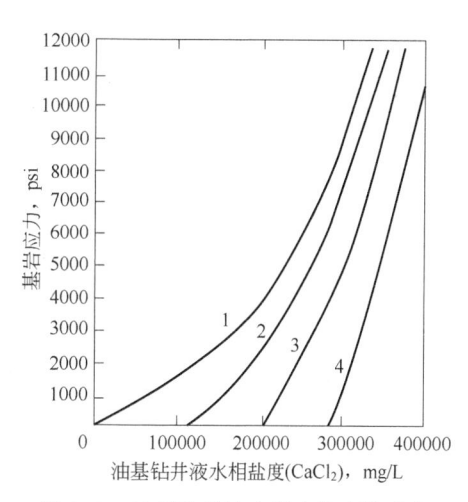

图 3-7　油基钻井液水相中盐度的确定
1~4—间隙水盐度 0、10%、20% 和 30%NaCl

简便方法是使用特制的电湿度计，可以测量页岩样品中水相的活度，还可以直接测量油基钻井液中水相的活度。测量时，将湿度计的探头置于试样上方的平衡蒸汽中。探头的电阻对水蒸气的量十分敏感，由于测试通常在大气压力条件下进行，因此水的蒸气压与水蒸气中水的体积分数成正比，在恒温条件下水的蒸气压与水相活度直接相关，在某一湿度下就有与之相对应的活度值。电湿度计常使用某种已知活度的饱和盐水进行校正，可供选择的无机盐及其饱和溶液的 a_w 值列于表 3-4 中。

确定页岩中水相的活度后，即可向油基钻井液的水相中加入一定数量的 $CaCl_2$ 或 NaCl，使其活度与页岩中水相的活度相等。

更简便方法是根据所要求的活度值，利用图 3-8 和图 3-9 直接读取 NaCl 或 $CaCl_2$ 应添加的量。由两图可知，NaCl 最多只能将钻井液的 a_w 降至 0.75，而 $CaCl_2$ 则有可能将 a_w 降至 0.32。两图注释中的 NaCl、$CaCl_2$ 浓度均为质量分数。

表 3-4　常温下各种无机盐饱和溶液及水的活度

无机盐	活度 a_w	无机盐	活度 a_w
$ZnCl_2$	0.10	NaCl	0.75
$CaCl_2$	0.30	$(NH_4)_2SO_4$	0.80
$MgCl_2$	0.33	H_2O	1.00
$Ca(NO_3)_2$	0.51		

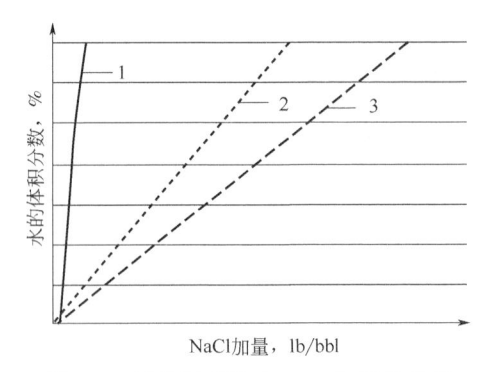

图 3-8　油基钻井液中 NaCl 加量的确定

1—10%（$a=0.93$）；2—20%（$a=0.84$）；3—10%（20℃饱和溶液，$a=0.75$）；1lb/bbl = 2.853kg/m³

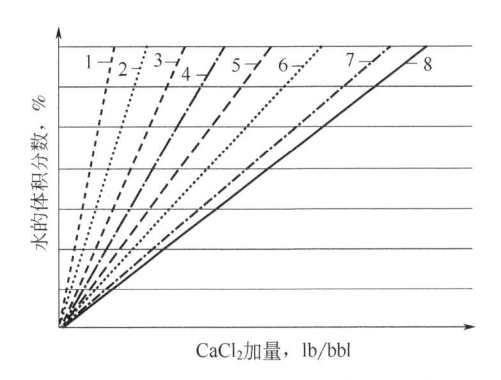

图 3-9　油基钻井液中 $CaCl_2$ 加量的确定

1—10%（$a=0.94$）；2—15%（$a=0.90$）；3—20%（$a=0.83$）；4—25%（$a=0.74$）；
5—30%（$a=0.63$）；6—35%（$a=0.52$）；7—40%（$a=0.39$）；8—42.6%（20℃饱和溶液，$a=0.32$）

在配置钻井液时，应将钻井液中水相的活度值控制在稍低于预测值的范围内，方能有效地维持井壁的稳定性。遇到在同一口井不同的页岩层位有几个不同水相活度值时，通常需加入足量无机盐，使钻井液体系的水相活度值与页岩层位最低水相活度相等，使得一部分水从页岩层中迁移到钻井液中来。实践证明可行，但也应注意不能让地层中的水过多地进入钻井液体系，否则会影响油基钻井液的油水比和其他性能，页岩失水过多时还会出现严重的收缩现象（即发生盐敏），易引起井壁的剥落掉块，不利于井壁稳定。

钻井过程中，当页岩与水接触时，页岩便会吸水膨胀，吸附压力相当于渗透压。若在油基钻井液水相中添加 $CaCl_2$，当其质量分数达到40%时，大约产生111MPa的渗透压，足以使水从富含蒙脱石的水敏性地层中运移出来。$CaCl_2$ 的质量分数一般控制在22%～

31%范围内，产生的渗透压大约在34.5~69.0MPa范围，即可平衡活度，满足钻井需要。NaCl溶液产生的渗透压比$CaCl_2$要低很多，在饱和状态下产生的渗透压仅为40MPa，因此多数油基钻井液的水相中使用$CaCl_2$，而较少使用NaCl。

二、现场应用

国内很多油田使用过油包水钻井液，主要用于解决深井复杂地层的高温、厚盐膏层以及泥岩混合层段的问题。

1. 油基钻井液配方的优化设计原则

1）针对性要强

油基钻井液钻高温深井时，应当使用较高的油水比，同时应当选用耐高温的乳化剂和润湿剂。遇到坍塌严重的泥页岩地层时，应当保持配方的活度平衡。对于海上等对环境有严格要求的地区，则必须选用低毒矿物油作为基油。

2）应满足地质—钻井工程一体化和油气储层保护的要求

钻井液体系的黏切一般随着温度的升高而降低，配方中必须加足量抗温性能强的亲油胶体，保证钻井液有较强的携岩和降滤失性能。为了提高机械钻速，可以用不含沥青类产品的低胶质油基钻井液体系，适当放宽滤失量。钻遇油气储层时，应严格控制滤失量，不使用强亲油性的表面活性剂，避免发生润湿反转，影响油井产能。

3）选用合适的配浆材料和处理剂，并控制成本

配浆材料和处理剂的种类很多，应根据地层条件选择合适的、经济实用的产品，也可以通过复配来优化钻井液性能。我国钻井液手册推荐的油包水乳化钻井液的基本配方及性能参数见表3-5。

表3-5 油包水乳化钻井液推荐配方及性能参数

配方		性能	
材料名称	加量，kg/m^3	项目	指标
有机土	20~30	密度，g/cm^3	0.90~2.00
主乳化剂：环烷酸钙	~20	漏斗黏度，s	30~100
主乳化剂：油酸	~20	表观黏度，$mPa·s$	20~120
主乳化剂：石油磺酸铁	~100	塑性黏度，$mPa·s$	15~100
主乳化剂：环烷酸酰胺	~40	动切力，Pa	2~24
辅助乳化剂：Span-80	20~70	静切力（初/终），Pa	0.5~2/0.8~5
辅助乳化剂：ABS	~20	破乳电压，V	500~1000
辅助乳化剂：烷基苯磺酸钙	~70	API滤失量，mL	0~5
石灰	50~100	高温高压滤失量，mL	4~10
$CaCl_2$	70~150	pH值	10~11.5
油水比	85~70/15~30	含砂量，%	<0.5
材料名称	加量，kg/m^3	项目	指标
氧化沥青	视需要而定	滤饼摩阻系数	<0.15
加重剂	视需要而定	水滴细度（$35\mu m$所占比例），%	>95

油包水钻井液一般是在施工现场配制，为了能够形成较为稳定的油包水乳状液，配制过程必须遵循一定的程序。经验表明，钻井液的配制过程会直接影响钻井液体系的性能和质量。

2. 美国公司推荐的配浆程序

（1）洗净并准备好两个钻井液罐。

（2）用泵将基油打入 1 号罐内，根据预先计算好的量，加入主乳化剂、辅乳化剂和润湿剂。然后进行充分的搅拌，直至所有的油溶性组分全部溶解。在常温条件下，混合 31.8m³ 大约需要 2h 或者更长的时间，适当升高油基钻井液的温度或进行剧烈的搅拌可以缩短添加剂的溶解时间。

（3）在 2 号罐内加入预先计算好的水量，这部分水可以溶解 70% 所需 $CaCl_2$。

（4）通过钻井液枪等专门设备强有力的搅拌，将含有 $CaCl_2$ 的水缓慢加入油相中。

（5）在搅拌过程中加入适量的亲油胶体和石灰。在乳状液体系形成后，应当全面测定它的性能，比如流变参数、pH 值、破乳电压及高温高压滤失量等。

（6）如果钻井液体系的性能达到了要求，这时可以加入重晶石来调节钻井液的密度，使钻井液密度达到所需要求。重晶石的加入速度以每小时 200~300 袋为宜。如果重晶石被水润湿，那么钻井液中便会出现粒状固体，这时应该减慢加入重晶石的速度，同时适当增加润湿剂的用量。

（7）当体系密度达到所需要求时，加入剩余的粉状 $CaCl_2$，最后再进行充分搅拌。

3. 现场应用效果

国内外的钻井实践表明，在强水敏性的复杂地层（包括软页岩层、硬页岩层）钻进时，使用活度平衡的油包水乳化钻井液是切实有效的方法。仅就防塌而言，油包水钻井液体系是最佳的选择。主要原因是活度平衡的油包水乳化钻井液体系有较低的水相活度，从根本上阻止其他液体侵入地层，抑制蒙脱石、伊利石和蒙脱石混层黏土矿物的水化分散。

在美国路易斯安那州南部地区，经常钻遇硬的页岩层。测井曲线表明，使用水基钻井液时井径扩大极为严重。试验发现，使用水相为饱和盐水（$a_w = 0.75$）的油包水乳化钻井液时，钻出的井眼非常规则，井径扩大率几乎为零，有效解决了该地区硬页岩层的钻井问题。

在我国新疆油田北 80 井区及中拐五八区富含水敏矿物地层钻井时发现，油包水乳化钻井液明显减少扩径，改善泥页岩地层的井眼稳定性。此外，在中拐五八区金龙 4 井的使用表明，该体系可满足欠平衡钻井的要求，有效避免地层伤害，有利于储层保护。

现场应用证明，油包水乳化钻井液稳定性好，抑制性强，能满足复杂地层的钻井、取心作业以及欠平衡钻井等特殊需要，为油气田安全高效开发提供可靠的技术保障。实践证明油包水乳化钻井液有以下优点：

（1）API 滤失量和高温高压滤失量都很低。一般 API 滤失量在 2.0mL 以内，高温高压滤失量在 7.0mL 以内，可以最大限度地减少液相和固相侵入储层，减少对储层孔道的堵塞，达到保护油气层的目的。

（2）所钻井径规则，井径平均扩大率均在 5% 以下，电测一次成功，减少钻井液完井液对储层的浸泡时间，降低钻井液完井液对储层的伤害。

（3）体系稳定，热稳定性高，具有较强的抗盐污染、抗钻屑等固相污染的能力，可提高钻井速度，确保井下钻井安全。

（4）钻井液密度调控范围大（$0.90\sim2.30\text{g/cm}^3$），可针对低压力系数储层实施欠平衡钻井，最大限度地减少对储层的伤害。

（5）钻井液可重复利用，在大面积推广应用时可节约钻井综合成本。而且钻井液体系的处理剂种类较少，现场维护工艺较简单。

第三节　低毒油包水钻井液

与水基钻井液相比，传统油基钻井液在性能上有一定的优势，但是其中的芳烃组分对环境和人体有很强的毒性，不能外排，否则会严重污染环境。用矿物油或白油（white mineral oil）替代原油和柴油，配成油包水乳化钻井液，可以降低钻井液的毒性。这种低毒矿物油是以脂肪烃或环烷烃为主要成分的精炼油，芳烃含量低，稠环芳烃不超过5%。基液无难闻气味，不伤害皮肤，不损坏橡胶部件。矿物油钻井液的稳定性及其他性能不亚于柴油钻井液，钻得的岩屑一般不需要经过专门处理即可达到规定的排放标准。1980年后，该类钻井液广泛用于墨西哥湾、北海油田和中国南海等的海上油田。

低毒矿物油钻井液具有柴油钻井液的一切特性和优点，不受碳酸盐、硫化氢、硬石膏、盐或水泥等的影响，具有很强的容纳钻屑的能力。适用于海洋深井和超深井的钻进，抗温可高达280℃。也适用于下列复杂地层的钻井：

（1）强造浆地层，层理性差且易坍塌地层；
（2）井底温度高，水基钻井液难以钻进的地层；
（3）易污染水基钻井液的复杂地层；
（4）大斜度定向井和水平井层段；
（5）敏感性较强的储层。

一、组成及其特点

1. 基油

矿物油的物理和化学性质会影响钻井液的性能，主要影响参数有芳烃含量、黏度、闪点、倾点和密度等。国内常用的基油是白油，是经过特殊工艺深度精制后的矿物油，别名液状石蜡、白色油及矿物油。

白油的主要成分为$C_{16}\sim C_{31}$的混合烷烃，是无色无味的透明液体，芳烃、氮、氧和硫等杂质的含量极少，分子量范围在250~450之间。它有良好的氧化安定性、化学稳定性和光安定性，不腐蚀纤维纺织物和橡胶。国外常用的矿物油有Exxon公司的Mentor26、Mentor28和Escaidl10矿物油，Conoco公司的LVT矿物油和BP公司的BP8313矿物油等。

依据黏度等性质的不同，白油产品有多种型号。按饱和烃的纯度分类，白油可分为食品级、医用级、化妆品级以及工业用白油。配制油包水乳化钻井液用的白油是由工业用白油精制而成,按型号包括白油 5 号、7 号和 15 号,密度分别为 0.83g/cm³、0.87g/cm³、0.89g/cm³。其中,茂名 5 号白油的运动黏度低,达到美国相关标准,可用作油基钻井液的基油,满足国外 VersaClean 体系和环保的要求。

2. 处理剂

与常规油基钻井液类似,有机土、氧化沥青和改性褐煤用作矿物油钻井液的增黏剂和悬浮剂,乳化剂和分散剂常用对海洋生物毒性较低的脂肪酸酰胺、妥尔油脂肪酸、烷基磺酸钙盐和改性的咪唑啉等表面活性物质。CaO 可与乳化剂和分散剂作用生成钙皂,提高钻井液的乳化性能和抗温性能,还可以控制钻井液的碱度,清除 H_2S 和 CO_2 等酸性气体。还有一些有机化合物可用作高温稳定剂,控制高温高压下矿物油钻井液的流变性和滤失造壁性。

二、性能

与柴油钻井液相比,白油钻井液可以实现同样的优良性能。与水基钻井液相比,白油钻井液具有耐高温、抗盐抗钙侵及稳定井壁等特点,在复杂井段和地层钻井时,白油钻井液的性能优于水基钻井液,两者的性能对比见表 3-6。矿物油钻井液在高温老化前后的流变性和滤失性能变化不大,说明其抗温性能好。在相同条件下,矿物油钻井液比柴油基钻井液有更高的破乳电压,即矿物油的乳化稳定性更强。

表 3-6 密度为 1.68g/cm³ 两种油基钻井液的性能对比

性能	矿物油钻井液		柴油钻井液	
	老化前	149℃老化 16h 后	老化前	149℃老化 16h 后
塑性黏度,mPa·s	55	39	47	32
屈服值,Pa	14.4	12.4	12.9	9.6
10min 切力,Pa	6.7	6.7	6.2	6.2
电稳定性,V	960	1030	880	930
API 滤失量,mL	0.6	1.6	1.4	2.0
149℃,34.5MPa 滤失量,mL	6.6	6.8	8.4	12.4

注:两类钻井液的油水比均为 80:20。

矿物油钻井液在钻深井或超深井时,仍具有相当好的流变性能。在 204℃高温下,矿物油钻井液的表观黏度可保持在 20mPa·s,有很好的携屑能力。常温常压下矿物油钻井液的表观黏度低于柴油钻井液,但在井底高温下,矿物油钻井液的表观黏度接近甚至超过柴油钻井液,具有更好的抗温性能。而且在相同温度和压力下,白油钻井液有较高的动塑比和较低的流性指数 n 值,说明剪切稀释性能优于柴油钻井液。PVT 仪系统测定不同温度和压力下的钻井液密度时发现,矿物油钻井液的热膨胀性和可压缩性均略高于柴油钻井液,矿物油的润滑性与柴油基本相同,在钻大斜度井和定向井时,均有很好的防卡作用。两种油基钻井液的性能对比见表 3-7。

表 3-7 密度为 2.16g/cm³ 两种油基钻井液的性能对比

性能	矿物油钻井液		柴油钻井液	
	老化前	204℃老化16h后	老化前	204℃老化16h后
塑性黏度，mPa·s	114	82	84	55
屈服值，Pa	10.1	7.6	12.4	0.96
10min 切力，Pa	6.2	19.2	7.2	2.4
电稳定性，V	400	380	340	320
204℃，34.5MPa 滤失量，mL	5.8	8.0	6.2	4.6

注：两类钻井液的油水比均为 90∶10。

三、毒性研究

钻井液生物毒性的评价方法常用的有两种，即 96h 生物鉴定试验法（或生物糠虾试验法）和发光细菌法。

1. 96h 生物鉴定试验法

目前测定毒性的标准方法为 96h 生物鉴定试验法。将一定量的试验生物在不同浓度有毒液相中浸泡 96h，记录不同浓度下残存的生物数量。以死亡率与浓度的变化关系作图，由图中曲线即可得到使试验生物致死 50% 的浓度值，如图 3-10 所示。该浓度值被称为 96h LC_{50} 值，表示毒物的毒性大小。96h LC_{50} 值越大，表示毒性越小；反之，96h LC_{50} 值越小，则毒性越大。毒性等级的分类情况见表 3-8。96h LC_{50} 值超过 1% 时，可以认为实验液相基本无毒性。一般认为，水基钻井液基本无毒，而且有毒组分（如 FCLS 等）的应用也早已被禁止，无论其使用效果优良。

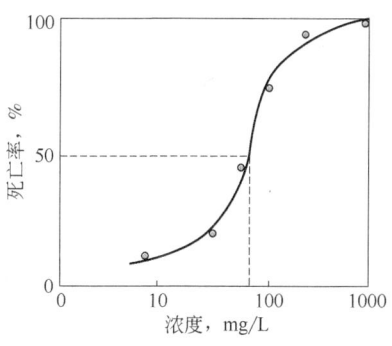

图 3-10 根据试验生物死亡率与质量浓度关系曲线确定 LC_{50} 值示意图

表 3-8 毒性级别分类

类别	无毒性	微毒性	中等毒性	毒性	剧毒性
96h LC_{50} 值，mg/kg	>10000	1000~10000	100~1000	1~100	<1

矿物油钻井液和柴油钻井液的毒性试验通常按照 API 颁布的《钻井液生物鉴定标准程序》进行试验，将钻井液分为三相：液相（LP）、悬浮颗粒相（SPP）和固相（SP）。某些钻井液组分是水溶性的，能溶解于海水；某些组分是细颗粒，能长期悬浮于海水；还有一些组分是粗颗粒，在海水中迅速沉降。分别对密度均为 1.40g/cm³ 的矿物油钻井液和

柴油钻井液进行三个相的毒性试验，表3-9列出了悬浮颗粒相的试验结果。

表3-9 两类逆乳化钻井液悬浮颗粒相的毒性测试数据　　　　　　　单位:%

悬浮相稀释浓度	白油（矿物油）钻井液		柴油钻井液	
	鱼存活率	虾存活率	鱼存活率	虾存活率
50	96.7	80	13	0
17	100	80.3	33	0
5	96.7	66.7	67	3
1.7	100	86.7	90	5
0.5	100	100	87	36.5
0.17	—	96.7	—	67
0.05	—	96.7	—	90
空白	100	100	93	100

由表3-9可见，两种钻井液悬浮相的毒性差别很明显。钻井液悬浮相稀释浓度大于5%时，鱼虾在矿物油钻井液悬浮相的存活率远高于在柴油钻井液悬浮相的存活率。结果证明，矿物油钻井液的毒性远小于柴油钻井液。

2. 发光细菌法

发光细菌法采用明亮发光杆菌作为实验物种（标准菌种），属于革兰氏阴性和兼性厌氧菌，是一种非致病性海洋细菌。发光过程是该菌体内的一种新陈代谢过程，也是该菌的健康状况标志，代谢过程如图3-11所示。

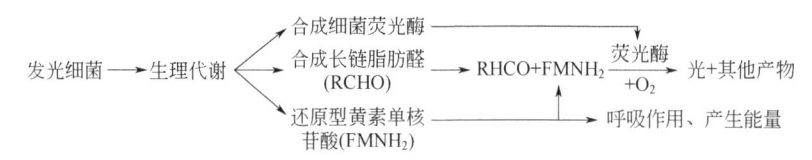

图3-11 发光细菌放光的代谢过程

若细菌活性高，细胞处于积极分裂状态，则细胞内腺嘌呤核苷三磷酸（三磷酸腺苷或腺苷三磷酸，ATP）含量高，细菌发光就强；当细菌活性受到抑制或休眠时，细胞内ATP含量明显下降，发光就弱；细菌死亡时，ATP立即消失，发光停止。目前关于生物发光的生理机制还不完全清楚，但已知生物体用于发光的能量直接来自ATP，如萤火虫的发光。

发光细菌法快速简便、灵敏且成本低。在发光菌发光的代谢活动内涉及诸多化学物质，还原型黄素单核苷酸$FMNH_2$是细菌呼吸作用的主要产物，RCHO是烃链含8个以上碳原子的长链脂肪醛，RCOOH是相应的长链脂肪酸。当细菌所处的环境影响到发光菌的新陈代谢活动时，第一时间影响发光菌的代谢产物，使细菌的代谢过程受到影响，具体表现为细菌发出荧光的光照强度发生变化。通过仪器检测可以探测其光强变化，由此可知外界因素对试验菌种代谢能力的影响，这也是使用发光细菌法快速检测环境水质污染的原因。

世界各国现在均不允许将海上钻探作业使用的油基钻井液直接排放到海中，柴油钻井液必须用专门装置，将钻屑上的残留油洗净后才准许填埋。钻屑上的基油滞留性能的现场试验表明，矿物油钻井液的钻屑含油量为 5%~6%，柴油钻井液的钻屑含油量却高达 15%~17%。矿物油在钻屑上的滞留量明显低于柴油，说明其毒性远小于柴油，主要原因是矿物油的表面张力低于柴油的表面张力。

四、现场应用

目前，矿物油的价格约高于柴油 20%~30%。若选用低黏度矿物油作为基油，某些低毒的添加剂和有机土的用量较大，提高矿物油钻井液的使用成本。据 NL Baroid 公司统计，使用矿物油钻井液的费用比柴油钻井液高 25%。但是，矿物油钻井液可以节省钻屑清洗系统所需的大笔费用，而且矿物油钻井液对钻具的腐蚀性小。将一口井有关钻井液的费用累加后扣除钻井液的回收费用，则使用矿物油钻井液的净费用比柴油钻井液少 6%。两类钻井液各种费用的对比见表 3-10。

表 3-10　NL Baroid 公司对两类油基钻井液费用的对比（美元）

费用名称	钻井液费用	工程设备费用	钻屑清洁装置	总费用	钻井液回收费用	净费用
矿物油钻井液	578266.55	9635.00	0	587901.54	384673.09	203228.46
柴油钻井液	43111727	9635.00	67785.67	508537.94	292143.39	216394.54

低毒油基钻井液在我国渤海海域蓬莱油田的应用表明，该类钻井液可以有效保护储层，提高油田的采收率。油田单井日均产量超过 200m^3，是常规水基钻井液和砾石充填完井的油井日产量的 3~4 倍。在中国南海西部的某区块，油基钻井液以白油作为基油，钻进速度快，复杂情况少，而且钻井液成本降低，钻成的油井井径规则井壁稳定。

1986—1988 年间，国外公司在北海大陆架的荷兰某油田使用低毒油包水乳化钻井液钻成 8 口水平井。这些井的井径规则，井壁稳定而且井眼清洁。完井液配合使用 $CaCO_3$ 等酸溶性暂堵剂，降低了对储层的伤害程度。BP 石油公司在两个海上钻井平台钻井时，使用的矿物油钻井液钻遇大段泥页岩地层，施工作业顺利。与 KCl-聚合物水基钻井液相比，不仅井径规则，机械钻速也有明显提高。

第四节　合成基钻井液

合成基钻井液（synthetic drilling fluid）是以合成的有机化合物为连续相，盐水为分散相，并含有乳化剂、有机黏土和石灰等成分的逆乳化钻井液，并根据性能要求加配降滤失剂、流变性调节剂和重晶石等。合成基钻井液的组成除基液外，其他与油基钻井液类似，性能也类似于油基钻井液。将油基钻井液中的天然矿物油换成物理性质相近的改性植物油或人工合成有机物，替代物可以降解，而且其钻井液体系毒性远低于油基，减少对环境的影响，同时又确保油基钻井液高抑制能力的特性。

与其他钻井液相比，合成基钻井液有以下主要优点：
（1）无毒、可生物降解、对环境无污染，可向海洋排放。
（2）润滑性能良好，适用于在大斜度井段及水平井段的钻进。

(3) 滤液主要成分不是水，有利于保护油气层和井壁稳定。

(4) 不含荧光类物质，可生物降解且无毒，可避免油基钻井液对环境污染的问题，满足对后续测井和试井资料解释的要求。

一、组成

合成基钻井液是将油基钻井液中的油相改为人工合成有机物，毒性低，芳烃含量少。合成基钻井液第一代主要为酯类、醚类和聚α-烯烃（PAO）类，缩醛类；第二代主要为线性α-烯烃（LAO）类、内烯烃（IO）类、线性烷烃（LP）类和线性烷基苯（LAB）类。以线性α-烯烃聚合物为主的第二代合成基钻井液与第一代相比，成本较低、环境配伍性略差，黏度略低，但符合标准，更适用于在海上钻井，以及在高温深井的钻进。

1. 第一代合成基液

1) 酯基类

酯基类最早用于配制合成基钻井液，由醇和植物油脂肪酸反应制得基油，植物油脂肪酸大多来自菜籽油、豆油和棉籽油等植物油。合成酯类比天然酯（如植物油等）纯度高，稳定性更好，不含有毒芳烃，利用地沟油脂制得的生物柴油即属此类。

2) 醚基类

通过醇的缩合和氧化作用制得醚类属于非离子表面活性剂，在液体中不会电离，不含芳烃。目前使用的变体二乙醚与以前使用的单醚相比，更容易发生微生物降解，即更为满足环保要求。

3) 聚α-烯烃类（PAO）

PAO 由 α-烯烃（双键处于端部的烯烃，$CH_2=CHR$）聚合而成。已用于钻井的 PAO 是由直线型 α-烯烃（如 1-辛烯、1-癸烯）催化聚合而成，也可由低级烯烃（如乙烯）聚合或石蜡加热裂解得到，关键是控制聚合条件以保证形成直链烃，同时剩余双键仍存在于分子中，有利于降解及低毒。

4) 缩醛类

通过醛类缩合制得的缩醛除运动黏度和闪点低于酯基和醚基的基液外，其他物理性质均与其类似。

2. 第二代合成基液

1) 线性α-烯烃（LAO）类

线性α-烯烃是乙烯通过在三乙基铝催化剂作用下，发生控链增长反应制备得到。在链增长阶段后，烷基被取代形成碳原子数为 $C_4 \sim C_{20}$ 的偶碳原子数的线性烯烃。烯烃的双键在烷基链的第一和第二碳原子间形成，分子量范围约为 112（C_8H_{16}）~280（$C_{20}H_{40}$），不含芳烃，基液黏度低，运动黏度为 $(2.1 \sim 2.7) \times 10^{-6} mm^2/s$。

2) 内烯烃（IO）类

内烯烃类是由 LAO 异构化而合成，化学组成与 LAO 相同的线性化合物。两者结构差异在于 IO 双键位于中间碳原子之间，性质差异是倾点明显比 LAO 的倾点低，可能原因是 IO 的内部双键使 IO 分子在冷却时不能均匀地裹在一起。由 IO 基液配制出的钻井液综合性能优良，是目前理想的合成基液品种。

3）线性烷烃（LP）类

LP可通过单纯的合成路线制得，也可通过加氢裂化和利用分子筛分离的多级炼油加工过程制得。国外使用的LP基液大多通过炼油加工过程制得，生产成本比纯合成方法生产成本低，缺点是含有少量芳烃。

4）线性烷基苯类（LAB）

LAB分子的长链烷基与苯环连接，化学性质与甲苯相似。基液特点是运动黏度低，成本较低，因含有芳烃而有一定的毒性，使用较少。

3. 其他处理剂

其他处理剂包括乳化剂、降滤失剂、增黏剂、稀释剂和低剪切速率流变性调节剂（LSRM）等。大部分酯基钻井液配方中含有的饱和脂肪酸LSRM是一类脂肪酸的低聚物，由2~4个单体分子聚合而成，分子量小于1500，易于溶解和蒸馏而形成晶体或无定形物质。其特殊的作用是提高低速率下合成基钻井液的黏度和稳定性，体系的沉降稳定性及悬浮钻屑能力也有提高，还能减小温度对体系黏度的影响，有利于配制高密度（1.99g/cm³）的钻井液。

二、基液及其钻井液的性能

1. 合成基液的基本性能

合成基液的性能直接影响钻井液的性能，基液不应含有芳烃等对环境有害的化学成分，合成基液的基本性能对比见表3-11。基液主要是C_{14}~C_{20}的直链型分子，平均分子量与矿物油类似，且质量分布范围较窄。合成基的基液润滑性能好，例如，酯基易在金属表面形成较强的物理吸附膜，有效发挥边界润滑剂的作用；PAO甚至可用作高性能的发动机润滑剂。

表3-11 合成基液的基本性能

基本性能	第一代				第二代				基油	
	酯	醚	PAO	缩醛	LAO	IO	LP	LAB	矿物油	气制油
密度，g/cm³	0.85	0.83	0.80	0.84	0.78	0.78	0.77	0.86	0.79	0.79
运动黏度 10^6mm²/s	5.0~6.0	6.0	5.0~6.0	3.5	2.1~2.7	3.1	2.5	4.0	—	—
动力黏度，Pa·s	5~10	3.9~6.0	3.9~9.6	—	—	—	—	—	1.6	2.8
闪点，℃	>150	>150	>150	>135	113~115	137	>100	>120	78.9	85
倾点，℃	<-15	<-40	<-55	<-60	-14~2	-24	<-10	<-30	-53.9	-20
苯胺点，℃	20~30	35~45	104~155	—	—	—	—	—	76	75
降解温度，℃	171	133	167	—	—	—	—	—	—	—
芳烃含量，%	0	0	0	0	0	0	少量	少量	<2.5	0.5

合成基钻井液的基液黏度对钻井液的性能有较大影响，影响的大小程度主要取决于合成基液的分子量。若基液的分子量较低，则基液黏度也较低。若基液的黏度较高，则要求配合使用分子量较低的钻井液处理剂，否则会影响钻井液的流变性能。一般认为，基液的

分子量越低,其挥发性越大,对人体和环境的影响也越大;若蒸气中所含芳香馏分越多,则对哺乳动物的危害越大。矿物油在90℃时产生大量蒸气,并含有5%~6%的芳烃类,毒性较大。对于合成基液而言,基液的闪点越高,蒸汽压力越低,毒性相对较小。在不含芳香化合物的四种合成基液中,相对挥发度大小顺序为:PAO<酯<IO<LAO。

近年来,更低毒性的气制油(GTL)得到应用。气制油基液是以天然气为原料,经催化聚合(费托法合成)反应制成的大分子烷烃。其特点是黏度低、不含稠环芳烃、易生物降解、热稳定性好等。气制油基液配制的钻井液与常规油基钻井液相比,具有以下特点:黏度低,有利于提高钻井速度;当量循环密度低,有利于防止井漏、井喷、井塌等井下复杂情况的发生;与各种处理剂配伍性好,性能容易调控;毒性低,可直接排放,对环境影响低等。

2. 合成基钻井液性能

合成基液是人工合成的、水不溶的非离子型有机物,性质类似"油",配成的合成基钻井液具有显著的优良性能,兼有水基钻井液和油基钻井液的特点。

首先,合成基钻井液不存在钻遇泥页岩时的水化问题,调节乳化剂膜厚度甚至能使页岩脱水。钻进过程中不会发生因泥页岩的水化作用而产生井壁坍塌等问题,所钻井眼的井径规则,井壁稳定。它与油基钻井液一样,几乎可以解决水基钻井液难以解决的井下复杂问题,优良的井眼稳定性可以为复杂地层条件下的顺利钻进和井下作业提供保障。合成基液具有很强的抗温能力,配合使用抗高温的乳化剂和流变性调节剂制成的合成基钻井液可用于200℃以上高温深井的钻进。

合成基液类似油,是优良的润滑剂。合成基钻井液的润滑性甚至优于油基钻井液,经典的合成基钻井液配方及性能指标见表3-12和表3-13。基液的润滑作用有助于降低钻井液的摩阻,延长钻头寿命,特别适用于钻大斜度井、水平井以及易发生卡钻的复杂井。用于这些特殊井的钻井作业时,钻具的最大扭矩小于使用油基钻井液时的扭矩。钻速明显得到提高,节约了钻时和总成本,经济效益显著提升。

此外,合成基液不会对储层产生水敏伤害,不会与储层中的金属离子作用生成沉淀结垢,可以很好地保护储层。

表3-12 酯基钻井液的典型配方及性能

配方		性能	
组分	加量	项目	指标
酯类	0.65m^3	密度	1.55g/cm^3
水生动物油乳化剂	36.5m^3	酯类/水	83/17
HTHP滤失控制剂	31.9kg	FL_{HTHP}	2.4mL
有机土	6.3kg	塑性黏度(49℃)	54mPa·s
淡水	0.13m^3	动切力	13Pa
CaCl$_2$(纯度82%)	35.4kg	静切力(初/终)	9Pa/13Pa
重晶石	796kg	水盐度	173000mg/L
降黏剂	5.9kg	电稳定性(49℃)	990V
石灰	4.3kg		
流型调节剂	1.1kg		

表 3-13 PAO 钻井液的典型配方及性能

配方		性能	
组分	加量	项目	指标
PAO 基浆	0.65m³	塑性黏度	29mPa·s
水	6.3kg	动切力	9Pa
乳化剂	0.13m³	静切力（初/终）	7.5Pa/19.5Pa
有机土	35.4kg	FL_{HTHP}	5.6mL
石灰	796kg	电稳定性	1840V
$CaCl_2$	5.9kg		
流型调节剂	4.3kg		
重晶石	1.1kg		

3. 毒性和生物可降解性

依据 GB/T 15441—1995《水质 急性毒性的测定 发光细菌法》，比较四种钻井液的生物可降解性，结果见表 3-14。EC_{50} 表示被测物质的生物毒性，EC_{50} 值越大，表明被测物的生物毒性越小；EC_{50} 值越小，表明被测物的生物毒性越大。PLUS/KCl 和聚合醇这两种水基钻井液的毒性最低，达到排放标准。合成基钻井液可达到实际无毒标准，较易生物降解。

表 3-14 钻井液生物毒性及可降解性比较

钻井液	EC_{50}，g/L	毒性分级	可生物降解性
合成基	>10	实际无毒	较易
柴油基	0.6	中毒	较难
PLUS/KCl	>30	排放	易
聚合醇	>30	排放	易

三、现场应用

自 1990 年酯基钻井液最早成功应用于北海挪威油田以来，先后形成了以酯基、醚基、聚烯烃基为代表的第一代合成基钻井液体系，以线性烯烃、线性石蜡和气制油等为代表的第二代合成基体系，在深水钻井的应用中取得了显著成就。第一代合成基钻井液均具备较高的闪点和优良的润滑性，环保性能优异。但是其缺点也突出，首先，除聚烯烃外，第一代合成基钻井液普遍具有较高的黏度，流变性（尤其是在深水低温下）调节难度大，严格限制了其固相加量和油水比的可调范围，普遍存在高温流变性易极度恶化及抗污染性能较差等问题，使用受到限制。第二代合成基钻井液体系在环保性能可接受的前提下，降低了基油的黏度，有利于提高体系的固相含量，增大油水比可调范围，还兼有良好的抗温性能和抗污染性能。

一般合成基钻井液的费用是水基钻井液的 4~6 倍，其成本也高于油基钻井液。但是处理钻屑（陆地深埋）和溶剂（萃取及油相回收）的时间得到节省，因为水基钻井液可能不满足钻井工程要求以及油基钻井液不满足环保要求会延误不少的钻井时间。合成基钻井液的钻井速度快，井壁稳定，井眼清洁效果好，且耗时最低，综合费用与水基钻井液相当，总的经济效果更好。合成基钻井液常用的基液是酯/烯烃混合物（含有烷烃、烯烃和酯），可用于水深超过2438m的井和大陆架地层温度超过176℃的区域。

1. 国外应用

1994年，在墨西哥南部使用合成基钻井液，创下24h钻进2562m的世界纪录。水基钻井液平均用180天完钻，而合成基钻井液平均完钻时间仅用54天，不到水基钻井液体系耗时的1/3。

酯基钻井液最早由Statoil公司在北海和挪威区域的气田使用，10口定向井中有6口井的井斜角大于80°，其中1口井的水平位移达到7290m，80%以上的斜井段长达5470m。相对油基钻井液，合成基钻井液的钻井速度更快，空气污染程度更低。而且合成基允许直接排放钻屑，含氧条件下35天后有82.5%的钻井液被细菌降解；油基钻井液的矿物油只有3.9%得到降解，对生态环境污染严重。

墨西哥湾峡谷有一口深水井，曾创下水深为3051m的世界纪录，钻深6917m，钻中下层井段时选用了环境可接受的专用合成基钻井液，提前完钻，钻井成本大幅降低。钻井液组成除合成基液外，还有亲油胶体有机土、$CaCl_2$、乳化剂和桥堵剂等。结果表明，钻井液的使用性能良好，抗地层流体侵入，而且易于维护处理。

2. 国内应用

1）气制油

气制油钻井液基本达到美国等国家制定的毒性试行条例要求，在澳大利亚等国家获准直接外排入海，有望广泛应用，特别适用于海上钻井作业。

乌石17-2油田是我国南海西部油气藏的重要组成部分，该区块存在严重的井壁失稳、漏失及储层损害等潜在问题，同时该区块处于国家自然保护区附近，环保要求极高。气制油作为基液制备高性能合成基钻井液，优选主/辅乳化剂及高效封堵剂OSD-2（两亲性的高分子树脂纳微米颗粒，接触角大于90°，颗粒更亲油），配成的高性能合成基钻井液性能如下：密度$1.5g/cm^3$、抗温150℃、高温高压滤失量不大于5mL、破乳电压不小于400V。该体系具有优异的流变稳定性、润滑性、抑制性和能抗劣质红土侵污染性能，可以满足现场施工要求，并有效解决现场存在的工程问题。该气制油环保型合成基钻井液体系的基本配方如下：

气制油+3.0%THEM-1+3.0%THEM-2+2.5%PF-MOALK（CaO）+2.5%PF-MOGEL+3.0%PF-MOHFR+0.5%提切剂+3%OSD-2+25%$CaCl_2$+重晶石。

优化后的合成基钻井液具有更低的滤失量、更好的抑制性和更强的抗污染能力，有利于井壁的稳定及井眼的畅通，可以保证钻井施工的正常进行。同时，该钻井液体系可以减少环境污染，在海洋钻井方面有望取代常规柴油和白油基钻井液。

2）植物油

利用植物油作为合成基原料，通过酯化反应和水解处理，消除不饱和脂肪酸甲酯的不饱和双键，最终形成以正构烷烃为主要组分的混合烷烃，消除了多环烃和芳烃对环境的污染和对人身的伤害。改性植物油作为连续相，盐水作为分散相，配制成的油包水乳化钻井液易生物降解，废弃物基本满足环保标准，处理成本低。几种基础油的性能参数见表3-15。

表 3-15 基础油性能参数对比

性能	运动黏度(40℃), m²/s	沸点范围 ℃	芳烃含量 %	闪点 ℃	Anilion 苯胺点,℃	密度（15℃） g/cm³	倾点 ℃	硫磺含量 %
Aarapar147	2.68~2.80	253~292	<0.01	>120	90	0.775~0.790	9.0~12.0	<3.00
Sraline185V	2.50~2.80	200~330	<0.10	>85	75	0.777~0.790	−20.0	<3.00
生物合成基液	2.34	228~299	0	104	>78	0.818	−63.0	<2.00
#3 白油	2.00~3.50	221~298	0.10	>90	—	0.801	<−20.0	>0.10
#5 白油	4.14~5.06	244~331	0.10	>100	—	0.820	<−8.0	>0.05
柴油	2.80~3.40	175~332	30~60	57.2~62.7	54.4~60	0.865	<−17.7	<1.00

植物油钻井液在我国长宁气田某平台的 3 口井的应用发现，抑制性、封堵性和润滑性均较好，能保障钻井、电测和下套管等作业的顺利进行。合成基钻井液的配方如下：

生物合成基础液 46%~50%+有机土 3%+主乳化剂 3%+副乳化剂 2%+降滤失剂 4%+氧化钙 2.3%+氯化钙 7.7%+水+加重剂

在不同温度老化前后的钻井液性能对比见表 3-16，抗污染性能的对比见表 3-17。

表 3-16 老化前后生物合成基钻井液常规性能对比

ρ g/cm³	性能	PV mPa·s	YP Pa	$G_{10''}/G_{10'}$ Pa/Pa	FL_{API} mL	FL_{HTHP} mL	ES V
2.10	初始性能	35	7	5.0/6.5	—	—	865
	热滚 120℃	32	6	4.0/4.5	0	3.2	840
2.40	初始性能	83	11	6.0/7.0	—	—	1349
	热滚 160℃	74	8	4.5/5.5	0	2.0	1075
1.85	初始性能	37	12	5.5/6.0	—	—	1205
	热滚 180℃	33	9	4.0/5.0	0	5.0	925

注：ES 指油基合成基钻井液的破乳电压（反映钻井液稳定性强弱）。

表 3-17 生物合成基钻井液抗污染性能对比

样品	V_o/V_w	V_s %	AV mPa·s	PV mPa·s	YP Pa	$G_{10''}/G_{10'}$ Pa/Pa	FL_{HTHP} mL	B mm	ES V
基础配方	80/20	37	38.0	32	6.0	4.0/4.5	3.6	3.0	865
15%饱和盐水	—	—	61.0	52	9.0	4.0/4.5	4.2	3.0	840
2%石膏	80/20	37	41.0	34	7.0	4.0/4.5	3.6	3.0	1205
5%土粉	—	—	46.5	39	7.5	3.5/4.0	3.6	3.0	925

对比其他不同类型钻井液的实钻性能与钻屑危险特性，结果分别见表 3-18 和表 3-19。

表 3-18 不同类型钻井液实钻性能对比

钻井液	ρ g/cm³	FV s	V_o/V_w	PV mPa·s	YP Pa	$G_{10''}/G_{10'}$ Pa/Pa	FL_{HTHP} mL	B mm	含砂量 %	碱度 mL	ES V
合成基	1.89	56	82/18	34	12	4.5/5.0	0.8	0.5	0.2	3.0	1070
油基	1.88	67	80/20	56	6	2.0/4.0	2.4	2.0	0.2	2.0	518
水基	1.89	73	—	48	15	3.0/9.0	5.2	2.0	0.8		

表 3-19 生物合成基钻屑危险特性主要检测结果

序号	浸出毒性 甲苯 μg/kg	浸出毒性 乙苯 μg/kg	腐蚀性 (pH 值)	毒性物质—有机物 苯 μg/kg	毒性物质—有机物 2-甲氧基乙醇 μg/kg	毒性物质—元素, mg/kg 镉	毒性物质—元素, mg/kg 铬	毒性物质—元素, mg/kg 汞	燃烧速度 mm/s
1	1.6	<4.0	9.68 (15.6℃)	5.6	<20	0.93	32.5	<2.5	未蔓延
2	2.5	<4.0	10.0 (15.5℃)	9.5	<20	0.99	26.8	<2.5	未蔓延

生物合成基钻井液每立方米成本相对油基钻井液要高 1/3，但钻屑不属于危险废弃物，毒性物质含量不超过 GB 5085.6—2007《危险废物鉴别标准 毒性物质含量鉴别》限值，急性毒性均低于 GB 5085.2—2007《危险废物鉴别标准 急性毒性初筛》中的标准，综合成本有一定的优势。

生物合成基钻井液在维护与处理时，应注意以下事项：

(1) 密度。在保障井壁稳定的前提下，控制相对较低的钻井液密度，并根据井眼状况及时进行调整，例如，龙马溪段实钻密度控制在 1.86~1.91g/cm³，油水比始终维持在 80:20 以上；密度越高，油水比的值也越高。

(2) 高温高压滤失量。适时补充降滤失剂，控制高温高压滤失量不超过 1mL (3.5MPa, 120℃)。

(3) 电稳定性。适时循环补充乳化剂、辅助乳化剂和降滤失剂，破乳电压始终控制在大于 900V 范围。

(4) 低密度固相含量。配备 3 台高频振动筛 (200 目以上)，一体机、高速和中速离心机各 1 台，全程使用振动筛和一体机，离心机使用时间大于钻进时间的 60%。

第四章 气体型钻井流体

气体型钻井流体是用于钻井循环作业的含有气体的流体总称。这种流体能提高机械钻速，是发现低压低产储层、保护油气层和提高油气产量的重要手段，能解决复杂地质条件下常规堵漏工艺技术无法解决的井漏问题。气体型流体的循环系统与其他钻井方式不同，所用机械设备较为特殊，用气体型流体进行钻井又称为非常规钻井。气体型流体在循环系统的配套上需要有空压机、增压机以及提供气源的装置设备。对于充气泡沫流体，配制原理是物理机械发泡与化学发泡相结合，需要空压机配备气源及特殊的发泡装置。各类气体均需要进行除尘和除水的预处理，处理后的流体进入井内与气体钻井循环系统基本相同。例如，充气泡沫气体的流动路线为：干气体→空压机→增压机→立管→井内→环空→旋转防喷器→排砂管线→破泡池。

第一节 气体型钻井流体的分类

气体型流体可根据流态、组成和化学成分等进行分类，见表4-1。不同类型流体适用于不同工况，密度范围不同，施工工艺和设备也不同。

表4-1 钻井用气体型流体分类

类型	状态	分散体系	密度范围，g/cm³
气基流体	干气体	纯气体（空气、氮气、天然气、柴油机尾气）或混合气体	0.0012~0.012（天然气 0.0006~0.0007）
	雾化液	水滴分散在气体中	0.012~0.036
泡沫流体	泡沫	气泡分散在液体中	水基泡沫：0.036~0.424 0.42~0.838（带回压）
充气流体	充气	气体分散在钻井液中，液体从地面注入	0.48~0.834
		气体分散在钻井液中，液体来自地层，机械发泡	0.012~0.036

根据地层压力及地层出水量大小，选择不同的气体型流体，通常在地层不出水的状况下可以持续使用干气体；若地层出水，应尽可能延长使用低密度流体的钻井时间，利用现有装备向井中充气，或者配制雾化液或泡沫流体，继续采用对产层伤害小的负压钻井，有利于提高油气产量。气量的确定取决于井深、压力和温度，流体（尾气）压力决定于流

体流动沿程的摩擦力及某一井深以上的流体静压力，可用理想气体公式及复杂的流体力学和空气动力学进行计算。

工程应用时，可以参照石油与天然气钻井对介质拟定的最大流速极限进行选择：空气介质1.5m/s，泡沫介质0.26~0.51m/s，液体介质0.51~1.53m/s。泡沫钻井液中携岩速度不超过2.50~3.75m/s。总之，在钻井过程中应保证循环介质的当量密度低于1.0g/cm^3，地层产液量不至于造成井壁坍塌、钻头泥包和井眼堵塞等复杂问题。

对气体钻井而言，危害最大的问题是钻遇井下高含水地层。当井下出水时，应及时处理和维护钻井液，出水大且压力高时，应考虑更换成水基钻井液。

第二节 纯气体

纯气体钻井是利用大气中的空气、已开采的天然气或人工制备的氮气等作为循环流体介质，通过特殊的气体钻井配套设备（如空气压缩机、增压机、空气锤、旋转防喷器及连接管汇等）将气体注入井下，再携带岩屑返至地面的一项钻井工艺技术。井底的当量循环密度为0~0.05kg/L时，环空返速一般在15m/s以上。

纯气体钻井主要特点是密度低，无液相存在，能有效地防止井漏，最大限度地减轻对油气层的损害，显著提高机械钻速。

应用的地层及井段应具备以下的条件：

(1) 坚硬且井壁稳定的地层，低压及易漏失的地层等。

(2) 不宜用于含大量流体的井段、高压油气层及含H_2S的地层。

(3) 油气层井段可用惰性气体（如氮气）钻井，有利于及时发现和评价油气层，提高单井油气产量和采收率。

一、空气

空气钻井中所用的循环流体介质，主要有空气、干燥剂、防腐剂以及其他保护井壁和油气储层的添加剂等，组成按一定的比例进行混合。

气基流体中的空气是通过空压机、增压机、空气锤、旋转防喷器及连接管汇等一系列特殊的气体钻井配套设备进入井下，再携岩屑返至地面的排砂管和排污池，用大气中的空气不断补充新的气源。在油气储层使用时，容易引起井下着火与爆炸，损坏井下钻具；同时容易受到地层出水、井壁失稳、平衡地层压力困难以及需要专用钻井设备等因素的制约。

空气钻井的特点如下：

(1) 流体介质的密度低，是负压钻进，能有效地防止压漏地层，在潜在性的漏失层中也不会产生流体漏失；

(2) 最大限度地减少对油气层的伤害；

(3) 减轻压持效应，有利于提高机械钻速，与常规钻井相比，钻速可提高4倍以上。

二、天然气

在产层井段和含有天然气的油气井中应用天然气钻井,既能提高钻速,又能有效防止井下燃爆等复杂问题的发生。天然气作为钻井循环流体可以保护产层,是勘探开发低压、低渗和衰竭性储层的有效手段。

天然气作为钻井循环流体,有以下优点:

(1) 可消除"压持"效应,有利于提高机械钻速;
(2) 减少常规钻井液侵入地层近井地带对产层造成的伤害,有利于提高产量;
(3) 减少井下燃爆、井漏和压差卡钻等井下复杂情况发生的可能性;
(4) 有利于测试气层的真实产能,为查明地区储量和地区分布提供重要保证。

气基流体天然气的来源包括通过天然气公司的供气管道的供气和安装专用的输气系统从邻井中得到的天然气。输气系统主要由净化器、孔板流量计和连接管线组成,一般输送天然气的管道直径为 7.62cm (3in),可以将管线直接连接到钻机的位置。

天然气注入井之前,尽可能除去供气管线中的水或凝析物,否则容易形成井底钻井液环或出现井眼失稳等问题。在天然气供应气源之后和进入增压机之前,应提供一个与管线内传递压力和温度相对比的额定工作压力和温度的控制装置,同时能够处理超过最高注气量要求的流体,将收集到的水排放进水箱,碳氢化合物排入储存罐。

在天然气钻井作业中,需要将压缩机系统产生的压缩天然气输送到钻机的立管管汇,因此需要连接直径为 76~101.6mm (3~4in) 的钢管或软管,管线的额定压力应与增压机的最大压力相匹配或更高。此外,连接管线中还应安装相应的单流阀、安全阀和球阀,以保护压缩机和便于泄压。

在气体输入的主管线上应连接一根旁通管线(即泄压管线),可以直接导流到排砂管线,方便在接单根或需要时泄压。在旁通管线与钻井立管之间也需要安装一条泄压管线,用于接单根前放掉立管和钻具内的压缩空气,保持压缩机在接单根期间的运转而不需要停机,旁通管线和泄压管线的直径一般为 5.08cm (2in)。天然气钻井可以通过调整供气管线内的节流阀来控制注气量,即不用测量注气量,直接调整立管压力即可,通过调整压力控制阀来达到立管压力要求。

使用天然气钻井没有井下着火的危险,但在出现地层水等形成岩屑环的地层仍然容易卡钻。用天然气作为注入气体时可能产生雾化,如果油井开始出液,应改用雾化钻井。在天然气钻井过程中,应特别注意燃烧池的燃烧情况,当有大量地层液体侵入时,火焰的特点会发生明显变化。在整个过程中,需要强化观察。因为返出气体要燃烧,返出气体中的水滴在放喷管线中不似空气钻井易于观察,也不易观察到返出的细小钻屑。

三、氮气

氮气钻井的方法、钻井工程参数的调整和工艺技术措施等与空气钻井基本相同,只是提供气源的方式有所区别,需要配备提供氮气的配套设备,即在空气钻井配置的基础上,增加制氮设备。制氮装置主要包括空气处理系统、氮气分离系统以及氮气增压系统。现场氮气钻井一般用配套的滤膜器法制氮,利用膜过滤器从空气中制氮,过滤器由许多微小的部件及中空聚合物纤维组成。较轻的氮气分子通过纤维经增压机组送入立管；较重的氧气被隔离在纤维壁外，排放到大气中。原料来源充足，耗能少，成本很低。改变空气的输入量和过滤装置的回压，可以控制氮气的纯度。

氮气作为循环流体，有以下优点：

（1）密度低，负压钻进能有效预防井漏；

（2）最大限度减少对储层的伤害，提高对储层评价的准确性，增加开发初期的产量；

（3）减轻压持效应，利于提高钻速；

（4）不会引起井下燃爆；

（5）工艺技术简单，只需要配套的膜滤器，制氮成本较低。

21世纪初，我国在四川、胜利和新疆等油田利用氮气作为循环流体在不同地区的不同构造上钻成数十口天然气井，推广应用后发现，产层钻井时，在提高机械钻速、提高单井产量和防止井下燃爆方面均有良好效果。

四、柴油机尾气

柴油机尾气是气体钻井中常用的气基流体之一，可以用于产层，防止井下燃爆。在柴油机中，燃料的主要成分是碳氢化合物，空气作为氧化剂。国内使用柴油机尾气钻井的工艺技术，已经完成地层压力系数为 0.3~1.0 的低压井钻井、开窗侧钻、修井作业和开发气井等作业。其中包括完成地层压力系数为 0.4~0.6 的低压井开窗侧钻修井作业数十口，地层压力系数约为 0.3 的低压开发气井作业数口，同时在数十口井完成了防止和治理严重井漏作业。

实施要求应具备一定的地质条件，例如地层产出天然气中硫化氢含量低于 $75mg/m^3$（50ppm）；地层岩性比较稳定，不易坍塌，井段不宜过长；作业井段的地层压力较清楚；地层产液量应不至于造成井壁垮塌、钻头泥包和井眼堵塞等问题。

五、现场应用

不同于常规钻井，空气钻井技术通过压缩空气替代常规钻井液介质，几乎无重量的压缩气柱可极大地改变井底应力状态，在钻头前方产生大范围的低应力区，使坚硬的岩层更易破碎，具有提高机械钻速、节约钻井成本和保护油气层等诸多优势。

我国塔里木油田的博孜 1-2 井采用空气钻井，安全高效地完成了钻井任务。该井在三开砾石层段采用空气钻井技术，钻至井深 5068m，刷新国内 ϕ333.4mm 井眼空气钻井的井深最深纪录，单趟钻最长进尺达 1900m，单支牙轮钻头最长纯钻时间达 272.89h，较常规钻井提速 2 倍以上，日进尺、机械钻速和钻井周期等多项指标创塔里木油田历史最佳。日均进尺 119.08m，平均机械钻速达 6.69m/h，钻井周期缩短了 36d。

该开发井位于我国最大超深凝析气田博孜—大北气区，该区的气藏普遍埋深为七八千米。纵向上有硬如金刚石的巨厚砾石层，平均厚度达五六千米，且砾石含量高、粒径大，还发育有复合盐膏层、强研磨层等复杂难钻地层，抗压强度高，地层可钻性差。尝试多种提速工具及工艺，均未获得实质性突破。

第三节　雾化液与充气钻井液

一、雾化液

雾化液是指少量液滴分散在气体中的分散体系，是气—液两相流体，气体为连续相，液体为分散相。钻井雾化流体是由空气、发泡剂、防腐剂以及少量的水混合而成的钻井循环流体。

雾化液所需液量应正好使气体饱和，将地层侵入井内的水以水滴的形式带出井眼。一般含水0.1%~4%，含气体96%~99.9%（体积比）。化学组分与泡沫类似，由基液、发泡剂和气体组成。钻井工程中，泡沫流体钻井与雾化钻井这两种技术没有严格区分。一定温度和压力下，根据出水量的大小、注气量和注液量的不同来确定是采用雾化钻井还是泡沫流体钻井。雾是一种过渡体系，含水量增多就变成泡沫。雾的密度一般为 $0.02~0.07 g/cm^3$，气体泡沫的密度一般为 $0.012~0.036 g/cm^3$。

雾化钻井技术是在纯气体钻井的基础上形成的，将水和泡沫剂的混合物注入纯气体，主要用于钻遇含水或含油砂岩而无法使井干燥的地层，或少量出水的地层。要实现空气雾化钻井，除常规钻井配备的设备外，气基流体空气的正循环系统需要提供空压机组、增压机、旋转防喷器和排砂管线等。

雾化液的气体也可使用氮气、天然气、柴油机尾气或者混合气体，分别来自空压机、增压机、制氮系统、邻井高压天然气，或处理并增压的柴油机尾气。这些高压气体经注入管线向井内注入气体和发泡胶液，利用高速气流将注入的液体雾化，目的是在地层出水较小时提高流体的携屑能力，注入的气量和压力均大于纯气体钻井。雾化钻井作业除了需要气体钻井的配套装置外，还需要特殊的雾化泵，在气体钻井过程中将钻井流体转化为雾。

该技术应用的地层主要是低压、易漏失和强水敏的油气储层，可以负压钻井，对产层基本无损害，有利于提高钻速。一般注入压力不低于2.5MPa，环空返速应保持在15m/s以上，空气需要量应比空气钻井时高出15%~50%。

二、充气钻井液

充气钻井要将一定量的可压缩气体由地面通过充气设备注入钻井液中作为循环介质，主要用于有大段含水砂岩或因井漏而不能单独用空气钻井的情况。充气钻井能建立井筒循环，有效控制钻井流体的漏失，还可以进行正常的岩屑录井。对于可钻性差的坚硬地层，能够大幅提高钻速，缩短建井周期，避免发生钻井过程的循环漏失、坍塌和卡钻等问题。

充气钻井是将钻井液和空气或惰性气体同时注入井内，若地层出水量大，地面只注入气体和添加剂，与地层水形成循环流体。其密度可根据充气量来调节，液柱井底压力当量密度为 $0.70~0.80 g/cm^3$ 较为合适，环空速度须达到0.8~8.0m/s，地面正常工作压力为3.5~8.0MPa，在钻进过程中应注意气液分离和钻具防腐等问题。

第四节　泡沫钻井流体

泡沫钻井流体主要由气相、液相、发泡剂和稳泡剂等组成，有稳定泡沫、硬胶泡沫和可循环微泡沫等类型。主要应用类型为稳定泡沫，优点是配制简便，在地面可控制水和气体含量，以获得钻井所需的各种性能；有利于准备分析及评价油气层，有利于减轻油气层污染和保护油气层；携岩能力是单相流体的 10 倍以上，能高效清洗井眼，提高机械钻速，延长钻头使用寿命；有效防止漏失，适用于在易漏失地层钻井；具有很强的携带能力，因此在低排量（30~40m³/min）下也可满足清洗井眼的要求，可防止冲刷井壁。

稳定泡沫是由水、气体、发泡剂、稳定性及其他处理剂组成的分散体系的预制性泡沫，密度范围为 0.07~0.85g/cm³，气体占泡沫体积的 55%~96%。稳定泡沫的最佳泡沫质量为 75%~98%，或含液量为 2%~25%。稳定泡沫钻井液的循环流程见图 4-1。

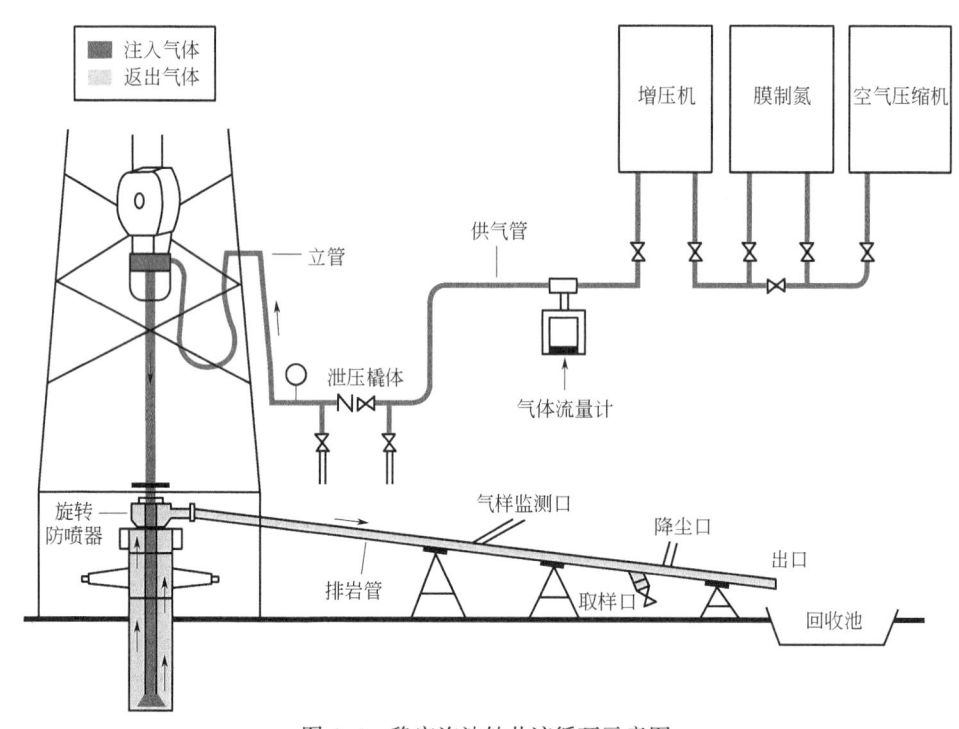

图 4-1　稳定泡沫钻井液循环示意图

稳定泡沫的基液应满足以下要求：
（1）不污染环境，特别是不能对饮水源造成污染，因此其发泡剂和稳定剂要选择环保型的处理剂；
（2）应具有较强的热稳定性，一般要求在 120℃条件下泡沫能稳定 16h；
（3）具有较强的抗盐、抗钙特性；
（4）具有低腐蚀性；
（5）能有效抑制地层泥页岩的水化膨胀；

(6) 基液的配方应力求简单,并且配制方法简便;
(7) 泡沫基液回收后经过简单处理能够再利用,以降低稳定泡沫钻井的作业成本。

现场基液配方应根据井深来选择,若井内循环时间短,应选择半衰期较短的基液配方,同时在泡沫返至地面后破泡时间要短,破泡后能够及时回收利用,降低泡沫钻井成本。深井段则应选择半衰期相对较长的泡沫基液配方,根据出口带砂和接单根时的情况,进行现场配方的调整,适应井下需要,保证钻井安全。

一、泡沫组成

稳定的泡沫钻井流体由含起泡剂等化学剂的基液与气体在地面混合而成,经井筒循环返至地面即分解,又称预制性泡沫或一次性泡沫。为增加泡沫的稳定性,通常加入稳泡剂,用于增强液膜。例如,十二烷基硫酸钠水溶液中加入十二醇液膜增强稳定剂,泡沫寿命从 69min 增至 1380min。

1. 气相

作为泡沫流体气相的气体可以是空气、氮气、二氧化碳气和天然气。由于天然气存在易燃易爆等不安全因素,一般多用空气、氮气和二氧化碳气。

2. 液相

淡水、盐水、海水和地层水均可用于配制泡沫流体。淡水发泡率高;盐水和地层水有助于抑制地层黏土矿物的膨胀;海上钻井时用海水配制,方便就地取材。根据钻井液的性能要求,水基泡沫中可加入 KCl 或有机抑制剂、MMH 或阳离子黏土稳定剂以及增黏剂等处理剂,油基泡沫的液相一般为柴油、白油和合成油。

3. 起泡剂

起泡剂又称发泡剂,其分子的非极性(疏水亲油)基团渗入气泡内,极性亲水基团与水结合,可降低气—水界面张力,为稳定泡沫提供基本条件。泡沫形成过程中,气—液界面的面积急剧增加,体系的能量增大,需要外界对此体系做功,可以利用气泡发生器进行搅动或经钻头水眼喷刺。

若起泡剂降低了气泡的表面张力 σ,σ 越小,产生的气泡面积越大,即起泡能力越强。所以对起泡剂的第一个要求是应具有高的表面活性,起泡性可以通过其降低水的表面张力的能力进行表征。降低水的表面张力的能力越强,越有利于产生气泡。此外,起泡剂应能在气—液界面形成定向吸附膜;能与稳泡剂一起形成具有一定强度的液膜。

好的起泡剂应具备以下特性:
(1) 发泡性能好,产生的泡沫体积大,膨胀倍数高;
(2) 泡沫稳定,可长时间循环,高温下性能稳定;
(3) 抗污染能力强,性能稳定,不受原油、盐水和碳酸盐等影响;
(4) 凝点低,具有生物降解能力,毒性小;
(5) 用量少、来源广、成本低。

常用起泡剂种类与结构见表 4-2。我国按 Ross-Miles 方法评选起泡剂性能见表 4-3。

表 4-2 常用起泡剂的种类和结构

类型		结构
羧酸盐	脂肪酸盐	RCOOM（R 为 $C_2 \sim C_{14}$ 烷基，M 为 Na，K，NH_4）
	脂肪醇聚氧乙烯醚羧酸钠	$RO(CH_2CH_2O)_nCH_2COOM$（R：$C_{12} \sim C_{14}$ 烷基，M：Na，K，NH_4）
	邻苯二甲酸单脂肪醇酯钠盐	⌬-COOR / COONa （R 为 $C_2 \sim C_{14}$ 烷基）
硫酸盐	烷基硫酸盐	$ROSO_3M$（R：$C_2 \sim C_{14}$ 烷基，M：Na，K，NH_4）
	脂肪醇聚氧乙烯醚硫酸钠	$RO(CH_2CH_2O)_n-SO_3Na$（R：$C_{12}H_{25}$，$n=1\sim2$）
	烷基酚聚氧乙烯醚硫酸钠	$R-⌬-O-(CH_2CH_2O)_nSO_3Na$（$R=C_8H_7$，$C_2H_9$，$n=5\sim10$）
	烷基硫酸乙醇胺盐	$ROSO_3H-NH_2(CH_2CH_2OH)$（单乙醇胺盐） $ROSO_3H-NH(CH_2CH_2OH)_2$（双乙醇胺盐） （$R=C_{12}H_{25}$）
磺酸盐	烷基磺酸盐	RSO_3Na（$R=C_{12}H_{25}$）
	烷基苯磺酸钠	$R-⌬-SO_3Na$

表 4-3 Ross-Miles 法评选起泡剂

序号	起泡剂	发泡量，mL	半衰期，min
1	K_2F123	400	600
2	OB-2	350	180
3	F-871	350	143
4	脂肪醇硫酸铵	440	130
5	F-842	350	120
6	脂肪醇硫酸钠	450	110
7	溴代十六烷基三甲基胺	370	97
8	209	250	74
9	ABS	400	70
10	二溴双十六烷基二甲基乙二胺	50	68
11	发泡剂 A	400	61
12	十二烷基硫酸钠	440	50
13	十二烷基磺酸钠	50	46
14	ADOFOAM BF-1	340	37
15	TAS	420	34
16	溴代十四烷基吡啶	310	29
17	白皂素	410	25
18	发泡剂 D	360	24
19	发泡剂 B	350	10
20	发泡剂 C	330	10
21	BS-12	300	5

发泡剂的毒性与其分子结构和浓度有关。阳离子型的毒性最大，阴离子型次之，非离子型最小。其中，阴离子表面活性剂的毒性以直链烷基苯磺酸盐（LAS）的毒性最大。但是各种阴离子表面活性剂，当其浓度在 5000mg/L（0.5%）以下时，对动物都不会产生特殊的损害。当饮用水（或地面水）中 LAS 的含量达到 0.5mg/L 时，可认为是安全的。动物耐受性实验证明，非离子表面活性剂的最大耐受浓度为 100%，一般认为非离子表面活性剂是无毒的。

4. 稳泡剂

稳泡剂是一种助表面活性剂，有助于形成有一定强度的气—液界面膜，并提高液膜的表面黏度，增加泡沫的稳定性，延长泡沫的寿命。好的稳泡剂应有助于提高泡沫强度和液膜的表面黏度。常用稳泡剂有天然化合物、高分子化合物和合成表面活性剂三类。

（1）天然化合物。主要有明胶和皂素，能在泡沫液膜表面形成高黏度和高弹性的界面膜，有很好的稳泡作用，但降低表面张力的能力不强。

（2）高分子化合物。主要有聚乙烯醇、羧甲基纤维素、改性淀粉和羟乙基淀粉等，能提高液相黏度，阻止液膜排液，并形成高强度的界面膜。

（3）合成表面活性剂。主要是非离子表面活性剂，能提高液膜的表面黏度，因为分子结构中大多含有能生成氢键的基团，如—NH_2，—CONH，—OH 和—COOR 等。

水作为液相的泡沫钻井液中，还可以加入其他处理剂，如抗温降滤失剂、增黏剂和膨润土等。

二、泡沫稳定性

泡沫是热力学不稳定体系，最终会自动破灭。泡沫从生成到破灭的时间称为泡沫的寿命。泡沫的寿命长短主要取决于泡沫的液膜能否保持一定的强度、能否维持较缓慢的排液速度、液膜对抗外界各种影响因素的能力，以及气体透过液膜的扩散性大小。

以多面体稳定泡沫为例，如图 4-2 所示。其中三个泡沫的交界，称为 Plateau 边界，p 点处的压力较 A，B 和 C 三处都要低，液膜因液体流向 p 处而变薄，最终导致泡沫破裂。此外，小气泡内的气体因压力较大而向大气泡扩散，直至小气泡消失。这个压力差 Δp 可用 Laplace 公式进行计算。

泡沫稳定性主要取决于液膜强度和排液速度，主要影响因素有表面活性剂溶液、表面黏度（液体表面上单分子层内的黏度）、

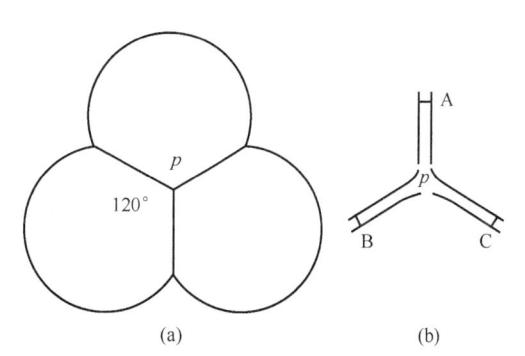

图 4-2 气泡交界处的 Plateau 边界

混合表面活性剂、表面电荷和表面活性剂分子结构。由 Laplace 公式可知，液相表面张力和气泡的大小对于泡沫稳定性的影响极大。要稳定泡沫，必须降低泡沫内外的压差，即必须降低表面张力，并控制气泡的大小，防止气泡发生聚并。

（1）降低表面张力，使气泡内压力降低，减少气泡的扩散。Gibbs 原理认为，体系总是趋向于较低的表面能状态。泡沫生成后，液相的表面积增大，体系的能量也随之增大，

气—液泡沫体系的热稳定性降低，即生成的泡沫终会破灭。泡沫液相的表面张力低时，泡沫相对稳定，因为 Plateau 交界的压差小，排液速率慢，有利于泡沫稳定。

（2）提高泡沫的液相黏度，即液膜的黏度大，减缓液膜液体的流失，延长泡沫寿命。液膜由两层表面活性剂中夹一层溶液构成，若溶液本身黏度大，则液膜中的液体不易排出，液膜变薄的速度减慢，液膜破裂时间延缓，泡沫稳定性增加。液膜的黏度包括表面黏度和液体黏度。表面黏度即气泡液膜表面吸附层的黏度，其值越大，所生成的泡沫寿命越长；液体黏度是液相内部的黏度，是影响液膜稳定的辅助因素，其值越大，越有助于膜的耐冲击力，延缓液膜破裂时间，减缓排液作用，提高泡沫的稳定性。因此，能增加液相黏度的稳泡剂可以稳定泡沫。此外，在液膜表面，直链起泡剂分子的亲水基之间相互作用，亲水基的水化作用可以提供较高的表面黏度，阻止泡沫聚并，有利于稳定泡沫。例如，在皂素、蛋白质及类似分子之间，除范德华力外，分子的亲水基如羧基、氨基和羰基等之间可以形成氢键，吸引力较强，使液膜的黏度增加，延长泡沫的寿命。部分表面活性剂溶液的表面张力、表面黏度及泡沫寿命见表 4-4，长链醇（十二醇）对表面活性剂的表面黏度及泡沫寿命的影响见表 4-5。

表 4-4　一些表面活性剂溶液（0.1%）的表面张力、表面黏度和泡沫寿命

表面活性剂	表面张力 σ，mN/m	表面黏度，mPa·s	泡沫寿命，s
十二烷基硫酸钠	38.5	0.2	69
十二烷基苯磺酸钠	32.5	0.3	440
E607L	25.6	0.4	1650
月桂酸钾	35.0	3.9	2200

表 4-5　十二醇对十二烷基硫酸钠（0.1%）水溶液的表面黏度及泡沫寿命的影响

十二醇浓度 g/100mL	表面黏度 mPa·s	泡沫寿命 s
0	0.2	69
0.001	0.2	825
0.003	3.1	1260
0.005	3.2	1380
0.008	3.2	1590

良好的起泡剂或稳泡剂，在吸附层内有较强的相互作用，使液膜有较高的机械强度；同时亲水基团有较强的水化能力，提高液膜的表面黏度。稳泡剂与起泡剂生成混合膜，不同分子间的作用力相对较强，可以提高液膜的机械强度，稳定泡沫。

三、泡沫流体的性能

1. 泡沫质量

泡沫质量（T）即泡沫特征值，表示泡沫中气体占泡沫总体积的百分数。将泡沫流体按质量分为 4 个区域，如图 4-3 所示。

第一个区域为牛顿流型的泡沫分散区，泡沫质量 0~52%，气泡是球形且互相不接触；第二区域为泡沫干扰区，泡沫质量 52%~74%，气泡开始互相干扰与冲突，球体逐渐聚

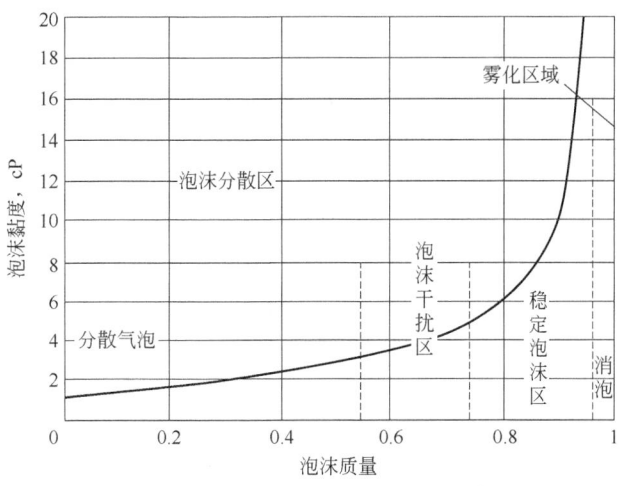

图 4-3　泡沫黏度随泡沫质量的变化情况

集，黏度和动切力增加；第三区域为宾汉流体或带屈服值的假塑性流体，气体由球形变成平行六面体，是典型的稳定泡沫区，泡沫质量74%~96%，具有很强的悬浮与携带钻屑能力；第四区域为雾化区域，气泡破裂，泡沫流体的有效黏度骤降。井底泡沫质量大于60%，井口泡沫质量为84%~98%才能有效携屑。泡沫质量若超过98%，则泡沫会变成雾。

2. 泡沫半衰期

出液半衰期反映出液速率，表示出液为总体积一半的时间；体积半衰期表示泡沫体积减小到最初体积一半的时间。泡沫钻井一般采用液体体积计算的半衰期。

3. 泡沫悬浮性和携砂能力

泡沫悬浮性和携砂能力是泡沫流体的重要性能。悬浮性受静切力的影响，携砂能力主要受动切力和黏度的影响。对砂岩颗粒，非离子与阳离子复合的表面活性剂稳定泡沫及携砂的能力强；对碳酸盐岩类砂粒，则用非离子和阴离子表面活性剂较好。单一表面活性剂稳定的泡沫不如复合表面活性剂泡沫的携屑能力强。表面活性剂在泡沫中的含量为0.3%~0.5%时，泡沫质量最好。表面活性剂含量大于1.5%时，静切力不再提高，携屑能力反而下降。

钻屑或砂粒的体积一般比气泡要大许多倍，砂粒基本上被气泡撑托着。泡沫的悬浮能力很强，砂粒的质量不足以使气泡变形并挤出下沉通道。砂粒在泡沫中的沉降速度极小，泡沫的悬浮能力比水或冻胶液的大10~100倍。直径为0.5~0.8mm的压裂砂在泡沫质量为70%~80%的泡沫流体中，自然沉降速度仅为0.3×10^{-5}~0.6×10^{-5}m/s，因此砂粒在高质量泡沫中的沉降速度可忽略不计。

4. 泡沫的滤失性能

泡沫具有很好的防滤失作用，相同条件下的滤失量小于交联冻胶。这与其本身的特殊结构有关，泡沫的气相与液相间存在界面张力，泡沫进入储层前后的形态变化很大。岩心渗透率低于1μm²时，泡沫通过岩心后变成气相和液相；岩心渗透率提高，泡沫组分增多；渗透率达到70μm²时，渗滤出的都是泡沫。高渗透介质中，气泡变形很小，或根本不发生变形,对滤失控制较小。泡沫的滤失性能按照 API 标准测量,近平衡钻井过程中使用硬胶泡沫和微泡沫钻井流体。

影响滤失性的因素很多,主要因素如下:

(1) 岩心渗透率。影响最大,当岩样渗透率增加两个数量级时,滤失系数增加一个数量级。

(2) 泡沫黏度。液相黏度增加,泡沫滤失量明显下降。

(3) 温度和压力。随着温度和压力的增加,滤失量缓慢下降。

(4) 泡沫的结构和气泡的分布。泡沫进入地层孔隙后,黏附于孔隙壁上,聚集成蜂窝状的泡沫群,阻止流体渗漏;高结构黏度的泡沫群形成稳定的疏水屏障,阻碍自由水的流动,减弱渗漏。

5. 泡沫的抑制性

泡沫流体中的聚合物和表面活性剂等处理剂在井壁表面发生多点吸附,封堵地层微缝隙或孔隙,在井壁形成吸附膜,减缓水进入地层,有利于井壁稳定;泡沫有一定的尺寸,在井壁可部分堵塞孔隙,使水分子不易进入地层,水化膨胀和分散受到抑制,进一步稳定井壁。

泡沫进入地层孔隙后形成蜂窝状泡沫群,有封堵缝隙作用,阻止流体渗漏,有利于井壁稳定。泡沫中的自由水含量比基液少很多,抑制性比泡沫流体基液好,有利于井壁稳定。泡沫的气液比较大,含液量较少,岩石在泡沫浸泡长时间后仍不易坍塌。

6. 生物降解性能

泡沫中起主要作用的是起泡剂等表面活性剂,生物降解性能取决于其分子结构、浓度、特定生物体及环境影响。一般带有直链分子比支链分子易于降解,支链程度越高,生物降解越不完全。例如,对于阴离子表面活性剂,降解性能按下列顺序逐渐降低:

直链皂类>直链硫酸盐>直链烷烃和烯烃磺酸盐>直链烷烃和烯烃苯磺酸盐>支链烷基苯磺酸盐。

非离子表面活性剂中,分子的支链越多,聚氧乙烯基聚合度越高,生物降解性能就越差,聚氧乙烯脂肪醇醚和聚氧乙烯烷基酚醚的生物降解性能最差。

四、井内泡沫流体的控制

稳定泡沫的密度一般为 $0.07 \sim 0.85 \text{g/cm}^3$,气体占泡沫体积的 55%~96%。同时通过注入管线向井内注入气体和发泡基液,形成细小而稳定的泡沫,气液比一般控制在 1000:1~200:1 的范围,由特殊的气体钻井装备提供循环泡沫的气源和基液。

井内泡沫流的控制包括两个流程:

(1) 按设计向井内注入一定泡沫质量的泡沫。同时向井内注入一定量的气体和液体基液,基液中含有起泡剂和稳泡剂,形成稳定泡沫流体上返井口。

(2) 控制井口节流压力。根据泡沫状态方程计算井底压力与井口压力比值。当泡沫质量 $T=0.65 \sim 0.97$ 时,泡沫流动状态为层流,符合假塑性流型,可以用幂律模式描述。为了保持泡沫流体在环空的状态,应控制井口的节流压力,即控制井底压力与地面压力之比。

五、稳定泡沫流体的技术要点

（1）保持需要的注气量与注液量；控制井口回压，使井口的泡沫质量不大于98%，井底的泡沫质量在60%~70%的范围。

（2）控制好稳定泡沫钻井液的两项主要性能指标——发泡率和半衰期。现场经验是发泡率不小于420%；半衰期不小于泡沫在井筒内循环一周时间。改变发泡剂加量和基液黏度可以调整发泡体积，改变稳泡剂加量可以调整泡沫稳定时间。

（3）稳定泡沫的基液要求不污染环境，有较好的热稳定性，较强的抗盐抗钙性能，低腐蚀性，有效抑制地层泥页岩的水化膨胀，配制方法简便，回收后的基液经简单处理可以再利用，降低成本费用。

（4）密切注意井下情况，一旦发现井筒内有不稳定因素如井涌显示，应立即采取相应措施。

（5）应储备一定量的膨润土浆或钻井液，以应对未预见的复杂情况。

六、其他泡沫钻井液

1. 硬胶泡沫

硬胶泡沫由水、气泡和黏土或液相增稠稳定剂组成，与稳定泡沫不同，硬胶泡沫用黏土和增稠剂增加泡沫的稳定性，适用于钻较大尺寸井眼和易坍塌地层。常用增稠剂有PAC，CMC和HPG，例如，HPG可将基液黏度增加3~4倍。

美国ATOMIC公司利用可循环硬胶泡沫钻6.4in的大井眼，能够在井壁形成稳定的滤饼，且环空返速较低，减少对井壁潜在的冲蚀。与其他低密度钻井液相比，水的使用量少，可以控制井底压力与稳定泡沫一样低，有足够的上水效率（60%~70%），保证钻井的持续进行，降低井底沉砂风险。硬胶泡沫有以下特点：

（1）结构更稳定，携屑能力更好，适用于大井眼易坍塌地层。

（2）液相黏度大，泡沫质量高，保证在低泡沫质量时的井眼清洁。

（3）水相及增黏剂的费用减少。

（4）空压机等设备减少。

2. 可循环微泡沫

微泡沫是在不注入空气和天然气的情况下产生，且在液相中高度分散均匀的微小气泡。气泡群体可能以单个悬浮和部分相互连接的方式存在于体系中，微泡直径在10~100μm的范围，由多层膜包裹着气核的独立球体组成。体积越小，耐压性能越强，越不易破裂，稳定性越好。

微泡沫的物理模型如下：微泡沫由气泡分散在液体中形成；气泡群体可能以单个悬浮和部分相互连接的方式存在于体系中，稳定性主要依靠膜的强度和连续相的特定性能共同实现；微气泡之间的接触点在平面上，为点接触，可能不存在plateau边界；微泡沫中气泡呈大小不等的圆球体。

实现微泡沫的条件是：泡沫量不能太多、泡沫的强度要高、连续相应具有特定性能，例如黏度特征等。

微泡沫与普通泡沫的差异主要是微泡沫由多层膜包裹着气核的球体组成，以非聚集和非连续态形式存在，外表面存在表面活性剂双层，如图4-4所示。微泡沫可以循环使用，泡沫的寿命与气泡直径的平方成反比，泡沫质量在20%~60%的范围内可调；密度在0.5~0.95g/cm³的范围内可调。微泡沫钻井液与常规钻井液的维护处理方法相同。

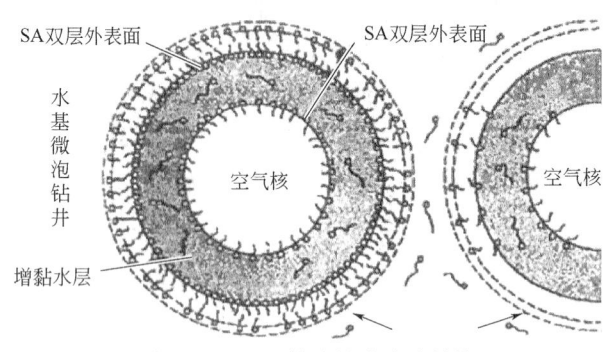

图4-4 Sebba描述的微泡沫结构

3. 充气钻井液

充气钻井液是以气体作为分散相、液体作为连续相，并加入稳定剂而形成的气液混合体系，注入气体是空气或氮气。常规充气钻井方法是使用空气压缩机和增压机，将空气或者氮气注入钻杆内，与经过钻井泵泵送的钻井液混合，钻井液循环出井口后再进行气液分离，分离出气体的钻井液重新进入钻井泵进行循环，最终达到降低井底液柱压力的目的。专用设备包括：空气压缩机、增压机、混合器、携砂液混合器（先期防砂使用）、计量仪表、控制管汇和气液分离器等。气液分离器对返出的充气钻井液进行脱气处理，以改善钻井泵的工作状况，提高上水效率。主要应用于4000m以内、地层压力系数为0.7~1.0的低压地层，常用于欠平衡钻井。应用充气钻井液的目的是降低钻井液密度（最低可降至0.7g/cm³），进而降低液柱产生的井底静液压力。

充气钻井液的主要性能要求如下：

(1) 基液应具有良好的性能；

(2) 密度范围一般为0.7~1.0g/cm³；

(3) 良好的流变性能，以确保在较低的漏斗黏度下有较强的携带岩屑的能力，确保井底清洁和井径规则；

(4) 气液比的增加，塑性流体的塑性黏度与动切力会随之逐渐增大；温度升高时，相同气液比条件下的塑性黏度会有所下降，而动切力常会增大。

氮气是惰性气体，使用安全，且与地层流体相容性好。充氮气欠平衡钻井工艺系统包括制氮充气系统（氮气汽化与注入系统）、钻井液地面循环系统、气液混合装置及两相流循环系统、井口控制及地面分离系统，如图4-5所示。氮气经处理后的纯度可达95%，主要使用空气压缩设备（含动力机）、隔膜制氮设备、氮气增压设备及配套的管线与计量仪表等。

4. 油基泡沫钻井液

油基作为液相配制的泡沫钻井液，基本组成是：基油+发泡剂+稳泡剂。基液可以是柴油、白油和合成油，发泡剂为专用于油基泡沫的氟碳聚合物，稳泡剂为油溶性聚合物。

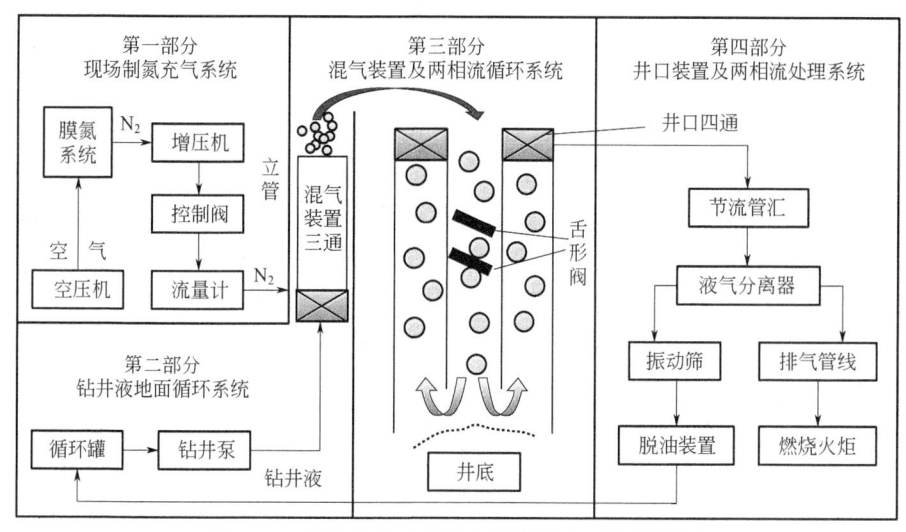

图 4-5 胜利油田充氮气欠平衡钻井工艺流程图

水溶性发泡剂在油里不能发泡，常用油溶性表面活性剂司盘 85、OP-4 在油里发泡效果不理想。专用于油基泡沫的氟碳发泡剂在 0 号柴油中加量为 0.1% 时，发泡体积可达到 500mL，半衰期为 272s。沥青、油溶性聚合物聚异丁烯、有机土的稳泡效果不理想。加入 2% 油溶性聚合物稳泡剂的油基泡沫流体半衰期可达 630s，发泡体积没有变化。

油基泡沫流体抗盐水污染和抗油污染能力强，密度为 $0.17 \sim 0.38 \mathrm{g/cm^3}$，适用于超低压欠平衡钻井。例如，2008 年墨西哥湾首次应用油基泡沫流体顺利进行欠平衡钻井，该井井深 5568m，地层温度 232℃。

七、现场应用

1. 硬胶泡沫钻井液

胜利油田的可循环硬胶泡沫在油田应用 60 余口井，可反复使用，可降低泡沫的成本。新疆油田的硬胶泡沫：

配方 1：3% 膨润土 + 0.09% Na_2CO_3 + 0.2% HV-CMC + 1.3% 起泡剂；

配方 2：1% ~ 2% 膨润土 + 0.3% ~ 0.5% 增黏剂 + 0.5% 稳泡剂 + 2% ~ 3% 起泡剂。

体系泡沫能达到泡沫半衰期为 2~3h、起泡体积大于 500mL，可满足泡沫钻井的施工要求，有较好的抗盐性和抗钻屑污染能力。温度为 80℃ 时，泡沫半衰期仍能满足施工要求。泡沫在加入 20% 水以后，起泡体积和半衰期略有下降，但仍能达到工程要求。

应用研究发现，泡沫钻井液在低压地层中可实现负压钻井，有利于保护油气层；对岩心岩屑污染轻，有利于分析油层；机械钻速快，钻头使用寿命长；可在易漏地层钻井；适合于缺水地区和永冻地区钻井等。

泡沫钻井液的关键性技术包括设备选择（包括压风机、水泥车、泡沫发生器管汇、泡沫配制罐等）、化学剂评选（包括发泡剂及稳定剂的评选）、性能测试与评价（泡沫最重要的性能是泡沫质量、发泡体积和半衰期）。

现场泡沫钻井液配方设计时，应注意按照井身结构和地质情况进行计算机模拟，计算相应的气体量、液体量、立管压力、井底压力和环空压力等，并根据模拟结果和施工对稳定性的要求确定泡沫配方。

2. 微泡沫钻井液

20世纪90年代，美国M-I钻井液公司和Acti System公司研发出用于近平衡钻井的Aphron钻井液。得克萨斯州西部的某油井侧钻水平井在造斜段钻遇大的裂缝（钻头放空30.48cm）并发生了漏失，换用黄原胶生物聚合物微泡沫钻井液，在钻头接近井底时产生微泡。微泡沫喷出钻头时，泵压开始增加，说明钻井流体没有漏入裂缝，并有返出，逐步恢复钻进。在此后的几口水平井和大斜度定向井中应用，均表现出优良的性能，没有发现钻井流体侵入和伤害地层。在美国加利福尼亚的ELK Hill等油田以及在荷兰的北海海域的枯竭储层的漏失段也使用成功。

委内瑞拉马拉开波湖VLA1321井的油层段压力梯度为3.39~3.78kPa/m。Φ339.7mm套管下至井深1669.39m后，将微泡沫钻井流体替入井内，钻进油层井深2089.4m取心，岩心长118.87m，收获率大于91%。顺利下入Φ244.5mm套管，在钻井、测井、下套管和固井时均没有漏失。

微泡沫不受MWD或钻井液马达等井下工具的影响，已逐渐成为钻定向井和水平井的理想钻井流体，全世界现已用微泡沫钻成数百口井。这种钻井流体的配置和维护简单，泡沫体积一般能达到8%~14%，投入循环后很容易维护，而且具有最佳的井眼清洁能力和钻屑悬浮效果。

哈345X采油井位于我国的二连油田，其储层岩性为古生界裂缝性凝灰岩，预计地层压力系数为0.88，实际地层压力系数仅为0.68。一开钻至井深51.00m，下入Φ339.7mm套管49.73m；二开钻至井深1540m，下入Φ139.7mm套管1539.46m，水泥返高875m。用微泡沫钻井流体进行三开，钻至设计井深1680.00m顺利完钻。

主要注意事项如下：施工前，将二开钻井流体钻完水泥塞后排放掉，以免对微泡沫钻井流体造成污染。彻底清理钻井流体循环系统，要求各循环罐配备完好的搅拌器和钻井液枪，混合漏斗能正常使用。现场配制时严格按设计要求，充分利用搅拌器、钻井液枪和混合漏斗等设备。固井候凝期间开始配微泡沫钻井流体基浆，用微泡沫钻井流体基浆钻水泥塞，在钻水泥塞过程中加入发泡剂和稳泡剂，转化为微泡沫钻井流体。三开钻进时根据井口返出的微泡沫钻井流体性能，及时维护处理，补加发泡剂和稳泡剂，保证各种处理剂在钻井流体中的有效含量。三开期间使用的微泡沫钻井流体性能见表4-6。

表4-6 三开微泡沫钻井流体性能

井深，m	密度，g/cm³	FV，s	AV，mPa·s	PV，mPa·s	YP，Pa	初/终切力，Pa/Pa	FL_{API}，mL
1548	0.86	68	29	24	5	2/5	13
1551	0.78	231	37	27	10	2.5/3.5	9
1575	0.76	115	39.5	25	14.5	3/4	9
1591	0.80	82	35	20	15	2/5	12
1608	0.79	116	38	28	10	4/8	12
1643	0.82	71	34	23	11	2/5	13
1668	0.77	106	32.5	25	7.5	3.5/8.5	12
1680	0.80	94	39	29	10	2/3.5	11

实际应用效果如下：

（1）密度低，携砂性好。三开期间，可循环微泡沫钻井流体性能稳定，密度保持在 0.75~0.92g/cm³，一般在 0.80g/cm³ 左右。虽然微泡沫钻井流体密度较普通钻井液低，钻屑易下沉，但微泡沫钻井流体动切力较高，携砂能力强，井口返出岩屑正常，保证地质录井及时发现油气显示。

（2）钻井泵上水正常。三开初期，由于在配制微泡沫钻井流体基浆时造浆材料加量不足，并用其钻水泥塞，现场配制条件差导致流体性能与设计有些出入。补加稳泡剂提黏切，提高搅拌效率，将流体中的大泡调整为微泡后，钻井泵上水良好，排量 10~12L/s，泵压 5~10MPa，至完钻。

（3）防漏效果好。完井测试表明，地层压力系数只有 0.68，小过预计的 0.88。地层裂缝较发育，存在二级和三级裂缝。由于微泡沫钻井流体密度低，减小了井筒中静液柱压力，且微泡沫胶团对小裂缝有封堵作用，避免了井漏现象，节省了堵漏材料并缩短钻井周期。

（4）保护油层效果明显，产量高且成本较低。哈 345X 井完钻后对凝灰岩 1540~1680m 裸眼井段进行了中途测试，开井 222min，钻杆内回收纯原油 1.68m³，混浆 0.65m³，折合日产液 15.12m³，纯油产量 10.9m³/d，混浆产量 4.22m³/d。产油量是邻井的 10 倍，充分说明微泡沫钻井流体对油层有保护作用。

微泡沫钻井流体材料成本低，接近水基低密度钻井流体。华北油田曾进行低密度钻井流体试验，其单位体积成本和用量见表 4-7。

表 4-7　六种低密度钻井流体性能成本对比

钻井液类型	油水比	最低密度，g/cm³	成本，元/m³	用量，m³	专用装备
水包柴油	6:4	0.91	2189	100	无
水包原油	7:3	0.90	1422	100	无
油包水钻井液	8:2	0.92	4084	100	无
一次性泡沫	0:10	0.19	362	360（液）	8 台套
可循环微泡沫	0:10	0.60	530	100	无
普通水基钻井液	0:10	1.03	400	100	无

注：哈 344 井泡沫钻井流体配方：H_2O+0.4%XC+0.3%CMC+0.1%甲醛+1.0%~1.3%F873；任平 1 井水包柴油钻井流体配方：柴油:水=6:4，主乳化剂 1.2%，辅乳化剂 0.8%，增黏剂 0.5%；任平 2 井水包原油钻井流体配方：原油:水=7:3，主乳化剂 1.5%，辅乳化剂 0.8%，增黏剂 0.3%；油包水钻井液配方：柴油:水=8:2，主增黏剂 3%，辅增黏剂 7%，乳化剂 5%；用量按哈 344 井身结构计算。

由表 4-7 可以看出，油包水和水包油钻井流体成本均较高。一次性泡沫钻井流体成本较低，但由于无法循环使用，每口井实际消耗量远大于其他钻井液。相比而言，微泡沫钻井流体由于可循环使用，用量少，成本低，便于推广应用。

第五章
功能钻井液

钻井液的基本功能是在钻井过程中清洗井底和携带岩屑及加重材料，但在特殊条件下，应使用具有相应不同功能的钻井液，即不同工况下的功能钻井液。例如，在钻开储层时，应使用保护储层的钻井液；在钻高温深井时，应使用抗高温的钻井液；在钻水平井、大位移井及复杂地层井时，应使用低摩阻的防塌钻井液；在钻调整井及低压地层井时，应使用防塌堵漏钻井液。当前，世界各国日益注重环境保护以及人身安全，在海上等生态环境特殊的地区钻井时，应使用环保钻井液。在不同的地质和工程要求下，应使用不同的钻井液体系，而每一个钻井液配方，均出自成百上千次的钻井液室内实验和现场试验。为降本增效，避免重复性试验工作，应尽可能利用现有的大数据和人工智能等先进技术，通过高级的深度机器学习，优选出不同条件下可以使用的钻井液体系的基础配方以及相应的处理剂。

第一节　储层钻井液

从钻开储层开始，直至正式投产前，用于钻井井筒的流体称为完井液。用于钻开储层的完井液不仅要求具备一般钻井液所需功能，还特别要求保护储层，尽量避免伤害储层。任何阻碍流体从井眼周围流入井底的现象即为储层伤害，表现为油气层渗透率的降低。因此，应尽可能防止近井壁带的油气层受到不应有的伤害，这关系到能否及时发现油气层并正确估算储量，能否提高油气井产量和油气田开发经济效益，以及能否确保未来油气井的增产和稳产。

一、储层伤害机理

储层伤害机理就是油气层损害的产生原因和伴随损害发生的物理、化学变化过程。机理研究工作必须建立在岩心分析技术、室内岩心流动评价实验结果，以及现场有关资料分析的基础上，目的在于认识和诊断储层伤害原因及伤害过程，为优选钻完井液配方和设计保护储层、解除储层伤害的工程技术方案提供科学依据。

油层受到伤害的本质原因是储层的有效渗透率下降。有效渗透率的下降包括绝对渗透率的下降（即储渗空间的改变）和相对渗透率的下降。储渗空间的改变包括：外来固相侵入、水敏性损害、酸敏性损害、碱敏性损害、微粒运移、结垢、细菌堵塞和应力敏感损害；相对渗透率的下降包括：水锁效应、贾敏效应、润湿反转和乳化堵塞。

储层在钻开前，岩石、矿物和流体是在一定物理化学环境下平衡的状态；钻开后，钻完井及开采作业的任一过程都可能改变原来的储层环境和平衡状态，造成油气井产能下降，油气层受损。所以，外界条件改变储层内部性质，造成储层伤害，即储层伤害原因分为内因和外因。内因是受外界条件影响而使油气层渗透性降低的油气层内在因素，即地层地质因素，包括孔隙结构、敏感性矿物、岩石表面性质和流体性质等；外因是钻完井工程施工，包括任何引起油气层微观结构或流体初始状态改变而使油气井产能降低的外部作业分身条件，即外部工程因素，包括进入井筒的流体性质、压差、温度和作业时间等可控因素。

储层伤害的主要影响因素取决于接触储层甚至进入储层深处的钻井流体，外来流体的颗粒堵塞或液体的性质改变等物理和化学作用，均会引起储层渗透率的降低，造成储层伤害。钻开储层和生产作业过程中，温度、压力和流速等的改变，也会破坏储层的化学和热力学平衡，引起储层岩石及流体性质改变，造成储层伤害。不同影响因素在不同工程作业阶段对储层的伤害程度排序见表 5-1。

表 5-1 储层伤害程度排序表

伤害类型	建井阶段			
	钻井固井	完井	修井	增产
钻井液固井颗粒堵塞	＊＊＊＊	＊＊	＊＊＊	
微粒运移	＊＊＊	＊＊＊＊		＊＊＊＊
黏土膨胀	＊＊	＊＊	＊＊＊	
乳化堵塞/水锁	＊＊＊	＊	＊＊	＊＊＊
润湿反转	＊＊	＊＊	＊＊＊	＊＊＊＊
相对渗透率下降	＊＊＊	＊＊	＊	＊＊＊
有机垢		＊	＊＊＊	＊＊
无机垢	＊＊	＊＊＊	＊＊＊＊	
外来颗粒堵塞		＊＊＊＊	＊＊＊	＊＊＊
次生矿物沉淀				＊＊＊＊
细菌堵塞	＊	＊＊	＊＊	
出砂		＊＊＊	＊	＊＊＊＊

注："＊"表示伤害程度，"＊"个数越多表示伤害越严重。

1. 油气层的潜在伤害因素

导致渗透率降低的油气层内在因素，包括油气层的储渗空间、油气层的敏感性矿物、油藏岩石的润湿性、油气层的流体性质。

不同储层可能受到的伤害也不同。气藏中水取代气易于油藏中水取代油，但水进入小孔道气藏，则难返排。高渗透和裂缝储层易发生较严重的固相堵塞，不易发生水锁伤害。低渗透和特低渗透油藏易发生严重的水锁和水敏现象，固相伤害一般不严重。低渗透气藏的水锁伤害比油藏还严重，因为高渗透及裂缝油气藏的流动孔道大，固相易侵入，液相易侵入但也易返排。低渗透地层的喉道小，泥质含量较高，固相不易进入，液相进入后难以返排且易引起黏土膨胀。储层中存在一些敏感性矿物，可能是施工作业中的潜在伤害因素，例如，由于速敏而导致微粒运移，造成速敏伤害。各种敏感性矿物及其伤害形式见表5-2。稠油油藏因为胶结性差，易受流体冲蚀而出砂。高黏油藏多含蜡质、胶质及沥青质，井下温度和压力发生变化时易生成有机质沉淀，堵塞喉道。

表5-2 储层常见的敏感性矿物及其伤害形式

敏感性类型		敏感性矿物	主要伤害形式
速敏性		高岭石、毛发状伊利石、微晶石英、微晶长石、微晶白云母等	分散运移、微粒运移
水敏性和盐敏性		蒙脱石、绿蒙混层、伊蒙混层、降解伊利石、降解绿泥石等	晶格膨胀、分散运移
酸敏性	盐酸	绿泥石、绿蒙混层、铁方解石、铁白云石、赤铁矿、黄铁矿等	$Fe(OH)_3$沉淀、非晶质SiO_2沉淀
	氢氟酸	方解石、白云石、浮石、钙长石、各种黏土矿物等	CaF_2沉淀、非晶质SiO_2沉淀
碱敏性（pH>12）		钾长石、钠长石、斜长石、微晶石英、蛋白石、各种黏土矿物等	硅酸盐沉淀、形成硅凝胶

2. 固体颗粒堵塞造成的伤害

固相堵塞造成储层伤害的机理是：当井眼中流体的液柱压力大于油气层孔隙压力时，固相颗粒就会随液相一起被压入油气层，缩小油气层孔道半径，甚至堵死孔喉，造成油气层损害。流体中固体颗粒堵塞会对油气层造成严重伤害，特别是与地层孔喉尺寸相近颗粒，例如钻井液中的黏土颗粒在钻井液密度较大、产生的液柱压力大于地层孔隙压力时，会被挤入地层孔隙或微裂缝中，并随着滤液进入地层深处，在近井地带形成内滤饼，显著降低地层渗透率。

进入储层的固体颗粒包括两类：一类是钻完井液为满足性能要求而加入的有用固相，如加重材料和暂堵剂等；另一类是岩屑、混入钻井液的杂质以及固相污染物质等有害固体。

1）影响固相颗粒对储层的伤害程度和侵入深度的因素

（1）固相颗粒粒径与孔喉直径的匹配关系；

（2）固相颗粒的浓度；

（3）施工作业参数如压差、剪切速率和作业时间。

2）固相颗粒对油气层的伤害特点

（1）一般在近井地带造成较严重伤害；

（2）颗粒的粒径小于地层孔喉直径的十分之一时，若浓度较低，则颗粒侵入地层深处造成的伤害程度可能较低，但是伤害程度随时间的延长而增加；

（3）对于中、高渗透率的砂岩储层，尤其是裂缝性储层，外来固相颗粒侵入油气层的深度和所造成的伤害程度相对较大。

辩证的观点认为，在一定条件下，固相堵塞这一不利因素可以转化为有利因素，例如当颗粒粒径与孔喉直径匹配较好、浓度适中，且有足够的压差时，固相颗粒仅在井筒附近的很小范围形成严重堵塞（即形成低渗透的内滤饼），限制固相和液相的进一步侵入，减少侵入量，降低储层伤害的深度和程度。将此观点应用于钻井液，通过形成屏蔽暂堵技术来保护储层，后期试油和投产前，可以通过解堵来恢复储层的渗透率。

3. 工作液与油气层岩石不配伍造成的伤害

储层岩石与钻井流体的水相接触时，若不配伍，则潜在伤害除了速敏外，还可能有水敏、酸敏、碱敏和盐敏等伤害。

1) 水敏

水敏指当进入储层的外来流体与储层中的水敏性矿物不配伍时，这类矿物将发生水化膨胀和分散，导致油气层的渗透率降低。例如，膨胀性黏土矿物如蒙脱石遇淡水发生水化膨胀，严重降低地层孔隙度和渗透率。

水敏性储层伤害的规律有：

(1) 当储层物性相似时，储层中水敏性矿物含量越多，水敏性损害程度越大；

(2) 储层中常见黏土矿物对储层水敏性伤害的强弱顺序为：蒙脱石>伊蒙混层>伊利石>高岭石和绿泥石；

(3) 储层中水敏性矿物含量及存在状态相似时，高渗储层的水敏性伤害小于低渗储层的水敏性伤害；

(4) 外来流体的矿化度越低，储层的水敏性伤害越强；外来流体的矿化度降低速度越快，储层的水敏性伤害越强；

(5) 外来流体矿化度相同时，含有的高价阳离子越多，储层水敏性伤害的程度越弱。

2) 碱敏

碱敏指高 pH 值的外来流体侵入储层时，与其中的碱敏性矿物发生反应造成分散、脱落、新的硅酸盐沉淀和硅凝胶体生成，导致储层渗透率下降。

储层发生碱敏伤害的原因如下：

(1) 黏土矿物的铝氧八面体在碱性溶液作用下，黏土表面的负电荷增多，导致晶层间斥力增加，促进水化分散；

(2) 储层中的石英和蛋白石等易与氢氧化物反应生成不可溶性硅酸盐，并在一定 pH 值范围内形成硅凝胶而堵塞孔道，降低储层渗透率。影响储层碱敏性伤害程度的因素包括：碱敏性矿物的含量、流体的 pH 值和液相侵入量，pH 值越高，造成的碱敏性伤害越强。

3) 酸敏

酸敏指由于酸化作业时所使用的酸液与油气层岩石不配伍而导致油气层渗透率下降。储层酸化处理后，释放大量微粒和可能再次生成沉淀的离子，这些微粒和沉淀将堵塞储层的孔道，导致储层渗透率降低。

造成酸敏性伤害的无机沉淀和凝胶体包括：$Fe(OH)_3$、$Fe(OH)_2$、CaF_2、MgF_2、氟硅酸盐、氟铝酸盐沉淀以及硅酸凝胶。它们的形成与酸的浓度有关，多数在酸的浓度很低时才形成沉淀。控制酸敏性伤害的因素包括：酸液类型和组成、酸敏性矿物含量以及酸化后返排酸的时间。

4) 润湿反转

外来流体还可能使油气层岩石的表面性质发生改变,造成储层伤害。主要是在外来流体中的某些表面活性剂或原油中沥青质等极性物质作用下,岩石表面发生从亲水变为亲油的润湿反转。原油长期接触的岩石表面,由最初的亲水变成亲油,因为油相中的部分物质如沥青质等吸附在其表面,使表面发生润湿反转,由水湿转油湿。对于外来流体中的表面活性剂,若在干净的岩石表面(即亲水表面)吸附,也由水湿转油湿。

后果是油相由原来占据孔隙的中间位置变成占据较小孔隙的角隅或吸附于颗粒表面,从而减少了油流通道。毛细管力由原来的驱油动力变成驱油阻力,使注水过程中的驱油效率显著降低,使相对渗透率曲线发生改变,造成油、气的相对渗透率趋于降低。

油气层岩石表面发生润湿反转后,油相渗透率将下降15%~85%。影响因素包括外来流体中表面活性剂的类型及浓度、原油沥青质的含量及组成,以及水相的离子组成、pH值和地层温度。

4. 工作液与储层流体不配伍造成的伤害

外来流体与储层流体不配伍时,可能会生成各种沉淀或在地层结垢,产生各种堵塞,造成储层渗透率下降。堵塞形式包括:

1) 无机垢堵塞

外来流体与储层不配伍,可能生成 $CaCO_3$、$CaSO_4$、$BaSO_4$、$SrSO_4$、$SrCO_3$ 和 FeS 等无机垢沉淀。影响无机垢沉淀的因素包括:

(1) 外来流体与储层液相中的盐类组成及浓度。两液相含有高价阳离子与高价阴离子,且浓度达到或超过生成沉淀的条件即生成无机沉淀;

(2) 外来流体的pH值较高,可能使 HCO_3^- 转化成 CO_3^{2-} 离子,生成碳酸盐沉淀,同时可能形成 $Ca(OH)_2$ 等氢氧化物沉淀。

2) 有机垢堵塞

外来流体与储层原油不配伍,可能生成有机沉淀,主要有石蜡、沥青质及胶质在井眼附近的储层中沉积,堵塞油气层的孔道,还可能使储层岩石表面的润湿性发生反转,导致储层渗透率下降。

影响形成有机垢的因素包括:

(1) 外来流体引起原油pH值改变而生成沉淀,液相pH值高时,沥青可能发生絮凝和沉积,含沥青的原油可能与酸反应生成沥青质、树脂和蜡的胶状污泥;

(2) 气体及低表面张力的流体侵入储层,可能促使有机垢的生成。

3) 乳化堵塞

外来流体一般含有多种化学处理剂,进入储层后,可能改变油水界面性质。例如,外来油与地层水混合,或外来水与储层中的油相混合,会形成油和水的乳状液,对储层的伤害包括:比孔喉尺寸大的乳状液滴堵塞孔喉和流体的黏度增加导致流体的流动阻力增加。

影响乳状液形成的因素包括:

(1) 表面活性剂的性质和浓度;

(2) 微粒的存在;

(3) 油气层的润湿性。

4）细菌堵塞

储层中原有的细菌或随外来流体侵入的细菌，在作业过程中，当储层环境适宜其生长时，会很快繁殖，常见的有硫酸盐还原菌、腐生菌和铁细菌等。

造成储层伤害包括：

(1) 繁殖快，常以体积较大的菌落存在，堵塞地层孔道；

(2) 腐生菌和铁细菌都能产生黏液，易堵塞储层，降低渗透率；

(3) 细菌代谢产生的 CO_2、H_2S、S^{2-} 和 OH^- 等，可能与地层无机阳离子生成 FeS、$CaCO_3$ 和 $Fe(OH)_2$ 等无机沉淀。

影响细菌生长的因素包括温度、压力、矿化度和 pH 值等环境条件以及营养物。

5. 储层岩石毛细管阻力造成的伤害

钻井液滤液进入储层，可能改变近井壁地带的油气水分布，导致油相渗透率下降，增加油气流阻力。主要伤害形式是水锁效应，当油、水两相在岩石孔隙中渗流时，水滴在流经孔喉处遇阻，导致油相渗透率降低。水锁对低渗储层的潜在伤害非常大，在页岩油气的钻采过程中，应特别注意控制外来流体向储层的滤失。

对于气层，液相（油或水）侵入可能在储层渗流通道的表面吸附聚集，减小气体渗流截面积，甚至使气体的渗流完全丧失，发生"液相圈闭"。

由储层伤害机理（见表 5-3）可知，必须在掌握油气层伤害机理的基础上，了解在工程作业各阶段应重点关注和解决的问题，分析各种物理和化学变化可能引起的储层伤害、伤害程度，提出预防潜在伤害的措施以及恢复储层渗透率的方法。尽量防止近井壁地带的储层受到不应有的伤害。

表 5-3 完井液的储层伤害机理

伤害类型		产生原因
岩石的伤害	微粒运移	胶结颗粒的松散溶解及流速过大
	矿物沉淀	矿物的溶解和重结晶
	晶格膨胀	低矿化度水进入黏土矿物晶层之间
固相侵入		有机物、无机物微粒的侵入
结垢		完井液与地层流体不配伍而生成沉淀
毛细现象（液相入侵）	相对渗透率	孔隙中水、油、气相对含量改变
	润湿性	表面活性剂侵入
	孔隙液锁	外来流体侵入

实际施工前，一般可以通过邻井资料了解产层及油气井的地质概况，包括测井资料以及产层的物性和特性；通过仪器分析和实验研究，可以了解储层结构、胶结物成分、储层的流体性质及敏感性矿物等；通过室内评价实验，进行地层的敏感性分析及流体的配伍性实验，判断储层伤害的潜在原因，测定工作液侵入储层岩石前后渗透率的变化及其与油气层之间的配合性，评价工作液伤害的程度，为优选工作液配方和施工工艺参数提供实验依据。显然，最重要的措施是掌控储层伤害的外因，做好钻井液的优化设计和钻井工程的水力参数设计，优选出保护储层的钻井液体系及其组成，减少钻井液中的液相滤失，尽量避免固相颗粒侵入地层。最终，设计出合理的流体体系和工程施工程序，最大程度减小对储层的伤害。

二、储层钻井液的性能和标准选择

钻开储层的钻井液不仅要求满足安全、快速、优质和高效的钻井工程施工需要,还要满足保护油气层的技术要求。在钻井液配制、使用和维护时,除了应尽量保证安全,成本合理,以及操作简便外,重点是钻井液的性能指标必须满足钻井工程对各种性能的要求。

1. 密度

密度是钻井液的首要指标,必须保证可调整。密度负责提供钻井液静液柱压力,只有调整好密度,才能稳定井壁,平衡地层压力,预防井漏、井涌和井喷等事故的发生。储层的温度和压力对钻井液密度有较大影响,确定密度时,应综合考虑其影响。

2. 黏度

黏度直接影响钻井液的流变性能,与常规钻井液相同,必须既满足清洗井底和携带岩屑的要求,还要满足稳定井壁的要求,不能冲蚀滤饼。钻屑进入钻井液后,储层高温会引起钻井液的黏度和切力发生很大的变化。此时,钻井液应严格控制固相,使用适宜的分散剂、抑制剂和絮凝剂等钻井液处理剂,并利用好地面固控设备。

3. 温度稳定性

储层温度会影响到钻井液中黏土、处理剂以及两者之间的相互作用,因此钻井液的温度稳定性与其物理化学性能有关。黏土含量高时,流体的物理性质相对不稳定,高温会引起黏土的高温分散作用以及钝化作用;控制黏度和滤失量的聚合物分子的高温稳定性不同,高温会降低黏度,甚至会使聚合物分子链发生断裂降解,黏度调控失效,滤失量也失去控制,导致钻井液失效;盐水及饱和盐水钻井液要注意其结晶温度,必须保证在作业全过程不会结晶。

4. 配伍性

(1) 钻井液的配浆材料和处理剂之间相配伍。任何添加剂都不能影响钻井液的其他性能。例如,部分水解聚丙烯酰胺钠盐与钙镁盐等不配伍,可能会导致黏度变化。

(2) 与储层岩石及流体相配伍。储层与钻井液若有反应伤害储层,则会造成严重的经济损失;使用清洁盐水作为工作液,避免储层发生水敏性伤害;避免使用油溶性表面活性剂,防止储层岩石表面性质发生反转。

(3) 与前后使用的其他完井液相配伍,例如,要与完钻后的工作液相容,尽量减少滤失量,适当增加钻井液黏度。

(4) 与环境相配伍。选工作液时要密切关注是否对环境有毒和能否生物降解。钻井液的各种化学剂,都要检测其毒性;使用油基钻井液时,要防止油品泄漏和外溅,预防造成不良影响和发生燃烧或爆炸等事故。

(5) 经济评价。钻井液除了要求使用和维护尽可能简便易操作外,还要求成本可控。

三、储层钻井液种类

为避免伤害储层,我国已开发出四大类十六种用于钻开储层的钻井液,国外储层钻井液的选择指南见表5-4。

表 5-4 储层钻井液选择指南

流体		密度范围		适用温度		稳定性（静态）	与黏土反应	固相	腐蚀性
		lb/gal	g/cm³	°F	°C				
气体	空气/天然气	0~8.3	0~1①	任何温度	任何温度	不受限制	—	—	轻微
	雾	0~8.3	0~1①	32~212	0~100①	没有	轻微	轻微	不定
	泡沫	0~8.3	0.05~1①	32~212	0~100①	有限的	轻微	—	不定
	甲醇	6.6	0.8	-146~148	-97~64	不受限制	轻微	—	不定
油基	柴油	7.03	0.84	-12~660	10~350	很长时间	—	—	—
	原油（处理）	7~8	0.84~0.96			很长时间	—	—	—
	乳状液	7~8	0.84~1			长时间	轻微	—	轻微
	加重原油	7~17	0.84~2			不定		②	
	加重乳状液	8.3~17	1~2			长时间	轻微	②	轻微
水基	淡水	8.3	1.0	32~212	0~100	不受限制	没有—极大	—	不定
	海水（处理）	8.5	1.02	32~212	0~100	很长	没有—极大	—	轻微
盐水	KCl	8.3~9.8	1~1.18	-29③	-20③	很长	没有—轻微	—	轻微
	NaCl	8.3~10.0	1~1.2	-29③	-20③	很长	没有—较多	—	轻微
	CaCl₂	8.3~11.6	1~1.4	-51③	-60③	很长	没有—轻微	—	轻微
	CaBr₂	8.3~15.2	1~1.8	-12③	10③	很长	没有—轻微	—	适中
	ZnBr₂	8.3~19.2	1~2.3	-40③	-40③	很长	没有—适中	—	较多
加重/盐水	盐	8.3~15	1~1.8	见盐水数据		短—很长	没有—较多	④	轻微
	碳酸盐	8.3~17	1~2.0	见盐水数据		短—很长	不定	②	不定

① 压力敏感（压力增加，密度增加；适用于泡沫和雾体系的温度上限）；
② 方解石，菱铁矿—粒级的，可酸溶的；
③ 压力和组分的上限；
④ 氯化钠（NaCl），粒级的，可水溶的。

1. 水基钻井液

水基钻井液是国内外钻开油气层常用的钻井液体系，优点是成本低、配置处理维护较简单、处理剂来源广、选择性多、性能容易控制，有一定的保护储层效果。按其组分与使用范围又可分为九种。

1）无固相清洁盐水钻井液

清洁盐水是真正的盐溶液，由一种或几种可溶性盐的混合物与水组成。使用的盐包括氯化钠、溴化钠、氯化钾、氯化钙、溴化钙和溴化锌等，调节配制的无固相流体的密度，可以控制地层压力。钾盐和钙盐一般用于压力不高的地层；锌盐和镁盐可将流体密度提高很多，但使用时应注意它们的物理和化学反应。该钻井液使用中经常存在的问题是固相结晶。当盐浓度增加时，更多的水分子被水化，水分子被离子吸引或参与形成复杂的分子结构。当溶液接近饱和时，会出现强烈争夺水分子的现象。例如，钙离子能够从钠离子处争夺到水化水为己用，钠离子则以氯化钠的形式从盐水混合物中沉淀出来。

设计盐水体系时，应注意盐水与地层水的离子和浓度相配伍。一般认为，3%~5%的氯化钠，1%氯化钙，1%氯化钾可以抑制大多数地层的黏土膨胀。经验证实，密度大于 1.08g/cm³ 的清洁盐水能够抑制地层黏土膨胀。

清洁盐水的低黏度限制了其清洗井眼的能力，一旦停止循环，固相将迅速沉淀。因此，较高密度盐水体系的悬浮和携带能力有限，体系可以使用增黏剂（如 HEC、XC），但通常不使用。盐水对环境具有依赖性、吸潮和腐蚀性，需要耗时进行滤失处理。如果处于暂时的过平衡状态，清洁盐水进入地层后，会引起水锁和乳化堵塞；在欠平衡作业中需要准确的压力来降低风险。在处理较高密度盐水时，地面温度非常关键。重盐水对温度具有依赖性且昂贵，需要特殊处理。

配制的钻井液不含膨润土和其他固相，可溶性盐将钻井液密度调控在 $1.0 \sim 2.30 \text{g/cm}^3$ 范围（见表5-5），聚合物高分子用于调节钻井液的流变参数和滤失量，缓蚀剂用于延缓或避免无机盐电解质对钻具的腐蚀。可用 NaOH 和 Ca(OH)$_2$ 控制钻井液的 pH 值；地层中有 H$_2$S 时，应提高 pH 值至 11.0。

无固相清洁盐水钻井液可以大大降低固相堵塞伤害和水敏伤害，但仅适用于套管下至油气层顶部，油气层为单一压力体系的裂缝性油层或强水敏油层。在长庆、中原、华北、辽河等油田使用，取得较好效果。缺点是成本高、工艺复杂、对处理剂要求苛刻、固控设备要求严格、腐蚀较严重和易发生漏失等问题，故多用于射孔液与压井液。

表5-5 各类盐水基液的应用与注意事项

盐水基液	浓度（质量分数），%	密度 g/cm^3	应用特点和注意事项
现场盐水和油田采出水		1.14	盐度变化；采出水过滤后仍然有化学剂残留；海水和海湾水需确定是否含有黏土或微粒，是否需要加盐进行抑制；成本低
KCl	26	1.06	混合盐水中，3%~7%的加量已足够抑制黏土
NaCl	26	1.20	只有得不到氯化钾、氯化钙及天然盐水时才使用氯化钠；可能从溶液中析出，与氯化钙或地层水的复配受限
KBr	39	1.20	
HCOONa	45	1.34	
HCOOK	76	1.60	
HCOOCs	83	2.37	
CaCl$_2$	38	1.39	（1）流体一般接近饱和，与某些增黏剂和地层不配伍，现场混合的pH值为10~10.5的流体可能分散地层黏土； （2）氯化钠和氯化钾会从密度超过 1.39g/cm^2 的氯化钙溶液中析出； （3）在钠蒙脱石絮凝，黏土变得更不稳定时，使用1%~2%氯化钾更合适； （4）在某些敏感性地层，可以考虑使用较贵的2%氯化铵
CaBr$_2$	62	1.46	使用溴化钙可以提高密度，但结晶温度也提高；价格远高于氯化钙，一般与氯化钙混用
CaCl$_2$/CaBr$_2$	—	1.81	可以提供最经济的清洁盐水；氯化钠和氯化钾在饱和的 CaBr$_2$/CaCl$_2$ 盐水中不溶解，通过这种盐水得到的地层水会产生钠盐和钾盐的沉淀
CaCl$_2$/CaBr$_2$/ZnBr$_2$	77	2.30	（1）密度高于 2.04g/cm^3 的溴化锌在温度高于149℃时具有抑制腐蚀的作用；在重盐水中不需要除氧剂。 （2）价格贵，最经济的混配方法就是使用含有最大氯化钙含量，密度为 1.81g/cm^3 的溴化钙/氯化钙盐水，与密度为 2.30g/cm^3 的备用液混配；可能引起腐蚀和破乳，从不用作隔离液；与碱性地层水接触，产生氢氧化锌沉淀，伤害地层；溴化锌能烧伤皮肤，对生物（如鱼等）有毒。混合高浓度的氯化钙、溴化钙和溴化锌时，应穿橡胶防护服

2) 水包油钻井液

水包油钻井液中常用无固相水包油钻井液，组分除油和水，还有水相增黏剂，主/辅乳化剂。通过调节油水比以及可溶性盐加量，最低密度可达 0.89g/cm³，利用处理剂控制钻井液的滤失量和流变参数。该钻井液特别适用于技术套管下至油气层顶部的低压、裂缝发育及易漏失地层，已成功用于辽河静北古潜山油藏，新疆火烧山和夏子街油田。

3) 无膨润土暂堵型聚合物钻井液

无膨润土暂堵型聚合物钻井液由水相、聚合物和暂堵剂组成，密度通过可溶性盐调节（注意不诱发盐敏）。流变性能通过聚合物和高价金属离子来调控，滤失量可通过与油气层孔喉直径相匹配的暂堵剂来控制，暂堵剂在储层形成内滤饼，阻止钻井液的继续侵入。使用过程中须加强固控，减少无用固相的含量。

我国现有的暂堵剂按其可溶性和作用原理可分为四类。

(1) 酸溶性暂堵剂：常用的有细目或超细目碳酸钙、碳酸铁等能溶于酸的固相颗粒。油井投产时，可通过酸化消除油气层井壁内、外滤饼而解除这种固相堵塞。此类暂堵剂不宜用于酸敏油气层。

(2) 水溶性暂堵剂：常用细目或超细目氯化钠和硼酸盐等，仅适用于加有盐抑制剂与缓蚀剂的饱和盐水体系。所用饱和盐水要根据所配体系的密度大小加以选择。例如，低密度体系用硼酸盐饱和盐水或其他低密度盐水作基液，体系密度为 1.03~1.20g/cm³。氯化钠盐粒加入密度为 1.20g/cm³ 的饱和盐水中，其密度范围为 1.20~1.56g/cm³。选用高密度体系时，需选用氯化钙、溴化钙和溴化锌饱和盐水，然后再加入氯化钙盐粒，密度可达 1.50~2.30g/cm³。在油井投产时，可用低矿化度水溶解此类暂堵剂。

(3) 油溶性暂堵剂：常用油溶性树脂、石蜡、沥青类产品等，按其作用可分为两类。一类是用作架桥粒子的脆性油溶性树脂，例如油溶性聚苯乙烯、酚醛树脂（邻位或对位有烷基取代基）、二聚松香酸等。另一类是用作填充粒子的可塑性油溶性树脂微粒，在压差下可以变形，例如乙烯—醋酸乙烯树脂、乙烯—丙烯酸酯、石蜡、磺化沥青、氧化沥青等。地层中产出的原油或凝析油可以溶解此类暂堵剂，也可注入柴油或亲油的表面活性剂解堵。

(4) 单向压力暂堵剂：常用改性的纤维素、细碎果壳和木屑等，在压差作用下，暂堵剂进入储层，因颗粒直径与储层孔喉直径相匹配而堵塞孔喉。油气井投产时，储层压力大于井内液柱压力，在反向压差作用下，单向压力暂堵剂被返排，实现解堵。

各类暂堵剂可以单独或联合使用，无膨润土暂堵型钻井液宜用于技术套管下至储层顶部，且储层为单一压力系统的井。而且成本高，使用条件较苛刻。此类钻井液曾用于辽河油田稠油先期防砂井、古潜山裂缝性油田和中原、二连与长庆等低压低渗油田。

4) 低膨润土聚合物钻井液

钻井液中的膨润土对储层虽有一定伤害，但能提供钻井液必需的流变性和滤失造壁性，还能减少钻井液所需的处理剂用量，降低钻井液成本。其特点是利用极少量的膨润土，就能确保钻井液获得安全钻进所必需的性能，又对储层伤害不大。钻井液与储层的配伍性及所需的流变性能与滤失性能可由聚合物和暂堵剂提供。现已在我国华北、二连、中原、长庆、四川、江汉等油田低压、低渗油气层或碳酸盐岩裂缝性油气层的部分井中使用。

5) 改性钻井液

我国大部分井采用长井段裸眼钻开储层，技术套管没能封隔储层以上井段，为减少伤害，在钻开储层前，必须对钻井液进行改性，提高与储层的配伍性，避免储层潜在伤害，改性途径包括：

(1) 降低钻井液中膨润土和无用固相的含量，控制固相颗粒的级配。

(2) 按照所钻储层特性调整钻井液配方，尽量提高钻井液与储层岩石和流体的配伍性。

(3) 选用合适的暂堵剂及其加量。

(4) 降低静滤失量、动滤失量、HTHP 滤失量，改善流变性与滤饼质量。

该类钻井液广泛用作钻开层的钻井液，因为成本低，应用工艺简单，对井身结构和钻井工艺没有特殊要求，对储层伤害程度较低。在华北油田某断块及其他井上使用后，完井测试结果表明储层伤害轻微。

6) 正电胶钻井液

应用混合金属氢氧化物（简称 MMH）处理的钻井液，保护储层的机理大致包括：

(1) 正电胶钻井液特殊的结构与流变学性质。正电胶钻井液通过正负胶粒极化水分子形成复合体，在毛细管中呈整体流动，易于返排。而其他钻井液体系一般通过负电性稳定钻井液，钻井液在流动中，不同粒径的颗粒可进入不同大小的毛细管，难以返排，渗透率不易恢复。原因是正电胶钻井液中亚微米粒子很少，可能是抑制性所致，也可能是亚微米粒子参与形成复合体。

(2) 正电胶对岩心的黏土颗粒有极强的抑制膨胀作用，有利于稳定岩心中毛细管的形态，有利于液体的排出。

(3) 整个钻井液体系中分散相粒子的负电性较弱。正电胶含量越高，体系越接近中性，惰性增强，有利于岩心中毛细管的稳定。

7) 甲酸盐钻井液

甲酸盐钻井液是指以甲酸钾、甲酸钠和甲酸铯为主要处理剂的钻完井液，基液密度最高可达 $2.3 g/cm^3$，便于根据储层的压力和钻完井液的设计要求来调节压力，可实现高密度下的低固相和低黏度。基液的高矿化度能预防大多数储层的黏土水化膨胀和分散运移，而且甲酸盐配制的盐水不含卤化物，不需缓蚀剂，腐蚀速率极低，对环境污染小。

8) 聚合醇（多聚醇）钻井液

聚合醇钻井液中使用的聚合醇可以保护储层，作用机理是：在浊点温度以下，聚合醇与水完全互溶，呈溶解态；当体系温度高于浊点温度时，聚合醇以游离态分散在水中，这种分散相类似"油"，可压缩变形，有封堵作用。浊点温度与体系的矿化度、聚合醇的分子量有关，将浊点温度调节到低于储层温度，即可起到保护储层的作用。

9) 屏蔽暂堵钻井液

屏蔽暂堵钻井液技术是在钻井液中添加适当数量与大小的固相颗粒，以便在钻开油气层后能快速有效地在油气井近井壁带形成致密的桥堵带，从而防止钻井完井液固相颗粒与滤液继续侵入地层，采油前通过射孔完井方式打开屏蔽环，以达到保护油气层的目的。

该技术基本原理是采用大、中、小三级粒子级配，大粒子作为架桥粒子，在钻井液中加量不低于3%；中粒子为充填粒子，填充到架桥粒子桥堵后形成的新孔隙中；小粒子一般选用可软化变形的粒子，在外力作用下被挤压到充填粒子封堵后剩下的小孔隙中，如图5-1所示。

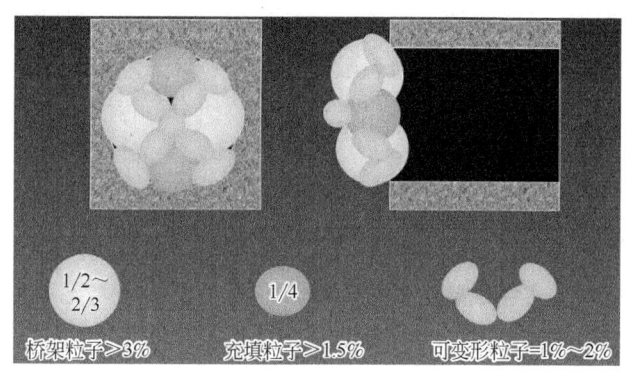

图5-1 屏蔽暂堵技术的基本原理

屏蔽暂堵钻井液技术可以阻止钻井液对油层的进一步损害，消除浸泡时间的影响，并消除后期水泥浆可能造成的损害。在试采投产前可以通过溶解暂堵剂或射孔的方式解除很薄的暂堵损害带。将造成地层损害的两个无法消除的因素——正压差和固相粒子，转变成保护储层的必要条件和有利因素，从理论上解决这个储层伤害的难题。

堵塞实现的条件是正压差钻井作业，压差越大屏蔽效果越好，一般油藏的压差应大于3.5MPa；要求在10分钟内形成屏蔽环，延长时间无影响；对于温度的要求取决于变形粒子的软化点；屏蔽环可防止水泥浆对产层的损害，返排解堵可达到80%以上。

屏蔽暂堵完井液技术要点如下：
（1）准确掌握油层孔喉和固相颗粒的尺寸及其分布；
（2）确定架桥、填充和变形粒子的种类、尺寸和加量；
（3）按照设计调整钻井液中固相颗粒尺寸及含量；
（4）评价屏蔽环的有效性、强度、深度和返排效果；
（5）选择合理的正压差和上返速度；
（6）必须采用优化射孔技术与之配套。

屏蔽暂堵技术可用于长裸眼井段中存在多套压力层系的情况，例如：下部储层低压，而上部井段的地层孔隙压力较高，或是处于强地应力作用下的易塌泥岩地层或易塑性变形的盐膏层和含盐膏泥岩层；多套低压储层之间有高孔隙压力的易塌泥岩互层；老油区因采油或注水而形成的过高压差引起储层伤害。为了顺利钻井，钻井液密度必须由裸眼井段中的最高孔隙压力来确定，否则会发生各种井下复杂情况，轻则增加钻井时间，重则报废井。

2. 油基钻井液

一般的油基钻井液以油为连续相，滤液为油，能有效地避免油层的水敏作用，对储层伤害程度低，并具备钻井工程对钻井液的各项性能要求。但成本高，对环境易产生污染，且易发生火灾等事故，使用受限。

油基钻井液对储层可能有一定的伤害,例如,使储层岩石表面发生润湿反转,降低储层的油相渗透率;与地层水形成乳状液堵塞储层;储层中亲油固相颗粒发生运移和油基钻井液中固相颗粒侵入储层等。为此,可采用无液体乳化剂的全油基钻井液。

3. 气体类流体

气体类流体一般用于低压裂缝油气田、稠油油田、低压强水敏或易发生严重井漏的油气田及枯竭油气田,这些油气层的压力系数往往低于 0.8,为避免压差伤害,需实现近平衡压力钻井或负压差钻井。气体类流体以气体为主要组分,可实现低密度钻井。包括以下四种流体。

1) 空气

循环流体由空气或天然气、防腐剂、干燥剂等组成。空气密度最低,常用来钻已下过技术套管的下部漏失地层,强敏感性油气层和低压油气层。而且无固相和液相,可以减少对储层的伤害。机械钻速高,并能有效预防井漏。但使用时,存在井壁不稳定、地层易出水等问题。

2) 雾

流体雾由空气、发泡剂、防腐剂和少量水混合组成,是空气钻井中的一种过渡工艺。当钻遇地层流体进入井中时(流量小于 23.95m³/h),不能继续用空气循环钻进,向井内注入少量发泡液,使上返的岩屑、空气和液体呈雾状,压力低,对储层伤害程度低。

3) 泡沫流体

流体由空气(或氮气或天然气等)、淡水或咸水、发泡剂和稳泡剂等组成,其中有密集的细小气泡,气泡外表的液膜强度较大。在较低剪切速率时,有较高的表观黏度,有较好的携屑能力;而且机械钻速高,储层浸泡时间短,泡沫流体无固相,密度低(常压下为 0.032~0.065g/cm³),适用于低压易漏失且井壁稳定的储层。该技术成功用于我国新疆、长庆等油田,例如长庆油田青 1 井首次在 3205~3232m 井段使用泡沫流体进行取心作业。

4) 充气钻井液

充气钻井液体系以气体为分散相,液相为连续相,利用稳定剂使气液混合均匀且稳定。钻井液经过地面除气器后,气体从充气钻井液中脱出,液相再进入钻井泵继续循环。充气钻井液密度最低可达 0.60g/cm³,携砂能力好,用于低压易漏失储层,可实现近平衡钻井,减少压差对储层的伤害。该技术用于辽河油田与新疆油田,效果较好,但成本高、工艺复杂。

4. 合成基钻井液

以人工合成或改性的有机物为连续相,盐水为分散相,加入乳化剂、降滤失剂、流型改进剂、加重剂等。合成基液与水不混溶,不含芳香族化合物、环烷烃化合物和噻吩化合物等,基本无毒,可生物降解,对环境无污染。合成基钻井液具有油基钻井液的许多优点,如润滑性好,摩阻力小;携屑能力强,井眼清洁;抑制性强,钻屑不易分散,井眼规则,不易卡钻,有利于井壁稳定,不含荧光物质,可用于测井和试油资料解释。该技术已用于钻水平井和大位移井等,但成本高。

四、现场应用

20世纪90年代以来，经常使用屏蔽暂堵技术保护储层，据1998年底统计，在全国各大油田推广应用已达一万多口井，平均单井增产原油10%~20%，据仅新疆三个油田的不完全统计，年直接经济效益为1.5亿~2亿元。省去了进行酸化、压裂作业的投入，每口井节省几万至几十万。

新疆夏子街油田应用井数60口未发生卡钻事故，下套管顺利，提下钻畅通，钻速由10.77m/h提高到17.09m/h，钻头寿命延长，从9只降为6只。浸泡时间由10天降为5天，油井产量平均提高30%。吐哈油田应用井数为鄯善油田79口，丘陵油田194口，温米油田167口。井下复杂情况大幅度减少，表皮系数由34.08降到3.57。温米油田油井产量提高20%~30%，全部自喷；丘陵油田产量平均提高54.3%，年产值增加1.5795亿元，每口井费用仅增加1万元。

夏子街油田应用屏蔽暂堵技术，经井壁取心发现，钻井液侵入深度为2~3cm。吐哈油田在对L10-18试验井比井取心时研究发现，屏蔽环渗透率下降95%~99%，侵入深度为0.58~2.09cm，返排压力0.12~0.86MPa；L11-17井（常规钻井液）渗透率损害率65%，侵入深度超过5cm。

蒋官澄等研究"协同增效"保护低渗透和特低渗透储层钻井液体系，室内研究用特殊表面活性剂处理岩心表面，将接触角大于130°的亲水岩石表面变为疏水表面，表面张力降为8.23mN/m，对中位粒径为0.33μm的两亲聚合物进行成膜性评价，其流变性能和滤失量均较好，渗透率恢复值大于90%，返排解堵效果良好。在胜利油田推广应用，所有井均未出现复杂情况，几乎不受油气渗透率和温度的影响。油井的月递减率下降，增产量增加，经济效益明显，达到对低渗透、特低渗透储层的保护目的。配方为：4%膨润土+2%高温降黏降滤失剂+0.15%聚丙烯酰胺干粉+2%聚合醇屏蔽剂+4%聚合醇润滑剂+1.5%抗盐抗温降滤失剂+0.4%烧碱+0.5%水解聚丙烯腈铵盐+2%两亲聚合物油层保护剂LCM-8+0.3%表面活性剂FCS-08。配方性能见表5-6。

表5-6 常规性能测试

状态	密度 g/cm³	表观黏度 mPa·s	塑性黏度 mPa·s	动切力 Pa	动塑比	初切力/终切力 Pa	API滤失量 mL	摩阻系数	pH值	岩屑回收率 %	页岩膨胀率 %	渗透率恢复值 %
改性前	1.10	28	20	8	0.4	1.5/3.0	4.5	0.1	8.5	68.7	5.86	62.33
改性后	1.10	30	20	10	0.5	2.0/3.0	4.0	0.1	8.5	86.2	2.69	93.4

孙金声等利用半透膜与隔离膜的抑制性，研究储层保护的方法和机理。泥页岩是非理想的半透膜，利用特种处理剂可以提高泥页岩的理想性，并在泥页岩表面形成具有完全隔离效能的膜，阻止或延缓流体进入泥页岩，达到稳定井壁和保护储层的目的。

半透膜抑制剂BTM-1的抑制泥页岩水化膨胀、分散的能力优于阴离子、两性离子、阳离子及甲酸钾，120℃热滚16h后的钻屑回收率高，抑制性强。泥球浸泡实验观察到半透膜的膜效率与钻井液的抑制性一致。隔离膜降滤失剂CMJ-1和CMJ-2均具有很好的抗高温降滤失性能，膜结构特征是通过化学吸附和氢键作用，在页岩表面形成紧密吸附的分子膜，有利于阻止流体进入页岩，起到稳定井壁和保护储层的作用。

用吉林油田大情字地区油田储层的天然岩心,模拟现场条件(70~80℃,3.5MPa,速度梯度200s^{-1})动态评价模拟现场钻井液伤害,钻井液伤害后岩心渗透率恢复值见表5-7。实验表明隔离膜钻井液对储层伤害小,有利于保护储层。

水包油乳化完井液用于任平1井的钻探,目的是了解雾迷山组碳酸盐岩油层水平方向缝洞发育情况,增加泄油面积,降低水锥高度,为潜山油藏后期开发寻找一条提高原油产量的途径。该井钻于1990年,历时五个月完钻,实际完钻垂深2699.43m,斜深318m,水平段长300m,闭合距739.34m,最大造斜率11.33°/30m。

表5-7 成膜钻井液对油层伤害实验

样品	岩心编号	空气渗透率 μm²	油相渗透率 μm²	伤害后渗透率 μm²	渗透率恢复值 %	实验条件
CMJ-1	9-1	200.2	164.3	130.2	84.9	温度80℃ 压差3.5MPa
	9-1（切去1.6cm）			156.4	93.58	温度80℃ 压差3.5MPa
CMJ-2	16-2	203.59	165.1	136.9	82.9	温度70℃ 压差3.5MPa
	16-2（切去1.8cm）			157.18	95.2	温度70℃ 压差3.5MPa

该井三开所钻油层属低压裂缝性碳酸盐岩储层,缝洞发育。某井距本井162m,在清水钻井时发生井漏,实测油层压力系数仅0.9383。选用水包油乳化钻井液,油水比为60∶40,配制时钻井液的密度以低于0.9g/cm³为宜。

三开前共配制水包油乳状液293.5m³,程序如下:

(1)按配制量的40%将清水放入3号和4号循环罐,开动搅拌器;

(2)开泵,地面循环通过混合漏斗按先后次序缓慢加入增黏剂、降滤失剂,加完后用搅拌器、钻井液枪和混合漏斗剪切1h;

(3)从混合漏斗中加入配制量1.4%的主乳化剂,继续循环1h;

(4)将油配制量的60%通过混合漏斗缓慢加入胶液中,循环均匀后测性能,达到要求后转入其他容器中。

开钻前,将水包油乳化钻井液替入井内,直至出口测量性能与配制性能相符时,驱替井浆完毕。

调整水包油乳化钻井液性能的方法如下:

(1)黏度及动切力值。提高外相黏度或增大内相比例和分散度,均能提高切力和黏度;降低外相黏度或降低内相比例,均能降低动切力及黏度;加入增黏剂、油或乳化剂能提高动切力及黏度;加水能降低动切力及黏度。

(2)密度。加清水、石灰粉或土粉,可提高密度;加油可降低密度。

(3)稳定性。增加乳化剂和增黏剂的用量,可提高钻井液的稳定性。

(4)滤失量。添加少量的膨润土,可大幅度降低滤失量。

任平1井三开实钻过程中,钻井液性能的调整紧紧围绕着钻井液密度的调节,这是三开钻井液性能调控的核心,是防漏的关键。钻井液密度的调整,经过三个阶段。

第一阶段：井深 2720.5~2743.54m，密度 0.89~0.90g/cm³，远低于地层压力系数 0.9383，使钻井中的流体侵入速度为 0.54m³/h，停泵状态下溢流为 0.84m³/h。

第二阶段，将钻井液密度调整为 0.93~0.95g/cm³，井深 2743.5~2943.44m 时微漏，漏速 0.2~0.39m³/h，停泵溢流为 0.38~0.78m³/h。钻进中逐渐不漏，停泵溢流增大至 1.24m³/h，起下钻后效严重，几趟钻先后放出原油及后效乳化钻井液约 165m³，说明钻井液密度偏低。

第三阶段，井深 2934.44~3180m，钻井液密度提至 0.96~0.97g/cm³，钻进中漏速为 0.55~0.94m³/h，停泵无溢流，起钻时仍能保持钻井液液柱压力略高于油层压力，起下钻基本无后效，说明该密度较为合理，维护至完钻。钻进过程中，高效运转固控设备，尽量清除钻屑，有效地控制钻井液的密度。

钻井液应用特点如下：

（1）摩阻小，起下钻 15 趟畅通无阻，未发生任何阻卡现象；

（2）流变性好，携砂能力强，钻井液密度可在低于清水的状态下较大范围内调整，能较好地满足近平衡钻井要求，解决了井漏问题，避免了大量钻井液漏失对油层的损害；

（3）固相含量极低，对油层伤害小。

第二节　水平井钻井液

水平井和大斜度定向井的钻进多使用油基合成基钻井液，也可以使用强抑制性水基钻井液，关键技术是确保井眼清洁、井壁稳定、润滑和防卡。

一、水基钻井液

井壁稳定性要求钻井液必须有良好的抑制和封堵性能。减少钻井液的滤失量，可以防止泥页岩的失稳，保证钻井液的抑制性能。降滤失方法主要是降低滤饼的渗透率及适当提高钻井液的液相黏度，最佳方法是使用有封堵作用的降滤失剂。对于低渗透泥页岩，使用低活度的水基钻井液，引发渗透回流，可以抵消钻井液滤液的水力流动，稳定有裂缝或微裂缝的泥页岩，配合强化封堵则效果更好。

水平井钻井液强调润滑性，要求摩阻低及储层保护。低固相或无黏土相强抑制性钻井液可以满足要求，可以使用甲基葡萄糖苷、聚磺混油、阳离子聚合物、胺基抑制性、复合盐聚合物和聚醇等类型的钻井液。

1. 无黏土相弱凝胶体系

以增黏剂 HVIS 为主剂，增黏剂的分子结构特点能在钻井液中部分替代膨润土。

1）配方组成

无黏土相弱凝胶钻井液体系的基本配方为：淡水+0.1%NaOH+0.15%Na₂CO₃+0.5%~0.7%增黏剂 HVIS+0.15%80A51+1.5%降滤失剂 HFLO+0.5%~1.5%胺基页岩抑制剂 HPA+2%乳化石蜡 RHJ-1+0.05%除氧剂 HGD+0.07%杀菌剂 HCA+5%KCl+2%防水锁剂 HAR+5%酸溶性暂堵剂 QWY。

2）钻井液性能

（1）流变性能。钻井液体系的流变性能见表5-8。

表5-8 老化前后体系的流变性能

流变性能	密度 g/cm³	表观黏度 mPa·s	塑性黏度 mPa·s	动切力 Pa	静切力,Pa 10s	静切力,Pa 10min	API滤失量 mL	pH值
室温	1.01	30	8	22	5.5	7	4.6	9
100℃/16h	1.065	32.5	15	17.5	6.5	13.5	5.0	9

由老化前后弱凝胶钻井液体系的流变参数可以看出，该钻井液体系具有高的动塑比，优良剪切稀释能力，动态携砂能力强；初/终切力参数较高，有利于钻屑的悬浮，该性能用于水平井段钻进时，可以有效防止岩屑床的形成，减少井下事故的发生。

（2）抗盐性能。用氯化钠评价该弱凝胶钻井液体系的抗盐性。由实验数据可以看出，随着NaCl加量的增加，体系的滤失量逐渐降低，流变参数几乎没有变化，说明该体系具有强的抗盐性。

采用标准盐水（NaCl:MgCl$_2$:CaCl$_2$=7:0.6:0.4）评价弱凝胶钻井液体系抗地层水污染后性能的变化，实验数据见表5-9。

表5-9 弱凝胶钻井液体系抗地层水污染评价试验

流变性能	密度 g/cm³	表观黏度 mPa·s	塑性黏度 mPa·s	动切力 Pa	静切力,Pa 10s	静切力,Pa 10min	API滤失量 mL	pH值
室温	1.03	31.5	14	17.5	7	13	4.6	9
100℃/16h	1.05	29	13	16	6.5	12.5	5.0	9
加20%复合盐水	1.06	22	11	11	5	9	5.2	8.5

由实验数据可以看出，加入20%复合盐水后，黏度切力略有下降，但是总体来说体系性能稳定，动塑比较高，可见体系抗地层水污染能力较强。

（3）储层伤害评价实验。实验方法按照SY/T 6540—2021《钻井液完井液损害油层室内评价方法》标准测定，采用气测渗透率恢复值来评价储层保护效果。实验结果见表5-10。

表5-10 气测渗透率恢复值

实验岩心	环压,MPa	驱替表压 MPa	气测渗透率,mD 污染前K	气测渗透率,mD 污染后K	恢复值 K$_后$/K$_前$,%	备注
H$_1$-1	3	1.8	0.013936	0.011848	85.017	污染后刮滤饼
H$_1$-2	3	1.6	0.020107	0.019174	95.36	污染后酸性破胶剂浸泡（90℃,6h）
H$_2$	3	1.8	0.01592	0.014173	89.02	
T$_2$	3	1.8	0.00756	0.006401	84.67	污染后用生物酶破胶剂处理
S$_1$	3	1.4	0.152928	0.146629	95.88	

从H$_1$-1岩心渗透率恢复实验可以看出，该体系的渗透率恢复值高于85%，若动态污染之后的岩心用酸性破胶剂浸泡处理（90℃×6h），用同一井段的岩心H$_1$-2渗透率恢复

值高达 95.36%，比污染后未做处理渗透率恢复值提高了 10 个百分点，可见酸性破胶剂能有效地清除滤饼，增强储层保护效果。

3）现场应用

以增黏剂 HVIS 为主剂的无膨润土相钻井液体系具有很好的抗盐性、抑制性、润滑性以及较好的动态携砂与静态悬砂能力，具有较高的低剪切黏度，在近井壁井段能够形成较低的流动性，配合使用全酸溶复配材料，能够有效减少钻井液对井壁的冲刷，保护井壁，能够满足长水平井段钻井施工的要求。

2. 复合盐水聚合物钻井液体系

渤斜 931 井位于济阳某洼陷带，设计井深 4154.17m。技术难点有：造斜点浅、稳斜段长、水平位移大，钻井液井眼净化及润滑防卡的技术难度大；三开斜井段地层岩性复杂，钻井液稳定井壁的技术难度大；钻井液体系与地层岩石匹配性差，钻井时效低。

1）工程设计要求

井身结构设计为三开制，轨道类型为直—增—稳型。

二开稳斜裸眼段 2000m 处，摩阻和扭矩大，定向钻进易托压，钻压释放易憋泵；起下钻易上提钻具悬重过大，下放易遇阻，要求钻井液润滑防卡。

三开裸眼井段地层岩性复杂，裸眼井段穿越多套地层；三开井斜段长，定向轨迹差，斜井段穿越多套地层；易发生层理性坍塌、脆性坍塌和缩径起下钻阻卡等复杂问题。钻屑在运移阻力和重力作用下容易在下井壁形成岩屑床；在停泵和排量不足的情况下，钻屑也易堆积在下井壁，造成起下钻受阻。在中生界及以下地层有大段砂岩和砂砾岩，孔隙及微细裂缝极发育，对钻井液密度敏感，易发生渗漏；石盒子组蕴含高压油气，严格要求井控，钻井液要求高密度，兼具封堵防漏能力。具体地层地质信息及工程要求见表 5-11。

表 5-11 井下地层地质信息及工程要求

开次	套管直径 mm	井深 m	层段 m	地层	关键节点
二开	244.5	2072	299.04~490.32		造斜
			490.32~2072		稳斜（井斜角 23°）防卡
三开	139.7 215.9（钻头）	4091	垂深：3744.76m 水平位移：1560.17m 最大井斜：28°	自上而下：下古生界—东营组、沙河街组（沙一段、沙二段、沙三段）；中生界；上古生界—上石盒子组（石千峰组、孝妇河段、奎山段、万山段）、下石盒子组	灰色泥岩，防吸水膨胀；泥页岩，防层理性坍塌；大段砂岩和砂砾岩，防漏；碳质泥岩及煤线，防坍塌；紫红色泥岩，防吸水膨胀

2）复合盐水钻井液体系的优选

三开的地质和工程特性要求钻井液不仅能抗高温、润滑性能好，还要求钻井液的抑制、防塌和封堵能力。

钻井液体系选用正电性强的胺基聚醇，有机胺分子在水中呈弱碱性及弱电离，能以最优构象固定在黏土晶层之间，降低黏土矿物的吸水，能长效保持浓度平衡，长效抑制。

适量使用能嵌入黏土矿物晶层间的 K^+，防止黏土矿物的水化膨胀，提高井壁的稳定性。复配使用超细碳酸钙，改善钻井液的颗粒级配，降低滤饼的渗透率，起到稳定井壁和防止井壁坍塌的作用。

有机硅稳定剂可与黏土表面形成 Si—O—Si 键，使黏土表面呈疏水性，强化钻井液的抑制性，其中的羟基吸附在黏土颗粒上，可削弱黏土颗粒之间的网架结构，改善钻井液的流变性能。

选择使用复合盐水钻井液体系的优选过程如下：

（1）抑制剂的优选。选择 KCl 和 NaCl 混合溶液，辅以胺基聚醇。

（2）降滤失剂的优选。上部地层选择 LV-CMC 和褐煤类，控制中压滤失量；下部地层选择 SMP 和磺酸盐共聚物等抗温抗盐能力强的降滤失剂。

（3）封堵防塌剂的优选。选择井壁稳定剂和超细碳酸钙作封堵剂，在井壁形成致密滤饼；钻进高压油气层前，加入单向压力封堵剂、随钻承压堵漏剂、酸溶性膨胀堵漏剂等纤维类随钻封堵防塌剂。

（4）流型调节剂的优选。选取二开井浆和多种流型调节剂（改性铵盐、硅氟降黏剂 SF-1、有机硅稳定剂 SF-4 及纳米二氧化硅）进行配伍性实验。

3）优选配方

对流型调节剂及润滑剂等各类处理剂进行优选，见表 5-12 和表 5-13。

表 5-12 流型调节剂的优选实验

序号	钻井液体系配方	PV mPa·s	YP Pa	$G_{10''}/G_{10'}$ Pa/Pa	pH 值	FL_{API} mL
1	井浆	10	3.0	1.0/7.0	8.0	4.0
2	1#+5%KCl+5%NaCl+0.5%NaOH	18	11.0	5.0/18.0	9.0	6.4
3	2#+1%改性铵盐	15	7.0	3.0/15.0	9.0	4.2
4	2#+1%硅氟降黏剂 SF-1	16	8.0	4.0/13.0	9.5	4.8
5	2#+1%有机硅稳定剂 SF-4	15	5.0	2.0/10.0	9.5	4.4
6	2#+1%纳米二氧化硅	15	6.0	2.5/11.0	9.5	4.6

表 5-13 不同润滑剂的优化结果

序号	钻井液体系配方	PV, mPa·s	YP, Pa	FL_{API}, mL	K_f
1	井浆	15	5.0	4.0	0.1584
2	井浆+2.0%白油	16	6.0	3.6	0.1051
3	井浆+3.0%白油	20	8.0	3.2	0.0875
4	井浆+1.0%石墨粉	17	8.5	3.6	0.1139
5	井浆+2.0%石墨粉	19	8.5	3.4	0.1051
6	井浆+2.0%白油+1.0%石墨粉	18	7.5	3.0	0.0524
7	井浆+3.0%白油+1.0%石墨粉	20	9.5	2.8	0.0501

优选后的聚胺复合盐润滑防塌钻井液体系的基本配方如下：

（3.5%~5.0%）膨润土+（0.3%~0.5%）烧碱+（0.3%~0.5%）PAM+（7.0%~8.0%）NaCl+（6.0%~8.0%）KCl+（0.5%~1.5%）胺基聚醇+（0.5%~1.5%）LV-CMC+（2.5%~4.0%）抗温抗盐防塌降滤失剂 KFT+（3.0%~5.0%）SMP-1+（0.5%~1.5%）磺酸盐共聚物

DSP-2+(2.0%~4.0%)超细碳酸钙+(2.0%~4.0%)井壁稳定剂+(2.0%~4.0%)无荧光白油润滑剂+(1.0%~2.0%)石墨粉+(0.5%~1.5%)SF-4+随钻堵漏剂+重晶石粉。

4）现场应用

现场施工过程中，钻井液的配制过程如下：在钻完水泥塞后，加入稀胶液（配方：水+0.15%PAM+1.5%胺基聚醇），在套管里调整二开井壁流变性，使漏斗黏度降至32s，膨润土含量约40g/L；按循环周加入0.8%LV-CMC和烧碱，调整pH值至大于9，保持钻井液体系的分散性；加入2.5%KFT和3%SMP-1，提高体系的抗温和抗盐能力，降低钻井液的滤失量；加入7%NaCl和8%KCl，再加入0.5%有机硅稳定剂，调控钻井液的流变性；加入0.5%DSP-2，降低钻井液的常规滤失量。将钻井液体系充分循环，性能稳定后开钻。三开钻井液体系的性能见表5-14。另外，配制40m³膨润土浆备用（配方：淡水+0.3%纯碱+0.5%烧碱+15%土粉，充分水化24h后，加入0.2%LV-CMC和0.3%KFT）。

表5-14　三开钻井液体系的性能

井深 m	ρ g/cm³	FV s	PV mPa·s	YP Pa	$G_{10''}/G_{10'}$ Pa/Pa	pH值	FL_API mL	FL_HTHP mL	K_f	C（Cl⁻） mg/L
2400	1.13	33	8	2.0	0.5/4.0	8.0	10		0.0875	68600
2630	1.15	38	10	3.0	1.5/6.0	8.0	5.0		0.0875	60000
2810	1.23	43	14	5.0	2.0/7.0	8.5	4.0	14.8	0.0787	56700
3000	1.31	45	16	5.0	2.0/8.0	8.0	4.0	14.2	0.0787	55200
3375	1.38	48	20	7.0	2.0/10.0	8.0	4.0	13.2	0.0699	52800
3560	1.66	52	22	12.0	5.0/18.0	9.0	3.0	12.8	0.0612	53200
3840	1.72	53	25	9.0	3.5/14.0	9.0	2.8	11.8	0.0612	53100
4060	1.76	51	29	9.0	3.0/16.0	8.5	2.4	11.2	0.0437	52900
4160	1.78	53	29	10.0	4.0/17.0	8.5	2.4	11.2	0.0513	52800

3. 饱和盐水钻井液体系

靖边气田在某井区的地质构造为鄂尔多斯盆地伊陕斜坡，地层层序自上而下为第四系、白垩系志丹统、侏罗系中统安定组和直罗组、下统延安组、三叠系上统延长组、中统纸坊组、下统和尚沟组和刘家沟组、二叠系上统石千峰组、中统石盒子组和下统山西组。主要井型为水平井，该井区水平井施工以三开结构为主，目的层为二叠系石盒子组和山西组，完钻井深4500~5000m，水平段长1000~2000m，垂深3100~3300m。水平井塌漏问题突出，井下复杂率高，处理复杂周期长，严重影响钻井速度，提高了钻井成本，井段基本钻进情况见表5-15。

表5-15　不同润滑剂的优化结果

井号	井深，m	井斜，（°）	应用层位	应用井段，m	井段扩大率，%
靖27-2	4625	26.14	石千峰—马家沟	3426-4625	7.74
靖27-3	4606	19.56	石盒子—马家沟	3598-4606	5.64

一开采用 Φ346.1mm PDC 钻头钻至井深 500m，下入 Φ273.1mm 套管；二开直井段采用 Φ228.6mm PDC 钻头钻至造斜点 2700m，斜井段采用 Φ215.9mm PDC 钻头，钻至水平段入窗，下入 Φ177.8mm 套管中完；三开采用 Φ152.4mm PDC 钻头钻至完钻，下入 Φ114.3mm 套管完井。

对钻井液技术进行优化的措施如下：（1）钻至延长组中部加入降滤失剂，减少滤液沿裂缝进入地层产生水力尖劈作用，维持地层力学强度；（2）在延长组中下部加入一定量复合盐，抑制地层水化膨胀分散；（3）用稠浆定时清扫井底，提高钻盘转速，增大钻井泵排量，及时清除钻屑；（4）在钻井液中加入固体石墨、水溶性的聚合醇和油溶性的脂肪酸酯润滑剂，利用亲水性和疏水性润滑剂之间的相互作用，在井壁与钻具之间形成多层润滑膜，提高钻井液润滑性，减少托压、黏卡现象。

钻井难点分析：

（1）延长组中部造斜时滑动摩阻高，容易出现托压、黏卡情况，严重影响钻时，尤其是在延长组中部（1200~1500m）造斜井段；

（2）延长组下部裂缝多，井壁易吸水膨胀后失稳，容易形成"大肚子"，导致钻屑和大掉块清不干净；

（3）刘家沟组地层呈裂缝发育，砂岩夹杂泥岩，地层承压能力弱；

（4）目的层夹杂煤层和硬脆性碳质泥岩，存在大量微孔隙和微裂缝，坍塌压力大，稳定周期短，防塌困难，塌漏矛盾突出。

高温高密度饱和盐水钻井液体系在应用井段的基础性能表见表 5-16，配方如下：

3%膨润土 HE-POYLYMER 增黏剂+4%DRISTEMP 降滤失剂+4%PSC-1 降黏剂+0.5%SOLTER 封堵剂+1.5%高温保护剂 GBH。

表 5-16 应用井段的基础性能

井号	ρ g/cm³	FV s	FL_{API} mL	滤饼厚度 mm	$G_{10''}/G_{10'}$ Pa/Pa	含砂量 %	pH 值	PV mPa·s	YP Pa
靖 27-2	1.15	50	5~6	0.5	3.0/5.0	0.2	8.0~10	11~15	6~9
靖 27-3	1.16	56	4~5.5	0.5	4.0/6.0	0.2	8.0~10	11~16	7~10

4. 阳离子乳液聚合物钻井液体系

阳离子乳液聚合物钻井液体系是以阳离子乳液聚合物包被剂为主剂，通过加入抗高温抗盐聚合物降滤失剂和高软化点乳化沥青配制而成的一种新型水基钻井液体系。具有良好的流变性、润滑性、封堵防塌性和有效保护储层的特性，可以实现在水平井中应用不需要混油的使用效果，是一种环保型的钻井液体系。

1）配方组成

3%膨润土浆+0.5%阳离子乳液聚合物 DS-301+1%抗高温抗盐聚合物降滤失剂 RHTP-1+2.5%高软化点乳化沥青 RHJ-3+0.7%胺基页岩抑制剂 HAP+0.5%有机硅醇抑制剂 DS-302+1.5%乳化石蜡 RHJ-1+5%KCl+3%CaCO$_3$。

2）钻井液性能

（1）抗温性能。在最佳钻井液体系配方下，钻井液性能测定 130~160℃不同加量条件下钻井液体系的抗温性能，结果见表 5-17。

表 5-17　抗温性能结果

序号	T ℃	旋转黏度计读值 θ600	θ300	θ200	θ100	θ6	θ3	AV mPa·s	PV mPa·s	YP Pa	FL_HTHP mL	滤饼厚度 mm
1	室温	134	83	65	42	5	3	67	51	16	5.6	1.0
2	130	93	52	37	22	2.5	1.5	46.5	41	5.5	17.6	2.5
3	140	87	48	33	19.5	2	1.5	43.5	39	4.5	16.8	2.5
4	150	73	39	27	14	1.0	0.5	36.5	34	2.5	16.4	1.0
5	160	53	27	18.5	10	1.0	0.5	26.5	26	0.5	18.2	1.0

注：老化 16h 后测定结果。

（2）抗盐性能。在最佳钻井液体系配方下，分别加入不同量的 NaCl，依次测出常温下和 150℃ 高温老化 16h 后钻井液性能，结果见表 5-18 和表 5-19。

表 5-18　常温钻井液性能测定结果（抗 NaCl 污染）

NaCl 加量 %	ρ g/cm³	θ600	θ300	θ200	θ100	θ6	θ3	AV mPa·s	PV mPa·s	YP Pa	FL_API mL	滤饼厚度 mm
5	1.75	178	120	93	60	8	5	89	58	31	4.6	0.5
10	1.75	191	134	104	68	9	6	95.5	57	38.5	4.4	0.5
15	1.75	169	112	89	57	7	4	84.5	57	27.5	4.8	0.6
20	1.75	187	130	102	66	9	5	93.5	57	36.5	4.6	0.5
25	1.75	180	124	99	63	9	5	90	56	34	4.6	0.5
36	1.75	188	131	103	67	9	6	94	57	37	3.6	0.3

表 5-19　150℃ 老化 16h 后钻井液性能测定结果（抗 NaCl 污染）

NaCl %	ρ g/cm³	θ600	θ300	θ200	θ100	θ6	θ3	AV mPa·s	PV mPa·s	YP Pa	FL_HTHP mL	滤饼厚度 mm
5	1.75	118	67	48	29	3	2	59	51	8	11.2	0.5
10	1.75	158	99	74	54	13	10	79	59	20	13.4	0.5
15	1.75	164	101	76	52	13	9	82	63	19	14	0.5
20	1.75	131	83	67	51	17	14	65.5	48	17.5	16	0.5
25	1.75	162	99	79	58	18	15	81	63	18	12	0.5
36	1.75	151	93	68	40	4.5	3	75.5	58	17.5	6.0	0.5

在最佳钻井液体系配方下，分别加入不同量的 NaCl 和 KCl，依次测出常温下和 150℃ 高温老化 16h 后钻井液性能，结果见表 5-20 和表 5-21。

表 5-20　常温钻井液性能测定结果（抗复合盐污染）

NaCl+KCl %	ρ g/cm³	θ600	θ300	θ200	θ100	θ6	θ3	AV mPa·s	PV mPa·s	YP Pa	FL_API mL	滤饼厚度 mm
5+5	1.75	225	159	128	85	13	8	112.5	66	46.5	4.0	0.4
10+5	1.75	221	157	125	83	12	7	110.5	64	46.5	4.2	0.5
26+10	1.75	218	154	123	80	11	7	109	64	45	4.0	0.4

表 5-21　150℃老化 16h 后钻井液性能测定结果（抗复合盐污染）

NaCl+KCl %	ρ g/cm³	θ_{600}	θ_{300}	θ_{200}	θ_{100}	θ_6	θ_3	AV mPa·s	PV mPa·s	YP Pa	FL_{HTHP} mL	滤饼厚度 mm
5+5	1.75	170	104	77	44	7	4	85	66	19	14.8	0.5
10+5	1.75	143	90	69	52	15	12	72.5	53	18.5	11.8	0.5
26+10	1.75	190	116	86	52	5	3	95	74	21	8.2	0.5

（3）抗钙性能

在最佳钻井液体系配方下，分别加入不同量的 $CaCl_2$ 依次测出常温下和 150℃高温老化 16h 后钻井液性能，结果见表 5-22 和表 5-23。

表 5-22　常温钻井液性能测定结果（抗 $CaCl_2$ 污染）

$CaCl_2$ %	ρ g/cm³	θ_{600}	θ_{300}	θ_{200}	θ_{100}	θ_6	θ_3	AV mPa·s	PV mPa·s	YP Pa	FL_{API} mL	滤饼厚度 mm
0.5	1.75	184	125	98	64	9	5	92	59	33	6.0	0.8
1.0	1.75	156	102	80	51	6	4	78	54	24	6.8	1.0
1.5	1.75	130	82	64	40	5	3	65	48	17	8.0	1.3

表 5-23　150℃老化 16h 后钻井液性能测定结果（抗 $CaCl_2$ 污染）

$CaCl_2$ %	ρ g/cm³	θ_{600}	θ_{300}	θ_{200}	θ_{100}	θ_6	θ_3	AV mPa·s	PV mPa·s	YP Pa	FL_{HTHP} mL	滤饼厚度 mm
0.5	1.75	39	19	13	9	1.5		19.5	20	-0.5	258	
1.0	1.75	59	30	21	13	2	1	29.5	29	0.5	22.0	2.5
1.5	1.75	26	11	8	5	1	0.5	13	15	-2	44.6	

3）应用

通过在塔河油田碎屑岩水平井不混油钻井施工中的应用，充分说明阳离子乳液聚合物钻井液体系抑制性强，能有效抑制泥页岩的水化分散，防止井壁坍塌和保护油气层，润滑性好而且具有环境可接受性，适于环境敏感地区的大位移井、大斜度定向井、深定向井以及探井的钻井施工，是一种很好的水平井钻井液体系。

二、油基钻井液体系

油基钻井液体系抑制能力强、润滑性好、悬浮性强、抗高温、静切力低，有较低的 ECD、激动压力，抽吸易于控制，能更好地适用于深井、水平井钻井施工的需要，特别适用于页岩气水平井钻井施工。

1. 油基钻井液体系配方

全油基钻井液的基本配方为：5#白油+3%~6%有机土+3%~5%主乳化剂+0.5%~1%辅乳化剂+0.3%~1.0%润湿剂+3%~5%油基降滤失剂+3%~5%随钻封堵剂+3%石灰+3%超细碳酸钙+重晶石。

油包水油基钻井液的基本配方为：3#白油（油水比 75∶25）+20~30kg/cm³ 有机土+20kg/cm³ 主乳化剂+20~70kg/cm³ 辅乳化剂+50~100kg/cm³ 石灰+70~150kg/cm³ $CaCl_2$+

加重剂（油水比为80∶20时，加重至1.50kg/cm³）。

2. 油基钻井液性能

1）油基钻井液抗温性能

将全油基钻井液、油包水钻井液130℃热滚16h，评价油基钻井液的抗高温性能，由表5-24、表5-25实验数据可知，油基钻井液高温稳定性良好，符合顺9井区钻井液对抗高温的要求。

表5-24 全油基钻井液抗高温性能评价

条件	AV, mPa·s	PV, mPa·s	YP, Pa	FL_{API}, mL	$G_{10″}/G_{10′}$, Pa/Pa	ES, V
常温	76	58	18	0	6/7	2047
100℃/16h	67	50	17	0	5.5/7.5	2047
130℃/16h	82	60	6.5	0.8	3.0/6.5	2051

注：钻井液密度1.6g/cm³，测定温度45℃。

表5-25 油包水钻井液抗高温性能评价

样号	PV, mPa·s	YP, Pa	$G_{10″}/G_{10′}$, Pa/Pa	FL_{HTHP}, mL	ES, V
常温	24	4.5	4/7		620
130℃/16h	25	5.5	4/8.5	1.8	580

注：测定温度50℃，热滚温度130℃。

2）沉降稳定性实验

将配置好的油基钻井液分别加重至1.60g/cm³和1.50g/cm³，130℃热滚16h后，放入80℃烘箱静置24h，测得上下密度差不超过0.020g/cm³，沉降稳定性良好，无沉降，见表5-26、表5-27。

表5-26 全油基钻井液沉降稳定性性评价

ρ, g/cm³	PV, mPa·s	YP, Pa	$G_{10″}/G_{10′}$, Pa/Pa	沉降稳定性
0.9	30	8		
加重至1.585	58	18	6/7	无沉降
加重至1.605（静置24h）	58	18	4/7	无沉降

注：测定温度45℃。

表5-27 油包水钻井液沉降稳定性评价

ρ, g/cm³	PV, mPa·s	YP, Pa	$G_{10″}/G_{10′}$, Pa/Pa	沉降稳定性
0.9	14	1.5		
加重至1.50	24	4.5	4/7	无沉降
1.50（静止24h）	24	4.5	4/7	无沉降

注：测定温度50℃。

3）滚动回收率评价

取顺9井区全油基、油包水钻井液及水基钻井液，对志留系岩屑滚动回收率进行评价。在热滚条件温度150℃和转速60r/min下模拟（时间16h）井下工作状况，测定岩样的回收率，实验结果见表5-28。

表 5-28 钻井液体系滚动回收率实验

分散介质	实验条件	滚动前岩样质量, g	滚动后岩样质量, g	回收率, %
水	150℃×16h	50	40.03	80.06
全油基钻井液滤液	150℃×16h	50	49.70	99.40
油包水钻井液滤液	150℃×16h	50	48.84	97.68
水基钻井液滤液	150℃×16h	50	45.06	90.12

3. 现场应用

1) 全油基钻井液

在顺 902H 井的四开定向段 5792m，转换为全油基钻井液体系，钻井液密度由 1.80g/cm³ 降低到 1.68g/cm³，顺利钻至水平段，井深 6302.82m 完钻，解决了志留系泥岩垮塌的难题。

采用全油基钻井液钻志留系复杂泥岩段，基本配方为：白油+6%有机土+6%主乳化剂+5%辅乳化剂+3.5%润湿剂+6%油基降滤失剂+4%随钻封堵剂+2%石灰+3%超细碳酸钙+重晶石加重，其基本性能见表 5-29。

表 5-29 油基钻井液性能（60℃测定）

井号	ρ g/cm³	AV mPa·s	PV mPa·s	YP Pa	$G_{10''}/G_{10'}$ Pa/Pa	FL_{API} mL	FL_{HTHP} mL	ES V
顺 9CH	1.50	68	59	9	3/9	0.5	1.5	
顺 902	1.50	79	65	14	5.5/8	0	1	≥2000

全油基钻井液的维护：

(1) 油基钻井液提前配好，替浆结束后全井循环 2 周，充分剪切，提高油基钻井液的乳化稳定性。

(2) 钻进过程中，纯油基钻井液静切力较高，使用 3#白油降低黏切。

(3) 随着井深增加，油基钻井液的损耗和钻井液性能略有波动，要及时对油基钻井液进行必要的补充，钻井液每日消耗约为 3~12m³。

(4) 加入有机土，提高钻井液携屑能力；加入润湿剂，清洁钻屑，减少白油损耗。高温高压失水控制在 5mL 以内，如有增大趋势，可加入降失水剂和乳化剂来控制。

(5) 细水长流补充主、辅乳化剂保证乳状液的稳定性，破乳电压不小于 600V，防止钻井液破乳。

(6) 加入 CaO 控制钻井液 pH 值为 8.5~10.5。

(7) 为减少地层渗透和掉块，补充适量有机土、亲油胶体、封堵材料和降低油水比来提高油基钻井液的黏切，保持动切力为 8~15Pa，使得油水比不低于 95：5。

使用全油基钻井液的抑制性较强，顺 9CH 井径扩大率 4.85%，顺 902 井 5794~6290m 平均井径扩大率为 5.04%，显著优于邻井水基钻井液施工的井；下钻畅通，电测一次成功。

2) 高密度白油基乳化钻井液

四川泸县地区的地质特点是页岩气储层深、地层压力大、井底温度高。现场使用高密度白油基钻井液体系，该体系破乳电压高、滤失量小、流变性好、低温流动性好、150℃下悬浮和携岩能力稳定，体系油水比为80∶20，体系配方为：

3#白油+3%主乳化剂+1%辅乳化剂+1.5%润湿剂+0.7%有机土+2.5%CaO+2%降滤失剂+1%封堵剂+CaCl$_2$盐水（CaCl$_2$质量分数为30%）+重晶石（加重至2.15g/cm^3）。

由该配方配制的油基钻井液随着测量温度的升高，体系的表观黏度明显减小，破乳电压逐渐降低但降低幅度有限，动切力逐渐减小，动塑比和静切力基本保持不变。动塑比随温度的变化不大，说明体系携带岩屑的能力不随温度的变化而变化，测试性能见表5-30，维护性能见表5-31。

表5-30　油基钻井液性能（60℃测定）

油水比	ρ g/cm^3	ESV	AV mPa·s	PV mPa·s	YP Pa	YP/PV Pa/(mPa·s)	$G_{10''}/G_{10'}$ Pa/Pa	FL_{HTHP} mL
80∶20	2.15	1072	58	52	6	0.12	3/7	1.6

表5-31　不同温度下钻井液的流变性

温度，℃	ES，V	AV，mPa·s	PV，mPa·s	YP，Pa	YP/PV，Pa/(mPa·s)	$G_{10''}/G_{10'}$，Pa/Pa
30	1156	123	111	12	0.11	4/7
40	1121	99	89	10	0.11	4/7
50	1098	73	65	8	0.12	3/8
60	1043	63	56	7	0.12	3/7
70	1017	57	51	6	0.12	3/8
80	986	50	45	5	0.11	2/8
90	943	45	40	5	0.12	3/9

203H57平台是四川泸县的一个页岩气开发平台，共有四口井，水平段长均超过1600m，垂深均超3600m。水平段目的层为龙马溪组，页岩为深灰色—灰黑色页岩，具有页岩层理和微裂隙，钻进过程中极易剥落垮塌。该平台设计水平段长，地层压力高，井底温度高（邻井相同井深温度达150℃），水平段存在断层，所以在实际钻井施工中对井壁稳定、井眼清洁、防卡防漏的要求很高，四开油基钻井液性能见表5-32。

表5-32　泸203H57-1井四开井段油基钻井液性能

井深 m	ρ g/cm^3	t s	PV mPa·s	YP Pa	$G_{10''}/G_{10'}$ Pa/Pa	FL_{HTHP} mL	ES V	Cl$^-$ mg/L	碱度 mmol/L	F_s %	油水比
3341	2.08	58	61	8	2/8	2.4	673	20000	2.3	42	82/18
3940	2.05	57	58	8	3/13	2.4	978	23000	2.6	43	85/15
4471	2.04	63	50	8	3/12	2.4	1215	30000	2.9	43	85/15
5050	2.05	55	50	7	2.5/8	2.2	1349	32000	2.6	45	84/16
5790	2.07	69	63	8	3/10	2.4	1352	28000	2.8	45	82/18

注：F_s指固相含量。

平台四口井的四开井段钻井液性能相近；钻井液抑制性能好，现场钻屑完整；井壁稳定，防塌效果好，井眼扩大率分别为4.2%、3.8%、4.5%、4.4%，且在钻进过程中均无掉块、阻卡的情况；低温流变性好，在钻井中后期采用地面冷凝器，出口温度低于50℃

的情况下，漏斗黏度均低于70s，表现出良好的低温流动性；井眼清洁，完井作业时，划眼基本无沙子，表现出良好的井眼清洁情况；在现场地质导向要求追寻最佳层位，频繁调整井斜的情况下，四口井的起下钻摩阻最大均不超过25t，比其他邻井的摩阻明显减小；在整个钻进过程中没有因为钻井液问题而导致井下复杂情况，后期通井、电测、下套管均一次完成。

3）MEGADRIL 油基钻井液体系

F7H井是我国第一口海上高温高压水平井，井深3800m，井底温度143℃，井底压力系数高达1.95，开发难度巨大。从 ϕ311.15mm 井段开始（井深3019m，垂深2802.53m）使用MEGADRIL油基钻井液，应用井段的井身结构、钻井液密度和井底温度如表5-33所示，现场应用配方如表5-34所示。MEGADRIL油基钻井液现场应用过程中，随钻井液密度的增加适度提高油水比，以降低黏度和维持钻井液稳定。性能维护时，用乳化剂ONE-MUL调控钻井液乳化和润湿性能，如加入润湿剂保证重晶石的油润湿性，用抗高温氧化沥青Versatrol HT、磺化沥青SOLTEX等控制钻井液滤失并改善滤饼质量。同时为降低酸性气体的影响，维持钻井液中有适量的多余石灰；调整油基钻井液水相中 $CaCl_2$ 的浓度，使钻井液水相的活度不低于地层水的活度，使钻井液的渗透压不低于地层吸附压，防止页岩地层的渗透水化；适当地加入防塌剂 VersatrolHT，加强钻井液的充填封堵性，提高井壁稳定性，性能维护上用VERSAWET补充润湿剂的消耗，用VERSAMUL和VERSACOAT控制乳化性，维持钻井液中有适量的多余石灰，保持乳化液的高温稳定性并防止电解质发生电离，提供适当的碱性环境，降低酸性气田的影响。

表5-33 油基钻井液应用井段井身结构、钻井液密度和井底温度参数

井眼尺寸，m	井斜角，(°)	斜深，m	垂深，m	ρ，g/cm³	井底温度，℃
311.15	68.12	3019	2802.53	1.35~1.85	125
215.9	84.13	3410	2878.18	1.80~2.08	140
149.22	93.30	3800	2868.42	1.90~2.08	143

表5-34 现场应用的MRGADRIL油基钻井液配方

材料	浓度	功能
白油	75%~90%	基油，无毒矿物油
水	10%~25%	水相，分散相
Versagel HT	8.55g/cm³	高温有机膨润土
ONEMUL	42.75	乳化/润湿
石灰	28.5g/cm³	碱度控制，与乳化剂作用生成钙盐
$CaCl_2$	71g/cm³	控制水相活度
Versatrol HT	14.25g/cm³	高温降滤失剂，磺化沥青
Ecotrol RD	2.85g/cm³	高温稳定剂，聚合物
重晶石	根据需要	加重材料
VERSAWET	根据需要	油润湿剂
Carb10/20/40/250	依据地层渗透率	封堵材料

钻井液现场应用技术措施如下：

(1) 井壁稳定措施。油基钻井液是强抑制性体系，基本消除了化学方面因素对井壁

稳定的影响，如出现井壁失稳，主要应是力学平衡的原因。因此，根据井况需要适当上提钻井液密度。此外，通过调整油基钻井液水相中 $CaCl_2$ 的浓度（25%左右），使钻井液水相的活度等于或略高于地层水的活度，使钻井液的渗透压大于或等于地层（页岩）吸附压，防止钻井液中的水向岩层运移，防止地层的渗透水化。向钻井液中加入适量防塌剂（Versatrol HT）和封堵剂（$CaCO_3$），提高滤饼质量，加强钻井液的封堵性，也可以提高井壁稳定性。$\phi215.9mm$ 井段控制钻速小于 20m/h，排量小于 1600L/min，来保持较低的 ECD（当量循环密度）值，防止井漏的发生。如有渗漏（速度小于 $5m^3/h$），则将井浆中的封堵材料的浓度提高到 3%。

（2）提高润滑性措施。F7H 水平井的井斜角大，摩阻较大，钻井液通过以下措施来降低摩阻和扭矩：在钻水泥时，先向井浆中加入 1% G-Seal（进口石墨），后根据实钻扭矩情况逐渐补充石墨材料；根据实钻的扭矩情况，适当提高油水比，提高钻井液中的油含量来加强润滑性、降低摩阻；在保证井控安全的前提下，钻井液相对密度尽可能低，减小压差造成的黏性摩阻；加强井眼净化，减小环空钻屑摩阻。

（3）储层保护措施。通过降低压差和加强钻井液封堵效果来保护储层。钻井液密度在满足井控的前提下尽可能低控，维持中低流变性（$YP<8Pa$），根据实时监测的 ECD 值调整钻速和排量以获得较低的 ECD 值。同时平稳操作，控制起下钻速度，避免压力激动或抽汲。钻入产层前，向钻井液预先加入 Carb 10/40 等较细颗粒的封堵材料，保证钻井液具有较强的封堵性；在产层钻进时，保持边钻边缓慢向循环系统补充含较粗颗粒封堵材料（Carb 40/250）的胶液，补充消耗并提高钻井液的封堵性；提高滤饼的致密性，减小滤液对产层的侵入；选用细筛布（大于 170 目），发挥固控设备的作用，减少劣质固相对储层的污染。

MEGADRIL 油基钻井液的应用效果表明，其高温稳定性良好，流变性稳定且易于调控，高温高压滤失量低，抑制、润滑和储层保护效果良好。油基钻井液抑制性强，钻井液中返出的钻屑外形完整，棱角分明。

F5 井和 F7H 井位于南海东方气田同一钻井平台，在 8.5in 井径井段的钻探过程中，F5 井使用了高性能水基钻井液，F7H 井使用了 MEGADRIL 油基钻井液。F7H 井的井径稳定，扩大率低；使用水基钻井液的 F5 井井径变化范围大，井径扩大率高，而且在 2930m 左右有缩径现象。水平井钻具与井眼的接触面积大，摩阻和扭矩也相应较大，但是应用过程中未发生卡钻事故。2015 年 3 月，F7H 井成功放喷，产量超预期。

第三节　高性能水基钻井液

高性能水基钻井液（HPWM）始用于 20 世纪 90 年代，具有稳定泥页岩、抑制黏土和钻屑分散、增加润滑性、提高机械钻速、防止钻头泥包、降低井底扭矩的功能。某些高性能水基钻井液应用井壁稳定的处理剂后，跟油基钻井液一样，也能降低地层孔隙压力的传递。所以，高性能水基钻井液可以用于环境脆弱、废弃物处理成本高、油和合成基钻井液使用受到限制的地方。

一、作用机理

有机胺处理剂分子链中引入胺基官能团，其独特的分子结构能使其很好地镶嵌在黏土层间，并使黏土层紧密结合在一起，降低黏土吸收水分的趋势，抑制黏土的水化分散，对黏土进行"钝化"，减弱其架桥作用，对无机离子不敏感。同时，小分子的有机胺处理剂由于吸附能力较强，竞争吸附到黏土颗粒上，使部分高分子处理剂解吸附，降低钻井液的黏度和切力。

二、特点

高性能钻井液的主剂为页岩抑制剂，如聚醚二胺化合物和两亲性聚胺抑制剂等。

1. 聚醚二胺化合物

聚醚二胺化合物可以通过嵌入黏土片层，阻止水分子进入黏土层间，降低黏土的水化膨胀作用，抑制其分散作用，还有较好的润滑性。与阳离子聚合物钻井液中的季铵盐类化合物不同，其抑制性不受 pH 值限制，且不存在毒性的问题。

2. 两亲性聚胺抑制剂

两亲性聚胺抑制剂分子结构上有羧酸基团，完全溶解于水，不水解，热稳定性好，与其他处理剂的配伍性好，安全环保，但在高固相体系中的抑制效果不理想。

此外，还有烷基二胺类和多乙醇二胺抑制剂。己二胺抑制性能更好，但其烷基链短时有毒、烷基链长时不易溶于水，且抑制性能不理想；多乙醇二胺抑制剂的成本低，低毒，但抑制性能欠佳。

三、应用

岩屑的回收率试验表明，高性能钻井液中岩屑的二次回收率和三次回收率均较高，优于聚合醇和水玻璃，这说明有机胺处理剂在泥页岩上的吸附也非常牢固，具有阳离子强吸附、强抑制的特点。抑制性试验表明，高性能钻井液中整块钻屑的硬度和耐崩散性均强于钙处理钻井液和聚丙烯酰胺钻井液。

国外各大钻井液公司的高性能水基钻井液在性能、费用及环境保护方面能替代油基与合成基钻井液，代表性技术有 M-I 公司的 Ultra Drill 体系，哈利伯顿贝劳德公司的 HYDRO-GUADRTM 体系。在墨西哥湾大陆架黏性地层使用时，可直接用海水配制，也无需油基钻井液及钻屑排放所必需的工程处理设备，缩短钻井时间，并使钻井成本显著降低。典型配方为：(2%~4%)聚胺化合物+(1%~2%)铝酸盐络合物+(2%~4%)钻速提高剂+(2%~4%)聚合物(可变形封堵剂)+(0.2%~0.4%)改性淀粉+(0.15%~0.3%)XC+(0.6%~0.2%)PAC。

Ultra Drill 高性能水基钻井液由主抑制剂 Ultra Hib、辅助抑制剂 Ultra Cap、降滤失剂 PAC-LVCAPAC-R、增黏剂 MC-VIS、防黏结钻速增效润滑剂 Ultra Free 组成。Ultra Hib 是一种聚醚二胺抑制剂，完全水溶、不水解、低毒且配伍性好，通过嵌入黏土片层阻止水分子渗入，抑制黏土的水化膨胀作用。聚合物包被剂 Ultra Cap 起包被钻屑、抑制钻屑水化分散的作用，提高岩屑整体性，避免黏糊振动筛，能有效减少对储层的伤害。

Ultra Drill 钻井液具备油基钻井液的优异抑制性和润滑性，钻井作业产生的钻屑可以直接排放，完钻后的钻井液可回收使用，降低钻井成本。在我国大港、冀东及湛江等油田的现场应用效果均很好。在钻井过程中，Ultra Drill 钻井液能抑制多数活性泥页岩，稳定井壁；包被钻屑，清洁井眼；减小扭矩，润滑防卡性能好，起下钻顺利；大幅降低软泥岩对钻柱的黏附，防钻头泥包，提高机械钻速；储层保护效果好，能提高采收率；且无生物毒性，可替代油基钻井液。

第四节　环保钻井液

　　环保钻井液的应用给钻井液领域带来绿色革命，不仅可以提高钻井作业的安全性，同时还减少对环境的污染。例如，向水基钻井液引入可生物降解的聚合物和无毒无副作用的处理剂，可以极大程度地降低钻井液对自然环境的潜在危害；植物油基钻井液不仅具有良好的润滑性和稳定性，而且在废弃后能够快速降解，减少对生态系统的长期影响；钻井过程中，尽量减少或避免使用有害化学物质。

　　为了保护环境、防止储层伤害，以及节省成本，一般多用盐水聚合物钻井液来钻开储层。但是在钻井液上返地面时，通常会携带出部分地层流体（如地层油），钻井液受到地层油的污染。在处理废弃钻井液时，为了满足我国环保要求，首先必须去除钻井液中的石油类物质。因为在废弃钻井液脱水过程中，石油类物质易黏附在压滤机的滤料上，堵塞滤孔，增加过滤的比阻，降低真空过滤效率；离心机脱水时，石油类物质则易黏附于钻屑上，分离效率显著降低。废弃钻井液的含油率较低时，辅助以混凝工艺，则有利于脱水。

　　曝气常用于废弃钻井液的除油，除油机制是指钻井液中的石油类物质附着于曝气装置产生的大量微气泡上，随气泡上浮至液面，降低了废弃钻井液内部的油含量。若配合使用0.05%的絮凝剂和1.2%的破胶剂，可以将钻井液的浊度降至50%以下，显著提高脱水效果；若在处理前，先将废弃钻井液进行稀释，调整 pH 值为6.5，曝气15min，可以将废弃钻井液的含油率降至0.7%以下，符合我国的环保要求。破胶剂中的高价金属阳离子中和废弃钻井液中黏土颗粒的负电性，会压缩颗粒表面的扩散双电层，降低电动电位，降低废弃钻井液的稳定性，使黏土颗粒易于絮凝。絮凝剂高分子通过桥联作用和包被作用，将废弃钻井液中的固相颗粒絮凝成较为密实的絮状大颗粒，降低浊度，加快脱水，而且水质可满足《污水综合排放标准》(GB 8978—1996) 的要求。

一、废弃油基钻井液的处理

　　随着石油石化行业新技术的快速发展以及人类日常生活对油气能源的需求，油田钻遇地层越来越深，钻井数量不断增多，每天产生的钻井废弃物也日益增多。相对于水基钻井液，油基钻井液在性能上有诸多优势，已经广泛用于深井、超深井、定向井、大位移井等复杂井，但是其成本高，废弃钻井液对环境危害大。因而，废弃油基钻井液处理是使用油基钻井液很重要的一部分内容。

　　废弃油基钻井液的污染成分主要是油类和处理剂两大类。油基钻井液的基油多选用柴油、矿物油和合成油（酯、醚等）。废弃油基钻井液对环境的危害主要表现在：

(1) 对土壤、空气和水源的污染。废弃油包水钻井液直接排放，其所含的油以及重金属等有害物质会渗入土壤或地下水，破坏土壤或水质，部分高分子烃类挥发后就直接污染空气。

(2) 对动物、植被的危害。当废液未经处理就排放时，直接污染土壤、空气和水源，间接地波及动植物的正常生长。

(3) 对人类健康的影响。人类赖以生存的环境（包括土壤、空气和水源）被污染，维持生命的食物来源（即动植物）也会携带有害成分，从而对人类健康产生巨大的影响。

二、废浆处理方法

目前国内外对废弃油包水钻井液的处理方法大致可以分为以下九类。

1. 直接排放法

直接排放法仅限于矿物油钻井液回收基液后剩余的废弃物，不适用于柴油钻井液。

2. 分散处理法

分散处理法是用水稀释废弃物，或者将泥土与废弃物混合，通过以上措施降低废弃钻井液中有害物质的相对含量以符合国家环保要求的排放标准。挪威的北海油田在处理废弃油包水钻井液的研究中发现，使用土壤分散法使废弃钻井液中的钻屑含量降低到15%以下，这时废弃物对环境和农作物的生长影响可以忽略不计。当然该方法的关键技术点在于要控制钻屑中的含盐量在50mg/kg以下，这样才可以保证农作物的正常生长。

3. 回收二次再利用法

回收二次再利用法是回收废弃油包水钻井液的基液，回收的基液可以作为其他钻井液的基液，或者作为燃料再利用。

4. 坑内密封掩埋法

坑内密封掩埋法的主要操作流程是在井场附近选择合适位置挖掘深坑，在深坑各暴露面覆盖一层有机土，并在有机土上铺盖一层塑料隔层，之后再铺一层有机土，这样做的目的是将废弃物与周围土壤隔离，防止污染土壤。废弃油包水钻井液经干燥化处理后就可以倒入准备好的深坑内，然后在上层用土覆盖密封并恢复地表原貌。使用该处理方法的好处是操作简便、成本低，但是容易泄漏造成污染。

5. 回注法

回注法是将废弃钻井液注入井里的安全地层或者井眼的环形空间，或注入非渗透性地层再进行封井。阿联酋 ADCO 公司在 2003 年专门钻了两口 1500m 的注入井，顺利把 70×10^4 bbl 废弃油包水钻井液回注。有关资料显示，截至 2010 年，俄罗斯和哈萨克斯坦通过回注法处理的钻井液总量为 450×10^4 bbl。该方法的优点是将对地表环境的破坏降低到最小，但是费用高，对回注的地层要进行优选。

6. 热蒸馏法

热蒸馏法处理流程是在一个密闭减压系统中完成的。首先把废弃油包水钻井液加入系统里，废液和钻屑中的烃受热蒸发，蒸发的烃通过冷凝装置冷凝成液态，这样就可以回收液态烃类物质。在挪威北海油田已经成功利用热蒸馏法处理废弃油包水钻井液，可以分离出钻屑中的油,将钻屑中含油量降低到1%以下,达到直接排放的标准。同样在哈萨克斯坦Koshken地区的油田也使用过热蒸馏法。研究发现在260~300℃温度时废弃油包水钻井液中的油、水两相就会挥发,冷凝之后就可以进行回收。该方法的优点是废液中的油分离回收率高,适用于大批量处理,但是因为使用热能使烃类挥发导致耗能较高,增加回收成本,而且具有安全隐患。

7. 溶剂萃取法

溶剂萃取法是用有机溶剂把废液中的油进行溶解并萃取,再将溶有油的萃取液进行闪蒸,因为所用有机溶剂的沸点比较低会最先被蒸出,剩下的油就可以进行回收,而且蒸出的有机溶剂可以循环使用。常用的低沸点有机溶剂有乙烷、乙酸或氯代烃等。该方法主要用于对含油钻屑的处理,但是由于有机溶剂的挥发性强,损耗大,成本较高。

8. 超临界流体抽提法

超临界流体抽提法是使用二氧化碳、丙烷等作为超临界流体与废弃油包水钻井液混合,超临界流体会将废弃钻井液中的油萃取,萃取液经过减压后,超临界流体和油相会分离,可以分别回收再利用。加拿大Alberta大学的某实验室使用二氧化碳作为超临界流体萃取回收了废弃油包水钻井液中的油,萃取率高达98%。

超临界抽提法是在溶剂萃取的基础上发展而来的一种处理技术,存在着与之相同的缺点。但二氧化碳和丙烷的临界条件容易达到,与溶剂萃取相比,处理效果更好,油回收率更高。该方法用到的超临界流体可以循环使用,但是由于实际工艺操作流程复杂,处理成本高。

9. 生物修复法

生物修复法有两种:

(1) 微生物降解法。以微生物为媒介将废液中的有机高分子物质或者长链烃类物质分解,转化为不会破坏自然环境的气体或者低分子物质。以棕榈油为基油的钻井液生物降解率可以达到80%。

(2) 生物絮凝法。同样是以微生物为媒介,但是要求比较严格,这种特殊种群的微生物在代谢过程中会释放一种高分子化合物,该物质具有表面活性,能够使废弃油包水钻井液破乳,析出油类物质。但是该方法的难点是筛选和培育匹配的微生物菌种,且现场可用性差。

10. 破乳法

破乳法主要分为物理破乳法和化学破乳法。物理破乳主要是利用重力和离心力、剪切力、超声波、微波等外界作用进行破乳。化学破乳主要是使用化学试剂破乳。

三、国内外废浆处理研究情况及现场效果

早在20世纪80年代,国外就着手研究废弃油基钻井液的处理问题,使用既经济又有效的倾斜离心法来处理墨西哥湾海上钻井船废弃物。随后又研发出一种可以从岩屑中提取基油的方法和设备。阿联酋ADOC公司专门钻出两口深1500m的注入处理井,成功将70×10^4bbl废弃钻井液注入安全环形空间地层。挪威的北海油田利用土壤分散法处理废浆中的钻屑,使土壤中的钻屑含量降低到15%以下,不会污染环境及影响农作物的生长和产量;

还采用了热蒸馏法来分离废浆中的岩屑和油，使钻屑中的含油量低于1%，可以直接排放到海洋。M-I SWACO 公司利用现场现有设备，使用聚合物（阳离子聚丙烯酰胺）和表面活性剂（二烷基磺基丁酸）大大提高了盐水和固相在水相中的分离效率。

国内近年来开展了废弃油基钻井液的处理技术研究，目前对于废弃油基钻井液处理的室内研究主要在以下几个方面：

利用超声波的破乳原理和清洗原理以及絮凝剂的破胶原理，采用超声波和化学破乳剂相结合的方法回收废弃油基钻井液中的油，通过实验研究表明油的回收率可以达到80%。

对废弃油基钻井液的处理中引入了除油剂的概念。通过实验优选得到最佳的除油剂并使用正交实验方案分别改变除油剂的加量、实验温度等影响除油率的实验因素，最终得到了一套最优的除油技术方案。

通过理论研究和现场试验的废弃油基钻井液回收油的处理工艺流程，主要使用清油剂、凝聚剂、絮凝剂等化学试剂，并配合热洗、离心等物理手段，使油的回收率达到84%以上，并且该工艺的适用范围广，推广意义大。

综上所述，目前废弃油基钻井液的处理技术发展已经引起人们的高度重视，并且随着油基钻井液的广泛应用以及人们环保意识的进一步增强，油基钻井液废浆处理技术会越来越受到重视。

第五节　地热井钻井液

地热能是一种绿色低碳、可循环利用的可再生能源，不仅清洁环保，而且稳定可靠。但是，深部地热的勘探开发对钻井液技术要求高，例如，高温地热储层的温度超过200℃，部分地热区块预计井底温度甚至超过240℃，要求使用抗高温的钻井液体系。

一、甲酸盐钻井液

国外对甲酸盐钻井液的研究始于20世纪80年代末，原因是盐水及饱和盐水钻井液的滤失量大，而且对钻具腐蚀严重，钻井液的维护成本很高。甲酸盐作为有机盐类，不仅具有盐水钻井液的强抑制性，还有低腐蚀效果。

1. 甲酸盐钻井液的优点

（1）钻井液可以做到无固相或低固相；
（2）钻井液的密度可调；
（3）钻井液有强抑制、低腐蚀作用；
（4）钻井液有抗污染及抗高温效果。

2. 应用研究

在对钻井液的配方进行优化前，应优选钠膨润土和抗盐黏土；根据抗高温钻井液需要，优选抗高温的降滤失剂（如 GDSP，GSLT）和高温增黏剂（GHD），以及防塌剂（GLQ）和封堵剂（GFD-1）等防塌封堵类材料。确定 NaOH 作为 pH 值调节剂后，配合使用 NaCl 和 HCOONa。常用甲酸钠和甲酸钾，前者的高温流变稳定性相对较好，且价格低廉。

对试验的条件和方法进行正交设计，对不同老化条件下的钻井液性能进行评价，见表 5-35。可得抗高温甲酸盐钻井液的优化配方如下：

水+5%NaCl+5%HCOONa+0.5%NaOH+3%NB+4%HPS+1%GHD+3%GSLT+1.5%GD-SP+1%GLQ+2%GFD-1。

表 5-35 不同老化时间的抗高温甲酸盐钻井液性能

老化条件	AV mPa·s	PV mPa·s	YP/PV Pa/(mPa·s)	FL_{API} mL	FL_{HTHP} mL	AV 变化率 %
25℃×4h	43	31	0.39	4.4	—	—
240℃×16h	42	30	0.40	4.8	23	2.3
240℃×32h	38	26	0.46	5.6	25	11.6
240℃×48h	36	24	0.50	6.8	28	16.3
240℃×72h	32	22	0.45	10.6	33	25.6

注：高温高压滤失量测定条件为180℃，3.45MPa。

重晶石可以将抗高温甲酸盐钻井液加重至密度为 1.5g/cm³，钻井液老化前后流变性能稳定，且钻井液静置24h后重晶石没有明显沉降，说明加重后的钻井液仍然具有良好的流变性和悬浮稳定性。

二、微泡沫钻井液

在抗高温甲酸盐钻井液中添加0.5%的高温发泡剂，转化为可循环泡沫钻井液，并对其性能进行试验评价，评价结果见表5-36。

表 5-36 高温可循环泡沫钻井液的性能

发泡剂加量 %	老化条件	ρ g/cm³	密度降低率 %	AV mPa·s	PV mPa·s	FL_{API} mL	FL_{HTHP} mL
0	25℃×4h	1.14	—	43	31	4.4	—
0	240℃×16h	1.14	—	42	30	4.8	23
0.5	25℃×4h	0.72	36.8	64.5	51	4.4	—
0.5	240℃×16h	0.77	32.5	61.5	40	5	29

加入高温发泡剂后，钻井液密度明显下降，密度降低率超过30%，经过240℃高温老化16h后，高温可循环泡沫钻井液仍然具有较低的密度以及良好的流变性能和滤失性能。在高温可循环泡沫钻井液中添加消泡剂（如有机硅消泡剂和油基消泡剂DF-4），可将其转化为抗高温甲酸盐钻井液。

第六节 页岩油与智能钻井液

一、页岩油定义及钻井液性能要求

1. 页岩油的定义

目前在学术界中所指的页岩油包括两种：一种是广义致密油（tight oil），来自成熟的烃源岩，也被称为中高成熟度页岩油，包括泥页岩孔隙和裂缝中的石油，也包括泥页岩层系中的致密碳酸岩或碎屑岩邻层和夹层中的石油资源，需要利用水平钻井和体积压裂等技术才能实现经济开采，与页岩气的生产方式基本相同。通常美国油气界所说的页岩油（shale oil）其实就是广义致密油。另一种是指从油页岩（oil shale）中生产出的石油，也称干酪根石油，是在生油岩中滞留的原油，未经运移的未成熟石油，必须经过人工加热加氢，通过干馏提炼成类似于原油的页岩油，也称人造石油或中低成熟度页岩油。

2. 页岩油钻井液性能要求

"水平井+水力压裂"技术是目前开采页岩油的主要技术手段，通过长水平段增大泄油面积，配合水力压裂改善渗流能力，提高采油速度和综合采收率，实现页岩油经济、高效开发。而页岩油储层主要以泥质岩类为主，岩石稳定性差，易发生水化膨胀、坍塌、漏失等情况，因此在页岩油储层中进行长水平钻进对钻井液性能有较高要求：

（1）页岩油储层钻井液须具有很好的稳定井壁能力，长井段水平井钻井会导致页岩浸泡时间长，由于泥页岩浸泡时间越长，稳定性越差，在页岩油储层段钻进过程中，长水平段极易出现井壁失稳，进而引发卡钻等井下复杂事故，因此，页岩油水平井钻井液必须具有很好的井壁稳定性能。

（2）页岩油储层钻井液必须有较高的携岩能力。随着水平段长度的不断增加，面临的一个非常大的问题就是如何保持井眼清洁。由于螺杆钻具通常在复合过程中造成的井径比正常要大，岩屑运移过程中要产生沉降，在钻具周围形成泥沙淤积，甚至形成岩屑床，造成卡钻。同时在井底高温作用下，泥页岩岩屑还容易包糊在钻头上，造成水眼堵塞。再加上到了水平段钻井后期，由于钻井泵功率的限制，排量受限，进一步影响井眼清洁效率。因此，页岩油水平井钻井液必须要有很好的携岩能力，提高井眼清洁能力。

（3）页岩油储层钻井液必须具有很好的润滑性能。水平井中，在重力作用下，钻具与井壁的接触面积比直井大，导致起下钻具的摩阻和旋转钻具的扭矩会大幅增加，造成托压、机械钻速低、起下钻困难等问题。水平段后期钻井摩阻高达50t，严重影响钻井效率。因此，页岩油水平井钻井液必须具有很好的润滑性能，良好的摩阻控制能力。

除此之外，在不同页岩油区块还有着各自的难点。对于大庆古龙页岩油而言，施工的目的层一般黏土矿物含量较高，黏土矿物以伊利石为主，基本不含蒙脱石，纳微米孔缝发育、层理薄，且脆性指数总体较高，属于典型的硬脆性泥页岩地层，施工过程中易因机械撞击造成井壁失稳；且青山口页岩地层亲水性强，如果用水基钻井液易造成地层吸水性膨胀，引起地层内部应力不平衡，地层强度降低，导致井壁剥落，因此要采用油基钻井液。

二、北美页岩油储层钻井液技术

1. 油基钻井液仍是主体

北美地区页岩油开发起步较早，已经形成了成熟的页岩油钻井液技术。出于润滑性、抑制性和封堵性等方面的考虑，目前用于页岩储层钻井的仍然以油基钻井液为主体。在北美页岩油开发过程中，有60%~70%的水平井段使用油基钻井液，水基及其他类型钻井液体系只占到了30%~40%，一开始北美页岩储层油基钻井液以柴油基为主，对环境污染严重。后来利用矿物油基钻井液取代柴油基钻井液，降低油基钻井液毒性和钻井液中芳烃含量，减少后期处理成本和对环境的影响，虽然成本增加，但减少了后期 HSE 操作成本，提高了综合效益。

2. 个性化水基钻井液部分替代油基钻井液

哈里伯顿、斯伦贝谢 M-I 公司、贝克休斯和 Newpark 等公司都先后研制成功并应用了多种用于页岩水平井钻井作业的高性能水基钻井液，性能接近油基钻井液。哈里伯顿公司针对美国不同页岩气产区的页岩地层开发出了相应的环境友好型水基钻井液，SHALEDRIL 水基钻井液体系；斯伦贝谢公司针对页岩地层开发了一种个性化水基钻井液，K-MAG 钻井液；贝克休斯公司针对页岩地层开发了一种水溶性页岩控制及井壁稳定剂，SHALE-PLEX，并将其加入到公司的 PERFORMAX 钻井液体系或 TERRA-MAX 钻井液体系；Newpark 研发的无固相聚合物水基钻井液体系 Evolution 具有与油基钻井液相似的性能，获第九届世界石油最佳钻完井液和增产液体类大奖、工程技术创新特别贡献奖。

总体来看，北美页岩水基钻井液体系的构建思路有：（1）通过胺盐、液态硅酸钠、碳酸钾、氯化钠、甲酸钾等来提高体系的抑制性；（2）通过铝络合物、可变形聚合物、纳米硅、液态硅酸钠、磺化沥青等提高体系的封堵性；（3）通过氯化钠、硅酸钾、碳酸钾、氯化钾、甲基葡萄糖苷等减少毛细管力；（4）通过不重复添加相同类型处理剂，简化配方，降低成本。

三、国内油基钻井液优化与评价

1. 钻井液密度优化

根据以往钻井经验，钻进青山口地层钻井液密度为 1.35~1.40g/cm³，并不能满足古龙青山口页岩油水平井施工，**1H 井按照常规设计密度执行，出现剥落掉块，密度提高至 1.55g/cm³，掉块逐渐消失。因此针对页岩地层特点，根据岩心不同浸泡时间，大庆钻井院开展三轴力学性能实验，建立坍塌压力预测模型。根据模型，利用测井解释资料获得页岩地层地应力参数和岩石力学参数，利用三轴压力实验结果对测井解释结果进行校核，得到了**2HC 井造斜段和水平段的地层坍塌压力和破裂压力，确定了**2HC 井合理钻井液当量密度，见图 5-2 和图 5-3。这为后续页岩油开发现场钻井液密度的确定起到了指导性作用。

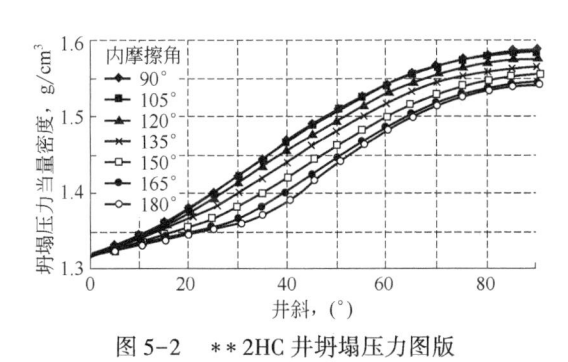

图 5-2 **2HC 井坍塌压力图版

图 5-3 **2HC 井破裂压力图版

2. 钻井液封堵性能优化

油基钻井液封堵能力不足时容易出现"井壁失稳—提高密度—短暂稳定—加剧滤液

侵入—坍塌恶化"的恶性循环，现场密度越提越高、井壁稳定性越来越差，井壁掉块、卡钻难题较为突出。针对青山口地层封堵难题，逐渐形成一套适用于大庆油田页岩油勘探开发的油基钻井液强封堵方案。对裂缝发育地区，不能仅应用单一粒径的封堵材料，必须选用多种不同粒径和不同封堵原理的材料进行复合封堵。因此，强封堵油基钻井液封堵材料选用刚性、柔性和沥青类成膜封堵材料相结合，协同解决泥页岩的失稳问题。

通过评价实验，确定使用超细碳酸钙（1250目）配合其他封堵材料。封堵材料有SFD-1、无荧光防塌剂BY和Soltex，试样浓度及复配试样浓度均为3%，分别加入油基钻井液中，在100℃热滚16h，利用无渗透滤失仪进行砂床实验，测得0.69MPa下，空白样、加有3种封堵剂以及复配试样的油基钻井液的侵入深度，结果见表5-37，并对复配封堵剂在油基钻井液中的配伍性能进行测试，结果见表5-38。可见，加入单种封堵剂后，砂床侵入程度相比空白样都有所降低；加入复配封堵剂后，降低效果更加明显，在封堵剂的多元协同增效作用下，能封堵不同孔隙和裂缝，阻止自由水渗透进入页岩层，具有很好的封堵效果。加入封堵剂后形成的强封堵油基钻井液，高温高压失水有明显降低，老化后的流变性能良好。

表5-37 砂床侵入实验

样品种类	加量浓度，%	侵入时间，min	砂床侵入深度，cm
空白	0	30	3.8
Soltex	3	30	2.4
无荧光防塌剂BY	3	30	3.2
SFD-1	3	30	3.0
3种封堵剂复配	3	30	1.6

表5-38 封堵剂在油基钻井液的配伍性（100℃，16h）

配方	AV, mPa·s	PV, mPa·s	YP, Pa	$G_{10''}/G_{10'}$, Pa/Pa	FL_{HTHP}, mL	ES, V
1#	34.5	29	5.5	3/6.0	5.0	700
2#	36.0	30	6.0	3/5.5	2.4	542

通过开展油基钻井液体系流变特性研究，在保证体系凝胶结构稳定的前提下，在原有体系配方基础上，通过调整主、辅乳化剂最优配比，改善低转速黏度，提高体系携岩能力，最终形成优化后的油基钻井液配方：油水比（80:20），2%~3%主乳+1%~1.5%辅乳+3%有机土+2%CaO$_2$+2.5%~3%降滤失剂+2%~3%微米级封堵剂+1%~2%纳米级封堵剂+CaCl$_2$（20%水溶液），钻井液性能如表5-39所示。可知，优化后的钻井液体系在150℃分别老化16h、24h、32h后，钻井液流变性稳定，破乳电压变化不大。

表5-39 油基钻井液的性能

序号	老化时间 h	AV mPa·s	PV mPa·s	YP Pa	θ_6/θ_3	$G_{10''}/G_{10'}$ Pa/Pa	YP/PV Pa/(mPa·s)	ES V
1	16h	27	19	8	8/7	4.0/6.5	0.42	746
2	24h	29	20	9	7/6	4.0/6.5	0.45	752
3	32h	30	21	9	7/6	3.5/6.0	0.43	763

四、初级智能钻井液技术

2016 年，伊朗学者 Ghojogh 首次明确提出，将智能材料/流体应用于钻井可制备出新一代的"智能钻井液"。智能钻井液有助于在常规钻井液难以胜任的高难度钻井区域实现成功钻井，还可以最大限度地降低处理剂成本，并提高钻井液的可持续使用性。将由一种或多种智能钻井液添加剂组成、能够自主识别井下环境变化、通过调节自身物理或化学性质实现对井下环境自适应的钻井液，称为"智能钻井液"。

智能钻井液系统通过集成先进的传感器、数据处理能力和实时监控技术，可以实现钻井液性能的精确控制和优化。例如，通过实时监测钻井液的密度、黏度和 pH 值，智能系统能够自动调整化学添加剂的投放量，确保钻井液在不同地层条件下的最佳性能。特别是在高压高温环境下，钻井液的稳定性直接关系到钻井工程能否顺利进行。钻井液工程师根据实时数据，迅速调整钻井液配方，控制钻井液的黏度和密度等性能参数，可以预防井漏或井喷等潜在风险，显著提高钻井效率，减少非生产时间，降低钻井成本。

1. 基于压力敏感材料的可变密度钻井液

由于地层压力预测不可避免地存在误差，特别是当钻遇高低压同层或多套压力层系共存等非正常压力系统井段时，平衡地层压力难度巨大。因此还需研发响应多变地层压力的可变密度钻井液，使智能可变密度添加剂具有识别井下实际地层压力并相应调节结构的能力，使钻井液密度实时适应井下实际安全密度窗口，降低预测误差带来的井壁失稳、井漏风险，提高钻井安全性。

钻井期间钻井液需要平衡地层压力，当前钻井设计中主要根据三压力剖面来设计合理钻井液密度和相应井身结构，综合建井成本通常居高不下。可变密度钻井液是一种密度可随井深自动变化的钻井流体，主要包括基础流体和智能可变密度添加剂。智能可变密度添加剂的状态可随着井下压力变化而改变，如图 5-4 所示。低压下添加剂处于完全膨胀状态时其体积与质量之比最大，高压下处于完全收缩状态时体积与质量之比最小，因此体系密度可以随井下压力增加而增大。与常规钻井液技术相比，可变密度钻井液可以预先设计调节体系密度变化的幅度及方向，使体系可以根据井下压力大小自动调节密度，这样可有效减少套管层次，增加井眼深度，大幅度降低建井成本。

2. 基于 pH 值响应材料的可逆转乳化钻井液

可逆转乳化钻井液（油基或合成基钻井液）具有滤饼薄、摩阻低、井壁稳定性和保护油气层效果好等优点，但同时也存在井壁滤饼清除难、固井第二界面胶结强度低以及含油钻屑和废浆不易处理等技术难题。1998 年，Patel 首次研发出含酸基表面活性剂的可逆转乳化钻井液，这种钻井液在受到酸碱刺激时能够很容易且可逆地在油包水乳状液与水包油乳状液之间稳定转换，其乳状液转化机理如图 5-5 所示。此技术在北海 Central Graben 等地区获得成功应用。

3. 基于温敏聚合物的恒流变钻井液

随着海洋石油勘探向深水和超深水进军，深水钻井面临的技术挑战也愈发严峻，特别是钻井液低温增稠导致井底钻井液当量循环密度（ECD）增加，极易引发井漏等井下复杂情况。弱化钻井液黏度、切力对温度的敏感性，使其流变参数在一定温度范围内基本保

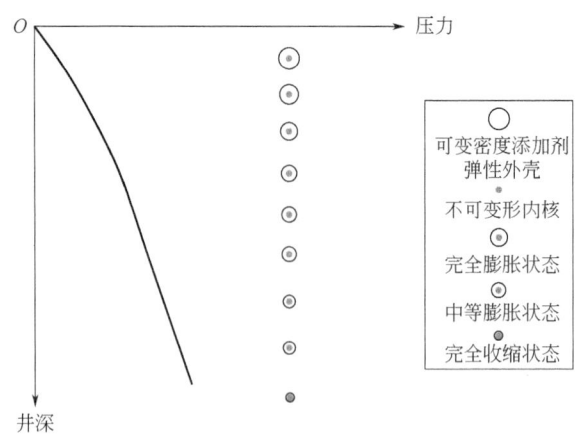

图 5-4　智能可变密度添加剂状态随井下压力变化情况

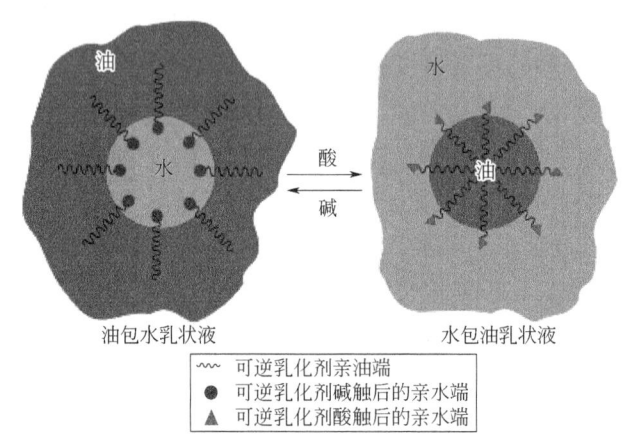

图 5-5　油包水乳状液与水包油乳状液之间相互转化示意图

持恒定是解决该难题的关键。Van Oort 等首次制备了一种能够呈现恒流变特性的合成基钻井液体系，该体系在 4.44~65.56℃内的低剪切速率下的黏切基本不变，有利于钻井液当量循环密度的稳定。

五、智能钻井液技术的发展趋势

1. 智能油田与机器学习

国外油气公司数字化钻完井技术布局相对较早。英国石油公司（BP）智能油田通过开发 ISIS 技术进行油井监控和绩效评估；通过开发 D2D 技术进行地面设施设备监控和绩效评估；关注运营和生产优化，包括模型的运营支持、井下流量监控、分布式温度传感器等。雪佛龙公司通过收集和存储海底、井下和输油管线数据，优化数据集成；通过物联网技术实现事件监测、确认和报警管理，对井下和地面设施进行自动检测，并将发现的异常与问题及时通知相关人员，实现生产优化。

壳牌智能油田关注数据标准化、信息架构标准与 IT 管控，并基于统一的标准化信息架构，在全球范围内部署协同工作中心。道达尔智能油田关注数据标准化，实现更高效的数据分析与理解应用，以提高油田生产与管理效率；通过基于数据的决策优化，为油田规划、生产优化、开发钻井和设备操作等业务提供支持。

巴西石油公司智能油田基于数字技术的一体化油田管理进行广泛试点和应用；搭建远程协作与虚拟环境，用可视化方法展现整个业务部门的关键运营情况，支持关键决策，实时更新共享地质模型。

挪威石油公司智能油田重视针对深水领域的生产信息化系统远程协作与虚拟环境，包括精密信息传输、海上远程控制油田技术、深海拖缆地震数据采集实时现场质量监控系统、平台信息数据管理系统、船舶管理。

2. 基于大数据、云计算和人工智能技术的智能钻井液设计与管理专家系统

当前，虽然已建立能够综合钻井液类型选择、配方设计、性能优化、处理剂介绍与使用、重点维护措施与井下复杂情况等信息的统一专家管理与决策系统，但尚未实现对以往海量结构化和非结构化历史数据（如应用井基础信息、钻井液配方与性能、钻井参数、井下复杂情况等）的有效处理与挖掘。可通过机器学习、人工智能等方法进行知识挖掘，为钻井液设计与优化、现场事故的预防和处理提供依据与决策参考；基于大数据、云计算技术建立钻井液管理数据库，对海量钻井液历史数据信息中隐藏的、潜在的、规律性的、有价值的信息进行知识挖掘；采用人工神经网络、支持向量机等机器学习法，通过算法解析现有数据，经过训练建立起钻井液性能、钻井参数（如机械钻速、摩阻扭矩、钻井周期等）与井下复杂情况（如井塌、卡钻等）的关联模型，从而为钻井液设计、钻井方案、事故预防和处理提供专家决策。

3. 基于4G/5G网络实时监测、传输的钻井液性能智能检测与维护处理技术

计算机硬件的成本正在不断降低、软件技术日渐成熟，4G/5G网络通信技术的发展为油气企业推进数字化和信息化建设提供了前所未有的充分条件。随着"钻井数据化"的发展，施工过程中第一手资料的收集、分析和应用对后续施工井的设计和实钻提供了宝贵的借鉴和指导，对提高钻井速度、预防和减少复杂事故、降低钻井成本具有重要意义。若将钻井液专家智能系统用于Android或iOS等移动端应用，只要拥有一部移动手机或平板电脑，就等于拥有了一个强大的团队，小到钻井液计算工具，大到事故记录与处理模块，都可以集成在一部小小的移动终端里，从而提高技术人员的工作效率，节约成本。

此外，钻井液的智能系统有助于保护地下水资源和生态系统的完整性，减少钻井液的排放和泄漏，符合国际社会对石油行业环保的要求。

第六章 钻井液设计

钻井液设计是钻井工程设计的重要组成部分，主要目的是通过分析所钻地层的地质信息和钻井工程对钻井液性能的要求，掌握井身结构、地层孔隙压力系数、地层岩性、钻井液体系等重要数据和设计中的技术要点，设计出合理的钻井液配方，配制和维护处理钻井液的工艺简单易操作。

第一节 钻井液设计内容

一、钻井液设计的主要依据和内容

1. 主要依据

以钻井地质设计、钻井工程设计及其他相关资料为基础，按照有关技术规范、规定和标准进行钻井液设计。

设计的主要依据有：地层岩性、地层应力、地层泥页岩理化性能、地层流体、地层压力剖面（孔隙压力、坍塌压力和破裂压力）、地温梯度等信息，储层保护要求，本区块或相邻区块已完成井的井下复杂情况和钻井液应用情况，地质和钻井工程对钻井液作业的要求，适用的钻井液新技术、新工艺，国家和施工地区有关环保方面的规定和要求。

2. 主要内容

钻井液设计的主要内容包括：邻井复杂情况分析与本井复杂情况预测、分段钻井液类型及主要性能参数、分段钻井液基本配方、钻井液消耗量预测、钻井液配制和维护处理、储层保护对钻井液的要求、循环净化设备配置与使用要求、钻井液测试仪器配置要求、分段钻井液材料计划及成本预测、井场应急材料和压井液储备要求、井下复杂情况的预防和处理、钻井液 HSE 管理要求。

3. 钻井液体系选择

钻井液体系的选择原则：必须满足地质目的和钻井工程需要，具有经济性和低毒、低腐蚀性，有利于储层和环境保护。

不同地层对钻井液类型的要求不同，依据以下几方面进行选择：

(1) 钻表层时，选用较高黏度和高切力的钻井液。

(2) 钻砂泥岩地层时，选用低固相或无固相聚合物钻井液；钻易水化膨胀坍塌的泥页岩地层时，选用抑制性较强的钻井液。

(3) 钻低压易漏地层时，选用水包油、充气、泡沫、气体钻井流体等。

(4) 钻大段盐膏地层时，选用盐水或饱和盐水钻井液，也可选用油基钻井液。

(5) 钻高温高压井段时，选用抗高温、固相容量限大的水基钻井液或油基钻井液。

(6) 钻储层时，选用与储层配伍性好的抑制性暂堵型钻井液、无固相钻井液、可循环微泡沫钻井液或油基钻井液等。

二、钻井液性能设计项目

钻井液不同，性能要求也不同，水基与油基钻井液设计项目分别见表6-1和表6-2。

表6-1 水基钻井液性能设计项目表

项目	一开	二开	三开	四开	五开
密度，g/cm³	√	√	√	√	√
漏斗黏度，s	√	√	√	√	√
塑性黏度，mPa·s	—	√	√	√	√
动切力，Pa	—	√	√	√	√
静切力（10s/10min），Pa	—	√	√	√	√
API滤失量，mL	—	√	√	√	√
滤饼厚度，mm	—	√	√	√	√
pH值	√	√	√	√	√
高温高压滤失量，mL	根据实际需要确定设计井段，井深大于4000m或井温达到100℃以上时应设计				
滤饼厚度，mm	—	√	√	√	√
滤饼黏附系数*	—	√	√	√	√
亚甲基蓝膨润土当量，g/L	—	√	√	√	√
固相含量（体积分数），%	—	√	√	√	√
油含量（体积分数），%	根据所钻地层特性和所选钻井液类型确定				
含砂量（体积分数），%	—	√	√	√	√
流性指数 n	—	√	√	√	√
稠度系数 K，Pa·s^n	—	√	√	√	√
[K$^+$]*，mg/L		√	√	√	√
[Ca^{2+}]*，mg/L		√	√	√	√
[Cl$^-$]*，mg/L		√	√	√	√

注："√"必选，"—"可选，"*"有条件可选。

表6-2 油基钻井液性能设计项目表

项目	一开	二开	三开	四开	五开
密度，g/cm³	√	√	√	√	√
漏斗黏度，s	√	√	√	√	√

续表

项目	一开	二开	三开	四开	五开
塑性黏度，mPa·s	—	√	√	√	√
动切力，Pa	—	√	√	√	√
静切力（10s/10min），Pa	—	√	√	√	√
高温高压滤失量，mL	—	√	√	√	√
滤饼厚度，mm	—	√	√	√	√
石灰碱度，mL	√	√	√	√	√
破乳电压，V	√	√	√	√	√
水相盐浓度，%	√	√	√	√	√
固相含量（体积分数），%	—	√	√	√	√
水（体积分数），%	√	√	√	√	√
油（体积分数），%	√	√	√	√	√
含砂量（体积分数），%	—	√	√	√	√

注："√"必选，"—"可选。

三、水基钻井液主要性能参数设计

从地层岩性、钻井液体系、井眼清洁、环空返速、钻速、邻井资料以及是否为储层等因素综合考虑，合理选择钻井液的密度、流变性、滤失量、固相含量和膨润土含量等性能参数。

1. 密度

(1) 以裸眼井段地层的最高地层孔隙压力为基准，增加一个安全附加值。例如，油井附加 $0.05 \sim 0.1 \text{g/cm}^3$ 或 1.5~3.5MPa；气井附加 $0.07 \sim 0.15 \text{g/cm}^3$ 或 3.0~5.0MPa。

(2) 在盐膏层等易塑性变形的复杂地层，依据上覆岩层压力值合理设计钻井液密度。

(3) 在易坍塌地层，根据坍塌压力值设计合理的钻井液密度。

2. 流变性

(1) 低密度钻井液动切力与塑性黏度比值宜保持在 0.36Pa/(mPa·s) 以上，高密度钻井液宜控制较低的黏度和切力。

(2) 钻造斜段和水平段时，宜控制较高的钻井液动切力和较高的低转速（3r/min 和 6r/min）读值。

3. 滤失量

(1) 在高渗透性砂泥岩地层，水基钻井液 API 滤失量宜控制在 8mL 以内，滤饼厚度控制在 1.0mm 以内；在易水化坍塌泥岩地层，钻井液 API 滤失量宜控制在 5.0mL 以内，滤饼厚度控制在 0.5mm 以内。

(2) 在非油气储层的高温高压深地层，水基钻井液高温高压滤失量宜小于 20mL；在井壁不稳定、易造成井下复杂的深井段，高温高压滤失量宜控制在 15mL 以内，滤饼厚度控制在 3.0mm 以内。

（3）在储层，水基钻井液 API 滤失量宜控制在 5mL 以内，滤饼厚度控制在 0.5mm 以内；高温高压滤失量宜控制在 15mL 以内，滤饼厚度控制在 3.0mm 以内。

（4）在水化膨胀率小、渗透率低、井壁稳定性好的非油气储层，根据井下情况适当放宽水基钻井液 API 滤失量控制的要求。

（5）在非油气储层使用强抑制性钻井液时，可根据井下情况适当放宽钻井液高温高压滤失量。

4. 固相含量

（1）最大限度地降低钻井液劣质固相含量（体积分数）至 4% 以内。

（2）非加重钻井液含砂量（体积分数）宜控制在 0.5% 以内。

5. 膨润土含量

（1）非加重钻井液膨润土含量控制在 60g/L 以内；

（2）密度在 2.0g/cm^3 以内，膨润土含量控制在 40g/L 以内；

（3）密度在 2.0~2.3g/cm^3，膨润土含量控制在 30g/L 以内；

（4）密度超过 2.3g/cm^3，膨润土含量控制在 20g/L 以内。

6. 碱度

钻井液体系不同，要求的 pH 值与碱度值也不同。

（1）不分散型钻井液，pH 值为 7.5~9；分散型钻井液，pH 值为 9~10；钙处理钻井液，pH 值为 9.5~12；硅酸盐钻井液，pH 值为 11~12。

（2）在含 CO_2 气体的地层，钻井液 pH 值大于 9.5；含 H_2S 气体的地层，钻井液 pH 值为 10~11。

（3）钻井液的滤液碱度要求：淡水钻井液 P_f 为 1.3~1.5mL；饱和盐水钻井液 P_f 为 0.8~1.2mL；深井抗高温钻井液的甲基橙碱度与酚酞碱度之比 M_f/P_f 值小于 3 较为适宜，最高不超过 5。

（4）钙处理钻井液的碱度控制在适宜范围：低石灰含量钻井液 P_f 为 0.8~2.0mL；高石灰含量钻井液 P_f 为 5.0~10.0mL；石膏钻井液 P_f 为 0.2~0.7mL。

7. 抑制性

根据地层理化特性，确定钻井液类型。根据钻井液抑制性室内评价结果，确定钻井液配方中抑制剂的种类和加量。

8. 水基钻井液抗盐、钙（镁）污染与抗温能力

（1）在含盐膏地层和存在高压盐水的地层，根据钻井液抗盐和抗钙（镁）污染能力评价结果，确定钻井液的类型和配方。

（2）在高温高压深井段，根据钻井液抗温能力的评价结果，确定钻井液类型和配方。

四、油基钻井液基油选择和主要性能参数设计

1. 基油的选择

（1）宜选择芳烃含量较低、黏度适当的矿物油作基油，如柴油、白油等。

（2）柴油作基油时，闪点和燃点应分别在82℃和93℃以上，苯胺点应在60℃以上。

2. 油水比选择

综合考虑钻井工程与保护储层要求、工艺技术现状及成本因素，选择合理的油基钻井液油水比或全油基钻井液。

3. 水相活度控制

（1）油包水乳化钻井液宜使用盐水为内相，调节钻井液水相活度与地层水活度相当。

（2）根据钻井液水相活度控制要求、各类盐调节水活度能力以及所需盐类的供应情况等因素选择盐的类型和浓度。饱和氯化钠盐水可控制最低的水相活度为0.75；饱和氯化钙盐水可将水相活度控制在0.4以下。

4. 破乳电压

（1）油基钻井液破乳电压是乳化体系稳定性的重要参考指标，破乳电压越高，乳状液越稳定。

（2）油包水乳化钻井液破乳电压应在400V以上。

5. 密度

按水基钻井液主要性能参数设计中密度的设计执行。

五、油气储层保护设计

（1）保护油气储层设计的主要依据有：储层岩石矿物组成和含量，储集空间特征（包括储层岩石胶结类型、孔隙连通特性、孔喉的形态与尺寸分布、裂隙发育程度等），地层物性参数（包括孔隙度、渗透率、饱和度、储层孔隙压力、破裂压力、地应力、地层温度以及地层水分析数据等），以及储层敏感性（包括五敏和应力敏感性等）。

（2）根据油气储层的不同特点和完井方式的不同，采取合理的保护储层的钻井液技术措施。

（3）储层保护材料和加重材料尽可能选用可酸溶、油溶解堵或采用其他方式可解堵的材料。

（4）储层钻进时，应尽量降低钻井液固相含量，严格控制钻井液滤失量，改善滤饼质量。无黏土相钻井液的滤失可适当放宽。

（5）钻井液碱度、滤液矿化度和溶解离子类型应与地层具有较好的配伍性，避免造成储层碱敏和盐敏等伤害。

（6）按照SY/T 6540—2021《钻井液完井液损害油层室内评价方法》进行钻完井液储层伤害室内评价，岩心渗透率恢复值应达到75%以上。

六、钻井液原材料和处理剂

（1）钻井液原材料和处理剂应具有以下资料：

① 产品质量标准和技术要求，主要内容包括产品的主要化学成分或类别、推荐加量、理化性能检测指标，以及所用钻井液的性能检测指标等；

② 安全技术要求，主要内容包括燃点、闪点、毒性、腐蚀性、包装与防护，以及人体不慎接触或中毒后的紧急处理等。

(2) 钻井液原材料和处理剂应满足地质录井的特殊要求。
(3) 不应使用作业所在国家和地区的法律法规明令禁止的有毒和有害材料。
(4) 在满足作业需要的前提下，应选用性价比较高的钻井液原材料和处理剂。

第二节　一口井的钻井液设计

英深 1 井是新疆英吉沙县齐姆根凸起英吉沙构造上的一口预探井，位于英科 1 井西 2.4km 处，设计井深 7000m，目的层白垩系兼探古近系。该井的钻井液设计有一定的代表性，故以该井为例，进行钻井液的设计。

一、英吉沙构造的地质资料

英吉沙背斜位于塔里木盆地西部距喀什东南某处，含有多层高压盐水层和高压气层，钻井难度大。20 世纪 70—90 年代，该地区先后钻探了 4 口井，前 3 口井均未钻至设计井深而事故完井，最大钻深 3551.7m，最后一口井为英科 1 井，完钻井深 6406m。英吉沙构造地质分层及岩性描述见表 6-3。英深 1 井地质综合表见表 6-4。

表 6-3　新生界地质分层及岩性描述

系	组	代号	底界深度，m	钻厚，m	岩性	油气水层位置
第四系	西域组	Q_1x	150	150	灰色细砂岩、中砂岩及杂色砂砾岩与棕褐色粉砂质泥岩等厚互层	
新近系	阿图什组	N_2a	4176.5	4026.5	棕色、褐色及棕红色泥质岩与浅灰—灰色砂质岩互层	1782m 钻井液密度 1.39g/cm³，见水层
新近系	帕卡布拉克组	N_1p	4849.5	673	中上部为浅灰色细砂岩与棕色、棕褐色泥岩互层，下部为褐灰色石膏、灰色粉砂岩与棕色泥岩互层	高压水层
新近系	安居安组	N_1e	5652	775.5	褐灰色、褐色泥岩与灰白色石膏不等厚互层，加灰色粉砂及膏质泥岩	高压水层
新近系	克孜洛依组	N_1k	5799	174	暗棕色泥岩与棕褐色粉砂岩互层	高压水层
古近系	巴什布拉克组	$E_{2-3}b$	6141.5	342.5	暗棕色泥岩加灰褐色粉砂岩	高压水层，H6108~6110m 可能油气层
古近系	乌拉根组	E_2w	6250	108.5	顶部为泥岩，上部主要为石灰岩加灰质泥岩及灰质粉砂岩，下部为膏质泥岩、石膏及膏质云岩	超高压油气层

续表

系	组	代号	底界深度,m	钻厚,m	岩性	油气水层位置
古近系	卡拉塔尔组	E_2k	6360.5	110.5	棕色膏质泥岩、棕色泥岩加浅灰、绿色泥质粉砂岩薄层,顶、底各为一层灰色灰岩	超高压油气层
古近系	齐姆根组	E_2q	6404	45.5未穿	绿灰、深灰色灰质泥岩和暗棕色泥岩及褐灰色灰岩薄层	超高压可能油气层

表 6-4 英深 1 井地质综合数据表

系	群/组	底界深度,m	厚度,m	岩性简述
第四系	西域组	150		砂砾岩与泥质岩互层
新近系	阿图什组	1600		上部为灰色细砂岩、泥质粉砂岩与棕褐色泥岩互层,下部以棕褐色泥岩、粉砂质泥岩为主
新近系	阿图什组	4200	4050	上部为浅灰色细砂岩、粉砂岩与泥质粉砂岩、褐色泥岩不等厚互层;下部以中厚层浅灰色细砂岩为主夹中薄棕色泥岩
新近系	帕卡布拉克组	4850	650	暗棕色、棕色泥岩与浅灰色、灰色细砂岩和粉砂岩不等厚互层,底部为褐灰色石膏、浅灰色粉砂岩、泥岩互层
新近系	安居安组	5600	750	灰白色石膏与灰色、灰褐色、绿灰色泥岩互层夹膏质泥岩
新近系	克孜洛依组	5850	250	暗棕色泥岩与棕褐色粉砂岩互层
古近系	巴什布拉克组	6150	300	棕红色、褐色泥岩为主夹褐色粉砂岩
古近系	乌拉根组	6250	100	上部褐灰色、灰色泥晶灰岩,下部灰白色、褐色膏质泥岩
古近系	卡拉塔尔组	6360	110	棕色、褐色泥岩,膏质泥岩,顶部云质灰岩
古近系	齐姆根组	6480	120	深灰色、灰色泥岩,灰质泥岩,泥质粉砂岩,含砂屑生物碎屑灰岩
古近系	阿尔塔什组	6600	120	厚层白色、灰白色石膏,顶部为深灰色灰岩
白垩系	英吉沙群	6720	120	浅棕色、黄灰色白云岩夹暗紫色泥岩及灰绿色
白垩系	克孜勒苏群	7000	280	褐红色细砂岩、中砂岩夹粉砂质泥岩、泥岩及粉砂岩、褐红色砂岩

二、井身结构设计

(1) 英科 1 井钻井综合资料见表 6-5。
(2) 英深 1 井井身结构设计见表 6-6。

三、钻井液具体设计

1. 钻井液面临的难题

英深 1 井位于山前构造带,设计井深 7000m。根据英吉沙地区前 4 口井的实钻情况,本井钻井液工作将遇到 6 大难题。

表6-5 英科1井钻井综合资料

地层	岩性	钻井液密度 g/cm³	钻井液体系	井身结构	各次开、完钻日期及钻井液钻井特点	钻井天数 小计	钻井天数 累计	造斜率 (°)/m	钻头使用数据 型号	钻头使用数据 数量	钻头使用数据 进尺 m	钻头使用数据 钻速 m/h
Q150	细砂岩、砂砾岩	1.09	膨润土浆		一开1994.04.01,一完1994.04.11 使用满眼钻具,由于上部地层倾角大(45°),采用吊打,钻压3~6ft,机械钻速低	11 8	19	0.2/200	P2	2	191.42	0.94
N₂a 4176.5	泥质粉砂岩、细砂岩、泥岩	1.09 1.13 1.25 1.49 1.38	阳离子钻井液	20in×204.83m 26in×205.5m 13³⁄₈in分级箍位置 797.74m 985m	二开1994.04.20, 二完1994.10.06 主要问题: 1. 山前构造,上部地层倾角大,易井斜。井深542.152m时井斜已超过4°,被迫纠斜,影响了钻压;同时H1900m以下地层可钻性差(级别在4以上),所使用钻井液密度高(1.50g/cm³以上),因此,该井段平均机械钻速较低。 2. 地层压力异常,H1600m以内地层压力当量密度为1.01~1.20g/cm³,H1600m以上为1.45~1.60g/cm³,且有多套水层(该井段共有11水层),钻至H741.30m后,逐步加重,二次井口外溢,分别加重至1.50g/cm³和1.70g/cm³抑制了水浸,由此造成上部渗透性好的低压砂岩层(H300m左右)易发生黏卡	168 47	187 234	0.9/350 3.6/500 2.2/700 1.5/1000 0.9/1500 2.2/2000 1.2/2500	7种型号的牙轮钻头	39	2074.84	0.84
N₂a 4176.5		1.50 1.56 1.52 1.70	阳离子钻井液	13³⁄₈in×2513.5m 17¹⁄₂in×2511.8m 9⁵⁄₈in分级箍位置 3299.7m 7in尾管 第一次回接位置 4329.39m 5in尾管回接位置 4098.99m 水泥返高:4255m 9⁵⁄₈in×4800.7m 12¹⁄₄in×4802m 人工井底:6373m 7in×(4329.39~6131m) 5in×(5850.94~6406m) 8³⁄₈in×6406m	三开1994.11.22,三完1995.07.10 主要问题: (1)钻进速度慢。原因:钻井液密度高,压持效应明显;循环压耗大,排量低;钻井液有害固相多,维护时间长;掉块严重,钻进中蹩钻频繁。 (2)本段为高压与异常高压层,地层压力当量密度最小为1.60g/cm³,其中H3000~4200m为1.75~1.90g/cm³,有多套高压水层,三开时钻井液密度为1.78g/cm³,后逐步提高密度,H2990~2996m密度为1.86g/cm³,钻时加快,气测值异常,在H3027m发生溢流,加重至1.92g/cm³钻至中完井深; (3)受山前构造作用力的严重影响,井下垮塌严重,从H2635m开始有明显掉块,此后钻进中蹩钻严重,多次蹩停转盘。即使使用密度1.92g/cm³的钻井液,仍经常出现大的掉块,H3934m后陆续加入磺化沥青和白油,其中磺化沥青加量1%时抑制掉块效果不好,加量2%以上效果较好。该井段井径扩大率最小为14.6%,最大达到63.6%(H3331~3430m),平均23.84%; (4)H3750~3780m井段,由于井眼方位变化及频繁起下钻,形成键槽,造成起下钻多次阻卡,后下一键槽破坏器,情况有所好转	230 26	464 490	0.8/2600 1.9/3000 3.9/3100 2.6/3350 5.7/3600 3.6/3900 2.0/4300 1.9/4800	牙轮 PDC 巴拉斯	34 3 3	2264.65	0.63

续表

地层	岩性	钻井液密度 g/cm³	钻井液体系	井身结构	各次开、完钻日期及钻井液钻井特点	钻井天数 小计	钻井天数 累计	造斜率 (°)/m	钻头使用数据 型号	数量	进尺 m	钻速 m/h
N₁p 4849.5	泥岩、细砂岩、石膏	1.70 1.78 1.86 1.92										
N₁a 5652	泥岩、石膏、粉砂岩			20in×204.83m 26in×205.5m 13³⁄₈in分级箍位置 797.74m 985m	四开1995.08.05，四完1996.03.19 (1)钻具结构：使用钟摆钻具钻至H6159.70m，因掉块严重而改为光钻链钻具； (2)四开后为解放油气层，将密度由1.80g/cm³逐步降至1.60g/cm³，钻至H5975m后由于井下掉块严重，又将密度提至1.88g/cm³，钻至H6198m地层出气，将密度提至2.35g/cm³。由于密度的大幅度提升造成钻井液性能严重变坏，并于H6259.95m发生严重卡钻，损失时间1148h； (3)自H5551m开始明显掉块后，随井深和浸泡时间的增加，掉块现象更加严重，多次憋停转盘，也使得钻井时间加长，并导致钻杆和9⁵⁄₈in套管受到严重磨损，钻杆内接头磨损最严重的是其壁厚由最初的17mm磨薄至6mm； (4)中完通井后井内钻井液密度2.38g/cm³，下7in套管于H5606m遇阻下压H6131m阻停，开泵循环不通，决定：先回接7in尾管200m，打水泥封固，再挂5in尾管固井，再回接7in套管到井口； (5)下5in尾管、注水钻井液后，反循环憋压为0，再正循环无钻井液返出，用封隔器查出9⁵⁄₈in套管内600~700m处破损，后挤水泥补救	228	718	2.8/5000 2.2/5400 2.5/5800	牙轮 巴拉斯 PDC	5 6 7	1571.52	0.61
N₁k 5799	泥岩、粉砂岩	1.81 1.60 1.62		13³⁄₈in×2513.5m 17¹⁄₂in×2511.8m 9⁵⁄₈in分级箍位置 3299.7m 7in尾管第一次回接位置 4329.39m 5in尾管回接位置 4098.99m 水泥返高：4255m 9⁵⁄₈in×4800.7m 12¹⁄₄in×4802m								
E 6404 未穿	泥岩、粉砂岩、石灰岩、石膏	1.80 2.30 2.35		人工井底：6373m 7in×(4329.39~6131m) 5in×(5850.94~6406m) 8³⁄₈in×6406m								
					完井	123	841					

钻井周期 d	建井周期 d	钻机月速 m/(台·月)	平均机械钻速 m/h	钻井试油成本 万元	生产时效 %	纯钻时效 %	事故 %	复杂 %	阻停 %
718	841	228.46	0.70		79.23	45.63	8.15	5.46	3.05

表 6-6 英深 1 井井身结构设计

界	系	群/组	底界深度 m	钻井液密度 g/cm³	井身结构	下套管依据
新生界	第四系	西域组	150	1.05~1.15	20in×200m 26in×200m 800m 1000m 1400m 13$\frac{3}{8}$in×2200m 16in×2202m 2370m 3700m 4400m 9$\frac{5}{8}$in×(0~2400m) 9$\frac{7}{8}$in×(2400~4700m) 12$\frac{1}{4}$in×4702m 6400m 7in×(4400~6650m) 8$\frac{1}{2}$in×6652m 5in×(6400~6998m) 5$\frac{7}{8}$in×7000m	封固地表松散层
	新近系	阿图什组	4200	1.15~1.65		封固阿图什组以上疏松、低压地层，为下部井眼钻遇高压盐水层，钻井液密度上提提供条件
				1.70~1.95		封固阿图什组的高压盐水层
		帕卡布拉克组	4850			
		安居安组	5600			
		克孜洛依组	5850			
	古近系	巴什布拉克组	6150			
		乌拉根组	6250			
		卡拉塔尔组	6360			
		齐姆根组	6480			
		阿尔塔什组	6600	1.70~2.4		封固古近系乌拉根组、卡拉塔尔组、齐姆根组及阿尔塔什组超高压地层，为下步钻白垩系提供条件
中生界	白垩系	英吉沙群	6720	2.2~2.4		封固目的层
		克孜勒苏群	7000 ▼			

1) 高压盐水层

根据英科 1 井电测解释和实测情况，该地层普遍存在高压盐水层，210~4770m 共有 93 层水层。1840~4700m 盐水层压力系数为 1.4~1.9，4700~6400m 盐水层压力系数为 1.6~2.32，都属典型的高压盐水层。钻进过程中，先后发生过多次溢流和盐水侵：

根据英科 1 井钻遇高压盐水层进行预测，英深 1 井在 1600~6650m 之间，普遍存在高压盐水层，盐水层压力系数为 1.4~2.32，下部井眼也可能存在高压盐水层。如果不能将高压盐水层压住，地层出盐水后，不仅会严重污染钻井液，而且会泡垮井壁，影响井下安全。

2) 同一井段存在多套压力系统

英科1井不同裸眼井段地层压力系数差别较大，具体数据见表6-7。

表6-7 英科1井地层压力系数表

井眼尺寸, in	井段, m	压力系数
17½	200~1600	1.05~1.20
	1644~1840	1.30~1.45
	1840~2200	1.40~1.60
	2200~2500	1.60~1.65
12¼	2500~3000	1.65~1.80
	3000~4200	1.75~1.90
	4200~4850	1.65~1.75
8⅜	4850~5800	1.60~1.65
	5800~6000	1.65~1.75
	6000~6145	1.70~1.80
	6145~6250	2.00~2.25
	6250~6400	2.25~2.32

据英科1井地层压力系统预测，英深1井也将分别存在多套压力系统。同一套管井段存在多套压力系统的情况下，当提高钻井液密度，将高压系统的地层液体压住后，在低压层位易发生漏失，且易发生压差黏附卡钻。由于钻井液密度高，加之井深，发生黏附卡钻后，事故解除难度很大。

3) 硬脆性泥页岩、白云岩垮塌严重

英科1井在2500~4850m和4850~6400m深处，存在棕色、棕褐色及灰绿色硬脆性泥页岩发育的地质情况，泥岩段垮塌及掉块都很严重，并且随钻随垮，返出的掉块达12.9cm×5.9cm×1.4cm。钻进中，转盘经常被憋死，并造成下钻遇阻，上提遇卡，经常进行大段划眼。泥页岩和白云岩垮塌不仅影响钻井速度、井身质量和固井质量，更易导致卡钻、卡套管事故。英科1井井径扩大严重，3334~3430m井段垮塌严重，井径扩大率达到63.6%。因此，英科1井大井径井段固井质量普遍较差。

4) 钻井液密度高

由于地层压力系数高，英科1井从1600m开始，所使用钻井液密度都在1.40g/cm³以上，并且井越深，钻井液密度越高。四开钻至6400m时，钻井液密度最高达到2.39g/cm³。英深1井设计四开井深6650m时，预计钻井液密度要超过2.39g/cm³。

高密度钻井液固相含量高（英科1井钻井液固相含量最高达47%），劣质固相不易除去，固相控制难度大；高固含钻井液的流变性、耐高温高压性能难以控制，钻井液维护难度大；高密度钻井液抗污染能力差，易受水泥、石膏等污染。英科1井6200~6400m井段钻井液密度为2.2~2.39g/cm³，漏斗黏度在100s以上，只要发生气侵、石膏侵或盐水侵，钻井液几乎失去流动性。

5) 地层存在大段石膏

根据地质预测，在新近系安居安组存在750m的灰白色石膏与膏质泥岩；在古近系乌拉根组和卡拉塔尔组存在 100m 膏质泥岩。

钻进石膏层段时，石膏易吸水膨胀，造成缩径；并且，溶解于钻井液的石膏会对钻井液造成严重污染，使钻井液切力大幅上升，高温高压滤失量增大。英科 1 井钻至石膏段时，钻井液的钙离子含量高达 4000mg/L，钻井液被石膏污染后，漏斗黏度从 60s 升至滴流，动切力从 7Pa 升至 30Pa。

6) 井深且温度高

本井设计井深 7000m，属超深井。深井钻井周期长，裸眼浸泡时间长，井壁稳定难度大。在塔里木油田，钻至该井深的只有塔参 1 井。

根据英科 1 井测井数据，井深 4800m 处，井底温度 116.5℃；6378m 处，井底温度 136℃，平均温度梯度 2.1℃/100m。根据此温度梯度计算，英深 1 井 7000m 处的井底地层温度在 150℃以上。

钻井周期长和深井高温给钻井液维护处理带来相当大的难度：

（1）深井钻井周期长会导致裸眼稳定性差，并使高密度钻井液性能难以维护。

（2）高温高压会使钻井液中的黏土发生脱水，使钻井液稠化。英科 1 井因高温钻井液稠化，8⅜in 井段电测时，井径规不能张开，无法测井径数据。

（3）高温使钻井液处理剂失效或部分失效，钻井液流变性、高温高压滤失量难以控制，并大大削弱钻井液处理剂的抑制性。

2. 钻井液难题的解决方案及措施

1) 对付高压盐水层

钻进至 1600~6650m 井段时，充分借鉴邻井高压盐水层压力数据，并做好地层压力预测，确定合理的钻井液密度，在钻进至高压盐水层之前，将钻井液密度提至盐水层压力系数以上，将高压盐水层压死，避免地层出盐水。

根据英科 1 井的地层孔隙压力系数和实钻钻井液密度，英深 1 井高压水层井段钻井液密度设计见表 6-8。

表 6-8 英深 1 井钻井液密度设计

井段，m	英科 1 井地层孔隙压力系数	英科 1 井实钻钻井液密度，g/cm³	英深 1 井设计钻井液密度，g/cm³
1600~1840	1.30~1.45	1.39~1.45	1.4~1.45
1840~2200	1.40~1.65	1.50~1.56	1.5~1.65
2200~3000	1.65~1.80	1.53~1.88	1.7~1.85
3000~4200	1.75~1.90	1.87~1.93	1.8~1.95
4200~4850	1.65~1.75	1.90~1.93	1.9~1.95
4850~6000	1.60~1.75	1.56~1.73	1.7~1.8
6000~6145	1.75~1.80	1.79~1.80	1.8~1.85
6145~6250	2.0~2.25	1.80~2.20	2.0~2.3
6250~6400	2.25~2.32	2.2~2.39	2.3~2.37
6400~6650			2.35~2.40

2) 克服多套压力系统带来的困难

本井上部及下部井段和小井眼，都要解决好多套压力系统带来的问题，避免压差黏附卡钻并做好防漏堵漏预案。

为防止黏卡，钻井液中加入足量的润滑剂，浓度保持在 1%～3%，必要时，添加 0.5%～2%固体极压润滑剂。严格控制钻井液高温高压滤失量，降低滤饼厚度。加强固相控制，最大限度地除去钻井液中的劣质固相，改善滤饼质量。加足耐温性能好的磺化类材料，提高钻井液的耐温性能，避免钻井液高温增稠，使钻井液保持良好的流变性能。

解决井漏要做好防漏堵漏预案。预案见本节防漏堵漏预案部分。

3）解决泥页岩和白云岩的垮塌问题

本井 $12\frac{1}{4}$in 井段（2200～4700m）和 $8\frac{1}{2}$in 井段（4700～6650m）应重点做好防塌工作。

山前构造泥页岩和白云岩垮塌的主要原因是地质构造应力没有完全释放，加之地层倾角变化大，井眼钻开后应力释放，钻井液液柱压力不能平衡地层应力。此外，硬脆性泥页岩和白云岩层理微裂缝发育，钻井液滤液侵入地层微裂缝后，引起泥岩水化膨胀，造成垮塌和剥落。

本井设计从物理和化学两方面解决井塌问题。三开井段（2200～7000m 开始），采用 KCl-聚磺防塌钻井液体系进行防塌，综合措施包括：

（1）充分利用邻井的地层破裂压力梯度和坍塌压力梯度数据，在不压裂地层的前提下，选择合适的钻井液密度，尽可能平衡地层压力，减轻因力学不平衡而引起的坍塌。

（2）在高压盐水层段，维持合适的钻井液密度，压住地层盐水，避免地层出盐水将井壁泡垮。

（3）利用沥青类产品具有微细颗粒和可软化变形的特性，根据不同的地层温度，选择粒度和软化点合适的沥青类产品，封堵泥页岩和白云岩的层理微裂缝，并形成渗透率低的优质滤饼，避免钻井液滤液侵入地层，抑制泥页和白云岩因水化引起的垮塌和剥落，并起到降低滤饼摩阻和高温高压滤失量的作用。沥青类加量保持在 3%～6%。

（4）低温下溶解于钻井液的聚合醇，当井温高于某一温度时，聚合醇分子就会从溶液中析出，析出的聚合醇会吸附在井壁上，阻碍滤液侵入地层微裂缝，发挥防塌作用。在 6000m 以上井段，聚合醇加量保持在 2%～4%。

（5）钾离子进入泥岩晶格后，能有效阻止水分子侵入泥岩晶格，具有抑制防塌作用。井深 2200m 后，在钻井液中加入 5%～10%的氯化钾，发挥钾离子的抑制防塌作用。

（6）根据硅酸盐在泥岩表面能形成硅酸盐膜的原理，在钻井液中添加 0.5%～2%的硅酸钾，可减缓滤液侵入地层的速度，起到一定的防塌作用。

（7）加足耐温性能好的降失水剂，提高钻井液的耐温性能，控制好钻井液的高温高压滤失水，减轻钻井液滤液对井壁的浸泡。

4）解决深井高温及高密度钻井液问题

本井高密度钻井液难题主要集中在 $8\frac{1}{2}$in 井眼下部的 5800～6650m 和 $5\frac{7}{8}$in 井段，深井高温问题主要集中在 $5\frac{7}{8}$in 小井眼（650～7000m）井段。解决方法是主要从优选钻井液体系和配方入手，搞好固相控制，对钻井液精心维护，并避免钻井液被污染。

(1) 本井高密度抗高温钻井液拟采用 KCl-聚磺体系。该体系已在塔里木油田的秋参 1 井（井深 6900m，密度 2.12g/cm³）、乌参 1 井（井深 6394m，密度 2.15g/cm³）等多口超深井上使用过，表现出了优良的高温高压稳定性和护壁性。

(2) 该体系配方主要以抑制性好的 KCl（浓度 5%~10%）、抗高温高压性能好的磺化类材料（磺化酚醛树脂 3%~4%，磺化褐煤 2%~3%，磺化腐殖酸类 1%~3%）以及防塌性能良好的沥青类产品（3%~6%）和聚合醇（2%~4%）为主。

(3) 优选加重材料，控制固相组成。本井高密度钻井液加重采用高密度铁矿粉和重晶石粉复配使用，两者比例为 2∶1。

(4) 充分利用好四级固控设备，尤其使用好离心机，及时除去劣质固相，避免劣质固相在钻井液中积聚和分散。离心机使用率不低于 40%。

(5) 定期对钻井液进行高温高压性能监测。

(6) 钻井液可能受到污染时，及时对污染物进行化验检测，避免钻井液被污染。

(7) 日常对钻井液进行精心维护，避免性能大幅波动。钻井液出现性能恶化征兆时，及时进行处理。

5）解决大段石膏问题

大段石膏主要集中在 12¼in 和 8½in 井段，解决石膏的问题应做好以下三方面工作：

(1) 优先并加足抗盐抗钙处理剂，确保受到大量石膏污染的情况下，钻井液能保持良好的性能。

(2) 做好地质预测，在进入石膏层之前，在钻井液中加入 0.5%~2% 的硅酸钾，利用钙离子和硅酸根离子反应可形成沉淀的机理，在石膏层井壁及石膏钻屑上形成硬质沉淀膜，阻碍石膏吸水膨胀和进一步溶解，一方面可保持井壁稳定，另一方面可及时除去钻井液中的钙离子，防止石膏对钻井液造成污染。

(3) 钻遇石膏时，及时检测钻井液中的钙离子含量，控制钻井液中合适的钙离子浓度，避免钻井液受钙离子过度污染。

3. 钻井液分段性能、配方设计及维护处理要点

1）第一井段（26in 井眼，0~200m）

(1) 本井段钻井液基本数据见表 6-9。

表 6-9 本井段钻井液基本数据

井段，m	0~200	井眼容积，m³	65
井眼尺寸，in	26	地面循环量，m³	130
地层	Q，N₂	损耗量，m³	200
钻井液体系	聚合物膨润土体系	钻井液总耗量，m³	400
难度提示	防阻卡		

(2) 钻井液配方与性能设计见表 6-10 及表 6-11。

表 6-10 钻井液配方

材料名称	膨润土	烧碱	纯碱	80A51	KHPAN	润滑剂
浓度，kg/m³	45~60	1~2	0.5	2~3	1	5

表 6-11 钻井液性能设计

密度，g/cm³	1.05~1.15	API 滤失量，mL/滤饼厚度，mm	<10/1
漏斗黏度，s	55~80	膨润土含量 MBT，g/L	45~60
屈服值，Pa	8~20	含砂量（体积分数），%	≤0.5
塑性黏度，mPa·s	10~20	pH 值	8~9
静切力，Pa	2~4/8~15	黏滞系数 k_f	<0.15

（3）预计材料消耗及费用见表6-12。

表 6-12 钻井液预计材料消耗及费用

材料名称	单价，元/t	预计用量，t	费用，元
膨润土	670	20	13400
烧碱	2300	2	4600
纯碱	1450	1	1450
80A51	13600	2	27200
KHPAN	6500	1	6500
润滑剂	6500	5	32500
合计			85650

（4）钻井液配制及维护处理要点。

① 一开前，钻井液工程师提前5天上井。上井后，将一开、二开上部和井场储备材料全部组织送井。

② 循环罐、配浆罐及储备罐安装完毕后，罐内打入适量井场水，检查阀门的严密性。将循环罐、配膨润土浆罐清洗干净后，泵入淡水（Cl⁻含量低于500mg/L）配膨润土浆。循环罐内配7%膨润土浆的120~140m³（0.1%NaOH+0.2%Na₂CO₃+7%膨润土）；配浆罐内配10%的膨润土浆40m³（0.3%NaOH+0.5%Na₂CO₃+10%膨润土），以备后用。准备两个胶液罐，分别配稀胶液（大分子浓度约0.4%）和稠胶液（大分子浓度0.7%~0.8%）。

③ 膨润土浆水化24h后，试运固控设备，无问题后方可开钻。

④ 用7%的膨润土浆开钻，先用稀胶液补充维护；钻井液黏切基本稳定后，再用稠胶液补充维护；并根据钻井液黏切值的变化，适当补充膨润土浆。

⑤ 适当控制排量，维持井壁稳定，防止钻井液窜漏，损坏基础。

⑥ 开钻后，将四级固控设备全部运转起来，最大限度除去有害固相，清洁钻井液。

⑦ 钻进过程中，大分子聚合物必须配成胶液，水化2h以上，均匀补入井浆内。钻井液中大分子聚合物浓度维持在0.3%左右。

⑧ 起钻过程中，连续向井筒内灌满钻井液，防止导管口处坍塌。

⑨ 钻至设计井深后，循环一周，然后起钻至井导管口，下钻通井，将井筒内的钻屑充分循环干净，并在井浆中加入1t润滑剂，保证20in套管顺利下至井底。

2）第二井段（17½in 井眼，200~2200m）

（1）本井段钻井液基本数据见表6-13。

表 6-13 本井段钻井液基本数据

井段，m	200~2200	井眼容积，m³	350
井眼尺寸，in	17½	地面循环量，m³	130
地层	N₂	损耗量，m³	500
钻井液体系	聚合物体系	钻井液总耗量，m³	900

注：难度提示——防阻卡、防黏卡、防溢流、防垮塌、防泥岩分散。

（2）钻井液配方与性能设计见表 6-14 及表 6-15。

表 6-14 钻井液配方

材料名称	膨润土	烧碱	纯碱	80A51	KHPAN	聚合醇	润滑剂	阳离子乳化沥青（软化点60~80℃）	磺化沥青
浓度，kg/m³	25~45	1~2	0.5	1~3	1~2	15~30	10~15	30~50	20~30

注：铁矿粉：普通重晶石粉=2:1。

表 6-15 钻井液性能设计

钻井液性能	密度 g/cm³	漏斗黏度 s	屈服值 Pa	塑性黏度 mPa·s	静切力 Pa	FL_{API} mL	滤饼厚度 mm	膨润土含量 MBT g/L	含砂量（体积分数）%	pH值	黏滞系数 k_f	Ca^{2+}含量 mg/L
取值范围	1.05~1.15	50~70	8~18	10~60	1~3（初切力）/6~15（终切力）	4~7	0.5~1	25~45	≤0.5	8~9	<0.1	300~400

（3）钻井液预计材料消耗及费用见表 6-16。

表 6-16 钻井液预计材料消耗及费用

材料名称	单价，元/t	预计用量，t	费用，元
膨润土	670	10	6700
烧碱	2300	2	4600
小苏打	1600	1	1600
纯碱	1450	1	1450
80A51	13600	5	68000
KHPAN	6500	2	13000
润滑剂	6500	10	65000
聚合醇	13000	10	130000
阳离子乳化沥青	5600	20	112000
磺化沥青	6700	20	134000
铁矿粉	750	200	150000
普通重晶石粉	550	100	55000
合计			741350

（4）钻井液配制及维护处理要点。

① 由于本井段地层孔隙压力系数波动大，从而钻井液密度变化幅度也大。钻进过程中，时刻注意循环罐液面变化情况，并按地层孔隙压力系数确定钻井液密度，按地层孔隙压力系数上浮 0.05~0.15。根据英科 1 井数据，1600m 以上井段，密度可控制在 1.20g/cm³

以内；1600m后逐渐提高钻井液密度。

② 根据英科1井数据，估计本井段1000m后，地层温度会较高。上部（1000m以上）井段采用聚合物钻井液，钻进过程中注意时刻监测钻井液出口温度，当出口温度超过52℃，聚合物体系不适宜时，转为KCl-聚磺体系，降低大分子的浓度，钻井液配方参照下井段配方。

③ 加强四级固控使用，振动筛尽可能采用细目筛布，最大限度除去有害固相，清洁钻井液。

④ 加强沉降罐的清洗，保证钻井液清洁。

⑤ 补充胶液时，一定要细水长流，并按循环周进行，防止钻井液密度不匀；开离心机的时候，要均匀加重。

⑥ 起钻过程中，连续向井筒内灌满钻井液，上提吨位不能过大，防止因抽吸作用导致地层出盐水。

⑦ 钻至设计井深后，循环一周，然后起钻至套管鞋，下钻通井，将井筒内的钻屑充分循环干净，并在井浆中加入适量润滑剂。

3）第三井段（12$\frac{1}{4}$in井眼，2200~4700m）

（1）本井段钻井液基本数据见表6-17。

表6-17 本井段钻井液基本数据

井段，m	2200~4700	井眼容积，m³	370
井眼尺寸，in	12$\frac{1}{4}$	地面循环量，m³	130
地层	N$_2$	损耗量，m³	600
钻井液体系	KCl-聚磺体系	钻井液总耗量，m³	1100

注：难度提示——防阻卡、防黏卡、防垮塌、防溢流、防石膏侵。

（2）钻井液配方与性能设计见表6-18及表6-19。

表6-18 钻井液配方

材料名称	膨润土	烧碱	纯碱	80A51	KCl	聚合醇	SMP-1	SPNH	SPC	硅酸钾	润滑剂	阳离子乳化沥青（软化点80~110℃）	磺化沥青
浓度 kg/m³	20~35	2~3	0.5	0.5~1	50~100	20~30	30~40	20~30	10~20	5~20	20~30	30~50	20~30

注：铁矿粉：普通重晶石粉=2∶1。

表6-19 钻井液性能设计

钻井液性能	密度 g/cm³	漏斗黏度 s	屈服值 Pa	塑性黏度 mPa·s	静切力 Pa	高温高压滤失量 mL	FL_{API} mL/滤饼厚度 mm	膨润土含量 MBT g/L	含砂量（体积分数）%	pH值	黏滞系数 k_f	Ca^{2+}含量 mg/L
取值范围	1.70~1.90	40~80	6~25	30~80	1~3（初切力）/6~15（终切力）	<12	<4/0.5	18~35	≤0.5	8.5~9.5	<0.1	300~500

(3) 钻井液预计材料消耗及费用见表6-20。
(4) 钻井液配制、维护处理要点。

① 采用上部井段钻井液钻水泥塞,并在循环罐上直接加入小苏打,防止水泥严重污染钻井液。即将钻完水泥塞时,适量补充胶液,加重,将钻井液性能调整至设计范围内,可进行正常钻进。

表6-20 钻井液预计材料消耗及费用

材料名称	单价,元/t	预计用量,t	费用,元
膨润土	670	20	13400
烧碱	2300	10	23000
小苏打	1600	2	3200
纯碱	1450	5	7250
80A51	13600	5	68000
液体润滑剂	6500	15	97500
SMP-1	6500	35	227500
SPNH	5700	20	114000
SPC	6000	15	90000
硅酸钾	5000	5	25000
聚合醇	13000	25	325000
KCl	1500	100	150000
阳离子乳化沥青	5600	50	280000
磺化沥青	6700	35	234500
SF-260	18000	5	90000
固体润滑剂	10000	5	50000
铁矿粉	750	700	525000
普通重晶石粉	550	400	220000
合计			2543350

② 钻进过程中,时刻注意循环罐液面变化情况,并按地层孔隙压力系数和防塌需要调整钻井液密度。

③ 根据英科1井实钻情况,该井段垮塌严重,务必做好防塌工作。如果井塌严重,可加大沥青类防塌剂的用量。

④ 钻遇石膏时,在钻井液中添加硅酸钾。加硅酸钾之前,首先进行小型实验,确定硅酸钾对钻井液流变性影响不大的前提下,再开始实施。如果硅酸钾加入困难,可采用纯碱防石膏侵。

⑤ 加强四级固控设备的使用,振动筛尽可能采用细目筛布,最大限度除去有害固相,清洁钻井液。并勤清锥形罐。

⑥ 日常维护时,SMP-1、SPNH、SPC、聚合醇等处理剂可先配成胶液,按循环周补入井浆;沥青类、润滑剂可按循环周直接加入井浆中。补充胶液时,一定要细水长流,并按循环周进行,防止钻井液密度不匀。开离心机的时候,要均匀加重。

⑦ 起钻过程中，连续向井筒内灌满钻井液，上提吨位不能过大，防止因抽吸作用导致地层出盐水。

⑧ 钻至设计井深后，循环一周，然后起钻至套管鞋，下钻通井，将井筒内的钻屑充分循环干净，并在井底垫一段优质钻井液，再进行测井。

4）第四井段（8½in 井眼，4700~6650m）

（1）本井段钻井液基本数据见表 6-21。

表 6-21 本井段钻井液基本数据

井段，m	4700~6650	井眼容积，m³	270
井眼尺寸，in	8½	地面循环量，m³	130
地层	N₁，E	损耗量，m³	1000
钻井液体系	KCl-聚磺防塌体系，阳离子聚磺防塌体系	钻井液总耗量，m³	1400

注：难度提示——防高压盐水、防垮塌、防黏卡。

（2）钻井液配方与性能设计见表 6-22 及表 6-23。

表 6-22 钻井液配方

材料名称	膨润土	烧碱	纯碱	KCl	聚合醇	SMP-1	SPNH	SPC	K_2SiO_3	润滑剂	阳离子乳化沥青（软化点110~130℃）	磺化沥青
浓度，kg/m³	15~35	2~3	1~2	70~100	20~40	30~40	20~30	15~20	5~20	20~30	30~50	25~40

注：铁矿粉：活化重晶石粉=2:1。

表 6-23 钻井液性能设计

钻井液性能	密度 g/cm³	漏斗黏度 s	屈服值 Pa	塑性黏度 mPa·s	静切力 Pa	高温高压滤失量 mL	FL_{API} mL/滤饼厚度 mm	膨润土含量 MBT g/L	含砂量（体积分数），%	pH 值	黏滞系数 k_f	Ca^{2+}含量 mg/L
取值范围	1.70~2.4	45~85	6~30	25~100	1~3（初切力）/5~15（终切力）	<10	<4/0.5	15~35	≤0.5	9~10	<0.1	300~500

（3）预计材料消耗及费用见表 6-24。

表 6-24 钻井液预计材料消耗及费用

材料名称	单价，元/t	预计用量，t	费用，元
膨润土	670	20	13400
烧碱	2300	10	23000
小苏打	1600	2	3200
纯碱	1450	5	7250
PAC-HV	20000	3	60000
润滑剂	6500	30	195000

续表

材料名称	单价,元/t	预计用量,t	费用,元
SMP-1	6500	50	325000
SPNH	5700	35	199500
SPC/PSC	6000	20	120000
聚合醇	13000	40	520000
KCl	1500	120	180000
阳离子乳化沥青	5600	60	336000
磺化沥青	6700	40	268000
K_2SiO_3	5000	5	25000
固体润滑剂	10000	10	10000
稀释剂 SF260	18000	8	144000
铁矿粉	750	1700	1275000
活化重晶石粉	110	600	660000
合计			4454350

(4) 钻井液配制、维护处理要点。

① 采用上部井段钻井液钻水泥塞,并在循环罐上直接加入小苏打,防止水泥严重污染钻井液。即将钻完水泥塞时,适量补充胶液,将钻井液密度降至 1.8g/cm³ 左右。可进行正常钻进。

② 钻进过程中,时刻注意循环液面变化情况,并按地层孔隙压力系数和防塌需要,逐步调整钻井液密度。为保持井壁稳定,原则上钻井液密度只能高,不能低。

③ 加强四级固控设备的使用,振动筛尽可能采用细目筛布,最大限度除去有害固相,清洁钻井液。并注意勤清沉降罐。

④ 钻遇石膏时,在钻井液中添加硅酸钾。加硅酸钾之前,首先进行小型实验,确定硅酸钾对钻井液流变性影响不大的前提下,再开始实施。如果硅酸钾加入困难,可采用纯碱防石膏侵。

⑤ 补充胶液时,一定要细水长流,并按循环周进行,防止钻井液密度不匀。开离心机的时候,要均匀加重。

⑥ 井深后,为减轻钻具偏磨套管,可加入适量石墨类固体润滑剂。

⑦ 测井前,在井底打入 1000m³ 优质钻井液(劣质固相含量低、黏切适中、抗高温性能好、润滑性好),保证电测到底。

5) 第五井段(5⅞in 井眼,6650~7000m)

(1) 本井段钻井液基本数据见表 6-25。

表 6-25　本井段钻井液基本数据

井段,m	6650~7000	井眼容积,m³	170
井眼尺寸,in	5⅞	地面循环量,m³	130
地层	白垩系	损耗量,m³	350
钻井液体系	KCl-半渗透成膜体系	钻井液总耗量,m³	650

注:难度提示——防黏卡、防漏、防喷、保护油气层。

(2）钻井液配方与性能设计见表 6-26 及表 6-27。

表 6-26　钻井液配方

材料名称	膨润土	烧碱	纯碱	KCl	SMP-1	SPNH	SPC/PSC	液体润滑剂	固体润滑剂	阳离子乳化沥青（软化点 130~150℃）	磺化沥青	半透膜抑制剂 BTM-1	成膜降失水剂 CFJ-2
浓度 kg/m³	15~30	2~3	1~2	70~100	30~40	20~40	20~30	20~30	10~20	30~50	25~40	5~10	2~20

注：铁矿粉：活化重晶石粉 = 2∶1。

表 6-27　钻井液性能设计

钻井液性能	密度 g/cm³	漏斗黏度 s	屈服值 Pa	塑性黏度 mPa·s	静切力 Pa	高温高压滤失量 mL	FL_{API} mL/滤饼厚度 mm	膨润土含量 MBT g/L	含砂量（体积分数），%	pH值	黏滞系数 k_f	Ca^{2+}含量 mg/L
取值范围	2.20~2.40	48~80	6~25	25~80	1~3（初切力）/5~15（终切力）	<10	<3/0.5	15~35	≤0.3	9.5~10.5	<0.1	300~500

（3）预计材料消耗及费用见表 6-28。

表 6-28　钻井液预计材料消耗及费用

材料名称	单价,元/t	预计用量,t	费用,元
膨润土	670	20	13400
烧碱	2300	5	11500
小苏打	1600	2	3200
纯碱	1450	2	2900
SMP-1	6500	25	162500
SPNH	5700	20	114000
SPC/PSC	6000	20	120000
KCl	1500	60	90000
阳离子乳化沥青	5600	30	168000
磺化沥青	6700	30	201000
液体润滑剂	6500	20	130000
固体润滑剂	10000	15	150000
半透膜抑制剂	6000	6	36000
成膜降失水剂	12000	5	60000
稀释剂 SF260	18000	7	126000
铁矿粉	750	400	375000

续表

材料名称	单价，元/t	预计用量，t	费用，元
活化重晶石粉	1100	200	275000
合计			2038500

（4）钻井液配制及维护处理要点。

① 提高钻井液抗高温性能是本井段最主要工作，要尽可能避免使用耐高温性能差的钻井液材料。

② 小井眼极易发生黏卡，除提高钻井液抗高温性能和保证良好的流变性之外，要加大润滑剂的用量。

③ 钻水泥塞时一定采用小苏打除钙，并按成熟的防水泥污染方案进行水泥污染防治。必要时，钻完水泥塞后可置换一部分钻井液。

④ 如果井漏严重，按油气层堵漏方案进行堵漏。

6）全井钻井液材料设计

全井钻井液材料设计见表6-29。

表6-29　英深1井全井钻井液材料设计

材料名称	单价，元/t	预计用量，t	费用，元
膨润土	670	90	60300
烧碱	2300	29	66700
小苏打	1600	7	11200
纯碱	1450	14	20300
80A51	13600	12	163200
PAC-HV	20000	3	60000
KPAN	6500	3	19500
SMP-1	6500	110	715000
SPNH	5700	75	427500
SPC/PSC	6000	55	330000
聚合醇	13000	75	975000
KCl	1500	280	420000
硅酸钾	5000	10	50000
阳离子乳化沥青	5600	160	896000
磺化沥青	6700	125	837500
液体润滑剂	6500	80	520000
固体润滑剂	10000	30	300000
稀释剂 SF260	18000	20	360000
半透膜抑制剂 BTM-1	6000	6	36000

续表

材料名称	单价，元/t	预计用量，t	费用，元
成膜降失水剂	12000	5	60000
铁矿粉	750	3100	2325000
普通重晶石	550	500	2758000
活化重晶石	1100	850	935000
合计			9863200

7）井场应急材料储备

（1）加重剂：150t 高密度铁矿粉，50t 普通重晶石粉，100t 活化重晶石粉。

（2）解卡剂：3t WFA，2t 快 T。

（3）堵漏材料：3t SQD-98（中粗），5t SQD-98（细），5t SLD，3t 核桃壳（中粗），3t 核桃壳（细）。

8）钻井液处理设备及使用管理要求

（1）循环罐罐容大于 150m^3，重浆储备罐 80m^3 有效容积，40m^3 带搅拌机的配浆罐 3 个；膨润土浆罐 1 个，胶液罐 2 个。

（2）四级高效的固控设备：

① 高处理量振动筛 3 台；备足 40~160 目筛布。

② 除砂器 1 台，使用率 90% 以上。

③ 除泥器 1 台，使用率 90% 以上。

④ 离心器 1 台，根据实际情况使用。

（3）钻进中要保证各钻井液罐中的搅拌机连续运转。

（4）钻井液加重和配浆系统能单独完成循环加重和配制钻井液等工作。

4. 油气层保护措施

（1）采用低渗透成膜钻井液体系。该钻井液配方在聚磺体系的基础上，添加 1% 的半透膜抑制剂 BTM-1 和 0.5% 的抗盐高温的成膜降滤失剂 CFJ-2。

（2）借鉴已有的地层孔隙压力系数数据，并做好压力监测工作，采用欠平衡钻井技术，阻止钻井液进入储层孔隙，最大限度保护油气层。

（3）控制起下钻速度，避免井下压力激动过大，减小油气层内部黏土颗粒运移，避免储层孔喉堵塞。

（4）油气层段发生漏失时，首先考虑降低钻井液密度，其次考虑堵漏。堵漏要采用可油溶或可酸化解堵的堵漏材料，禁止使用永久性堵漏材料。

5. 环境保护要求

严格按勘探事业部批准的 HSE/OSH 作业书开展各项钻井液工作。全井不使用含铬及其他有毒性的钻井液材料；钻井液材料到井后，要堆放整齐，并用棚布盖好，防止包装破损和遭雨水淋湿或流失，造成污染。尽量不排放钻井液，完井后余料全部回收，并彻底清理料场。

6. 防漏堵漏预案

1）防漏

（1）尽可能使用较低密度的钻井液。

钻井液密度是决定漏失压差的主导因素，钻井液密度越高，发生井漏的可能性或井漏的严重度将越大，因此，在满足井壁稳定和平衡地层流体的前提下，尽可能使用较低密度的钻井液，有利于防止井漏的发生。井漏发生后，根据井下实际情况，适当降低钻井液密度是处理井漏的有效手段之一。

（2）控制合适的钻井液黏度和切力。

钻井液黏度和切力对井漏有着完全不同的两个方面的影响。一方面，较高的钻井液黏切，可增加钻井液在漏失通道中的流动阻力，抵消一部分正压差，有利于缓解或消除井漏；另一方面，较高的钻井液黏切，又可增加环空循环压耗，使井下正压差增加而加剧井漏。因而，是否可以调整钻井液黏切要视井下具体情况而定。就上部砂泥岩地层的孔隙性漏失而言，提高钻井液黏切，尤其是提高钻井液的静切应力，有利于防止或消除井漏；就下部地层井漏或压力敏感性地层的诱导性井漏而言，降低钻井液黏切往往有利于防止或消除井漏。

2）堵漏

首先确定井漏类型，根据漏失程度，确定堵漏配方。本井可采用3种基本堵漏方法：常规桥浆堵漏方法、MTC堵漏、LCP堵漏。

（1）桥浆堵漏基础配方。

① 若漏速小于 $15m^3/h$，井浆+2%~3%SQD-98+2%~3%SLD-1 进行随钻堵漏。

② 若漏速为 $15~30m^3/h$，井浆+2%~3%SQD-98+2%~3%SLD-1+3%~4%锯末，进行随钻堵漏。

③ 若漏速为 $30~60m^3/h$，用桥浆（或MTC）停钻堵漏，桥浆配方为：

4%~6%核桃壳+3%~5%SQD-98+2%~3%云母+3%~5%SLD-2+3%~4%锯末+1%~2%棉籽壳。

④ 若漏速大于 $60m^3/h$，用桥浆（或MTC）停钻堵漏，桥浆配方为：

4%~8%核桃壳+3%~5%SQD-98+3%~4%云母+3%~5%SLD-2+2%~3%锯末+1%~3%棉籽壳。

（2）LCP2000堵漏。通过对水基钻井液的转化，LCP2000能在漏失层内剪切稠化形成段塞浆，可取代高固相堵漏挤压。实施要点如下：

① 发生漏失后，进行小排量循环或将钻头提离井底，在地面配制LCP2000堵漏浆 $20~30m^3$。在水基钻井液中，LCP中加量为 $136kg/m^3$。

② 将LCP2000堵漏浆泵至漏层，将钻具提离井底，静止2~3h。然后下钻循环，并钻进。

3）实施要点

（1）随钻堵漏：

① 按配方要求配制好堵漏浆液 $30~60m^3$。

② 将配好的堵漏浆液泵入井中，单泵钻进，机械钻速为正常钻进的40%~60%；

③ 当堵漏浆液返出井口时，停止使用振动筛和其他固控设备，保持随钻堵漏 2~3 个循环周；

④ 井不漏后，则除去钻井液中的堵漏材料，恢复正常钻进；

⑤ 必要时也可采用全井随钻堵漏工艺；

⑥ 若随钻堵漏期间，井漏一直不缓解，甚至漏速还不断增大，一般说明有新的漏失段在不断地暴露，这时应停钻小排量循环观察 1~2 个循环周，若井漏还不缓解，这时一般需要停钻堵漏。

（2）桥浆停钻堵漏：

① 根据漏失严重程度，按基础配方要求配制堵漏浆液，浆液配制量一般约为 $30m^3$；

② 下光钻杆至漏层顶部，注入堵漏浆液并顶替钻井液至钻具内外平衡；

③ 起钻至堵漏浆液面上或起至套管鞋内，视井漏情况和漏层性质，采用小排量间歇关挤或循环加压，把堵漏浆液推入漏层 2/3 以上；

④ 关井候效 30min 以上，下钻通井，循环不漏则恢复正常钻进。

（3）MTC 浆堵漏：

① 下光钻杆至漏层底部，开泵大排量洗井 5~10min；

② 起钻至堵漏要求的井深位置，以 10L/s 的排量注入 MTC 浆；

③ MTC 浆出钻具时，则关井挤注并顶替钻井液，把 MTC 浆全部推出钻具；

④ 起钻到安全位置或起钻完，关井候凝 16h 以上。注意在起钻过程中，应向井中灌注钻井液，灌注量应与起出钻具本体体积相等。

7. 预防和处理压差黏附卡钻

1）预防黏附卡钻

（1）加足润滑剂，改善滤饼的润滑性。必要时，添加 0.5%~2%固体润滑剂。

（2）从严控制钻井液滤失量，尤其是高温高压滤失量，降低滤饼厚度。

（3）最大限度地降低钻井液劣质固相含量，改善滤饼质量，使滤饼薄而韧。

（4）井深后，加足耐温性能好的磺化类材料，提高钻井液的耐温性能，避免钻井液高温增稠。

2）处理黏附卡钻

（1）发生黏附卡钻后，可适当降低钻井液密度，大排量循环冲洗，尽量活动钻具。

（2）测准卡点，泡解卡液，并活动钻具。

（3）解卡液配制方法：

① 计算解卡液体积和所需的材料量。

② 清空一个钻井泵能上水的罐（最好是胶液罐），泵入柴油，加入解卡剂搅拌 10min。

③ 加入清水搅拌 20~30min，至乳化良好。

④ 用普通重晶石粉加重至所需密度。

⑤ 若黏度过低，可适当增加清水的量；若黏度过高，可适当增加柴油的量。

⑥ 采用 WFA-1 作解卡剂时，加重完毕，加入 2%~3%快 T。

（4）解卡液泵入井内，用钻井液顶替到位，并在钻具内多留 $2m^3$，每隔半小时顶一次,每次顶 0.2m³。

(5) 采用 WFA-1 作解卡剂时,解卡液配方见表 6-30。

(6) 采用 SR-301 作解卡剂时,解卡液配方见表 6-31。

表 6-30 采用 WFA-1 时,配制 1m³ 解卡液配方

解卡液密度, g/cm³	柴油, m³	WFA-1, kg	水, m³	加重粉, kg
0.87	0.70	75	0.21	0
1.20	0.446	75	0.364	382
1.40	0.410	75	0.340	639
1.60	0.409	75	0.292	904
1.80	0.376	75	0.254	1150
2.00	0.357	75	0.213	1407
2.20	0.439	75	0.171	1665

表 6-31 采用 SR-301 时,配制 1m³ 解卡液配方

解卡液密度, g/cm³	柴油, m³	SR-301, kg	水, m³	加重粉, kg
0.95	0.65	270	0.16	0
1.10	0.623	258	0.155	190
1.20	0.60	250	0.15	320
1.30	0.58	242	0.145	450
1.40	0.562	234	0.14	580
1.50	0.542	226	0.135	710
1.60	0.523	218	0.131	850
1.70	0.506	209	0.126	970
1.80	0.484	201	0.121	1100
1.90	0.465	194	0.116	1180
2.00	0.445	186	0.110	1360

四、对现场钻井液工作的要求

(1) 钻井液工程师上井后应认真研读钻井液、钻井和地质设计,掌握井身结构、地层孔隙压力系数、地层岩性、所采用的钻井液体系等重要数据和设计中的技术要点,做到心中有数,使钻井液配方合理,处理工艺简单得当。

(2) 钻井液密度。本井钻井液密度设计主要参照了英科 1 井地层孔隙压力系数(测井数据)。钻进过程中,需时刻注意循环罐液面的变化,根据地层压力系数和防塌需要,可对钻井液密度适时做出调整。

(3) 钻井液流变性。根据英科 1 井数据,本井地层温度梯度大,地层温度高,岩性主要以棕色泥岩为主。高温下,泥岩分散严重,钻井液流变性不易控制。上部井段加强钻井液包被抑制作用。在易垮塌和强剥落井段,黏切应控制得高些,并适当提高动塑比,降低钻井液对井壁的冲刷。井深后,必须严格控制流变性,防止高温增稠和固化。

(4) 钻井液固相控制。劣质固相含量高,会使钻井液性能难以控制,并影响钻井速

度，因此，要充分利用四级固控设备，尤其是利用好离心机，并配合化学絮凝法和清罐的方式，最大限度地除去有害固相。钻井液加重后，也要定期使用好离心机。每次起下钻或短起下时，可将锥形罐清掉。

（5）钻井液工程师上井后要对井场水、配基浆用淡水进行化验分析。配基浆必须用淡水，要求氯离子含量低于500mg/L。

（6）开钻前，应对循环罐、储备罐、配浆罐、加重系统和四级固控设备进行检查和试运行。时刻保证两台加重泵和加重漏斗能正常使用。保证阀门开关灵活，关闭严密，杜绝窜、漏、跑、冒现象。固控设备不能正常运转，不允许开钻。

（7）在钻井液体系转化和重大处理之前，要加强配方优选和室内小型实验，避免钻井液重复处理。室内实验力争模拟井下条件，尤其是高温高压滤失量和流变性。

（8）下套管前最后一只钻头要求调整好钻井液性能，达到固井技术要求。原则上不允许下套管前再处理钻井液，以免造成井下复杂，使下套管遇阻或憋泵。

参 考 文 献

［1］ 黄汉仁. 钻井流体工艺原理. 北京：石油工业出版社，2016.
［2］ 张克勤，陈乐亮. 钻井液工艺手册. 北京：石油工业出版社，1994.
［3］ 黄汉仁，杨坤鹏，罗平亚. 泥浆工艺原理. 北京：石油工业出版社，1981.
［4］ 鄢捷年. 钻井液工艺原理. 东营：中国石油大学出版社，2010.
［5］ 赵福麟. 油田化学. 东营：中国石油大学出版社，2010.
［6］ 孙金声. 屏蔽暂堵钻井液体系降滤失剂的研制. 成都：西南石油大学，2006.
［7］ 曹晓春，闻守斌，逯春晶，等. 油田化学. 北京：石油工业出版社，2021.
［8］ 范洪富，曹晓春，刘文. 油田应用化学. 哈尔滨：哈尔滨工业大学出版社，2003.